CIENCIA

Michio Kaku, nacido en 1947 en Estados Unidos de padres japoneses, es un eminente físico teórico, uno de los creadores de la teoría de campos de cuerdas. Apadrinado por Edward Teller, que le ofreció la beca de ingeniería Hertz, se formó en Harvard y en el Laboratorio Nacional Lawrence Berkeley de la Universidad de California, donde obtuvo el doctorado en Física en 1972. Desde hace casi treinta años ocupa la cátedra Henry Semat de Física Teórica en la Universidad de Nueva York y es uno de los divulgadores científicos más conocidos del mundo; presenta dos programas de radio y participa en espacios de televisión y documentales. Es autor además de decenas de artículos y de varios libros, algunos de ellos traducidos al castellano: *Visiones* (1998), *Hiperespacio* (2001), *El universo de Einstein* (2005) y *Universos paralelos* (2008).

www.mkaku.org

MICHIO KAKU

Física de lo imposible

¿Podremos ser invisibles,
viajar en el tiempo y teletransportarnos?

Traducción de
Javier García Sanz

DEBOLS!LLO

La física de lo imposible

Título original: *Physics of the Impossible*

Primera edición en Debolsillo en España: octubre, 2010
Primera edición en México: septiembre, 2012

D. R. © 2008, Michio Kaku

D. R. © 2009, de la presente edición en castellano para todo el mundo:
Random House Mondadori, S. A.
Travessera de Gràcia, 47-49. 08021 Barcelona

D. R. © 2009, Javier García Sanz, por la traducción

D. R. © 2012, derechos de edición mundiales en lengua castellana:
Random House Mondadori, S. A. de C. V.
Av. Homero núm. 544, colonia Chapultepec Morales,
Delegación Miguel Hidalgo, C.P. 11570, México, D.F.

www.megustaleer.com.mx

Comentarios sobre la edición y el contenido de este libro a:
megustaleer@rhmx.com.mx

ISBN 978-607-311-190-4

Impreso en México / *Printed in Mexico*

A mi querida esposa, Shizue,
y a Michelle y Alyson

Índice

PREFACIO 11
AGRADECIMIENTOS 21

Primera parte
IMPOSIBILIDADES DE CLASE I

1. Campos de fuerza 27
2. Invisibilidad 41
3. Fáseres y estrellas de la muerte 61
4. Teletransporte 81
5. Telepatía 99
6. Psicoquinesia 119
7. Robots 135
8. Extraterrestres y ovnis 159
9. Naves estelares 189
10. Antimateria y antiuniversos 217

Segunda parte
IMPOSIBILIDADES DE CLASE II

11. Más rápido que la luz 237
12. El viaje en el tiempo 258
13. Universos paralelos 272

Tercera parte
IMPOSIBILIDADES DE CLASE III

14. Máquinas de movimiento perpetuo 301
15. Precognición 317
Epílogo. El futuro de lo imposible 330

Notas 351
Bibliografía 365
Índice alfabético 369

Prefacio

> Si una idea no parece absurda de entrada, pocas
> esperanzas hay para ella.
>
> ALBERT EINSTEIN

¿Será posible algún día atravesar las paredes? ¿Construir naves espaciales que puedan viajar a una velocidad superior a la de la luz? ¿Leer la mente de otras personas? ¿Hacerse invisible? ¿Mover objetos con el poder de nuestra mente? ¿Transportar nuestro cuerpo de manera instantánea por el espacio exterior?

Desde niño me han fascinado estas preguntas. Como muchos físicos, en mi adolescencia me sentía hipnotizado por la posibilidad de que hubiera viajes en el tiempo, pistolas de rayos, campos de fuerza, universos paralelos y cosas por el estilo. Magia, fantasía y ciencia ficción constituían un gigantesco campo de juego para mi imaginación. Con ellas empezó mi duradera relación amorosa con lo imposible.

Recuerdo cómo veía las reposiciones del viejo *Flash Gordon* en televisión. Cada sábado me encontraba pegado a la pantalla del televisor, maravillado ante las aventuras de Flash, el doctor Zarkov y Dale Arden y su impresionante despliegue de tecnología futurista: naves a reacción, escudos de invisibilidad, pistolas de rayos y ciudades en el cielo. No me perdía un episodio. El programa me abrió un mundo completamente nuevo. Me fascinaba la idea de viajar un día a un planeta lejano y explorar su territorio. Una vez en la órbita de estas fantásticas invenciones, sabía que mi destino estaba ligado de algún modo a las maravillas de la ciencia que prometía la serie.

No era el único. Muchos científicos consumados empezaron a interesarse por la ciencia gracias a la ciencia ficción. El gran astrónomo Edwin Hubble estaba fascinado por las obras de Julio Verne. Como resultado de la lectura de Verne, Hubble abandonó una prometedora carrera de abogado y, contra los deseos de su padre, inició una carrera en ciencia. Con el tiempo se convirtió en el mayor astrónomo del siglo XX. Carl Sagan, famoso astrónomo y autor de éxito, alimentó su imaginación con la lectura de las novelas de John Carter de Marte de Edgar Rice Burroughs. Como John Carter, soñaba con explorar un día las arenas de Marte.

Yo era un crío cuando murió Einstein, pero recuerdo que la gente hablaba de su vida, y su muerte, en términos respetuosos. Al día siguiente vi en los periódicos una fotografía de su mesa de trabajo con el manuscrito de su obra más grande e inconclusa. Me pregunté qué podía ser tan importante como para que el mayor científico de nuestro tiempo no pudiera acabarlo. El artículo decía que Einstein tenía un sueño imposible, un problema tan difícil que ningún mortal podía resolver. Tardé años en descubrir de qué trataba el manuscrito: una gran y unificadora «teoría del todo». Su sueño —al que dedicó las tres últimas décadas de su vida— me ayudó a centrar mi propia imaginación. Quería participar, aunque fuera modestamente, en la empresa de completar la obra de Einstein: unificar las leyes de la física en una única teoría.

Cuando fui algo mayor empecé a darme cuenta de que, aunque Flash Gordon era el héroe y siempre se quedaba con la chica, era el científico el que realmente hacía funcionar la serie de televisión. Sin el doctor Zarkov no había naves espaciales, ni viajes a Mongo, ni se salvaba la Tierra. Héroes aparte, sin ciencia no hay ciencia ficción.

Llegué a comprender que estas historias eran sencillamente imposibles en términos de la ciencia involucrada, simples vuelos de la imaginación. Crecer significaba dejar aparte tales fantasías. En la vida real, me decían, uno tenía que abandonar lo imposible y abrazar lo práctico.

Sin embargo, llegué a la conclusión de que para seguir fascinado con lo imposible, la clave estaba en el dominio de la física. Sin un sólido fundamento en física avanzada, estaría especulando indefinidamente sobre tecnologías futuristas sin llegar a entender si eran o no posibles. Comprendí que necesitaba sumergirme en las matemáticas avanzadas y estudiar física teórica. Y eso es lo que hice.

Para mi proyecto de ciencias en el instituto monté un colisionador de átomos en el garaje de mi madre. Fui a la compañía Westinghouse y reuní 200 kilos de chatarra procedente de un transformador. Durante las navidades bobiné 35 kilómetros de cable de cobre en el campo de fútbol del instituto. Finalmente construí un betatrón de 2,5 millones de electrones-voltio que consumía 6 kilovatios (toda la potencia eléctrica de mi casa) y generaba un campo magnético 20.000 veces mayor que el campo magnético de la Tierra. El objetivo era generar un haz de rayos gamma suficientemente potente para crear antimateria.

Mi proyecto científico me llevó a la Feria Nacional de la Ciencia, y con el tiempo hizo realidad mi sueño: ganar una beca para Harvard, donde finalmente podría seguir mi objetivo de convertirme en físico teórico y seguir las huellas de mi modelo, Albert Einstein.

Actualmente recibo correos electrónicos de escritores de ciencia ficción y de guionistas que me piden ayuda para mejorar sus historias explorando los límites de las leyes de la física.

Lo «imposible» es relativo

Ya como físico, he aprendido que «imposible» suele ser un término relativo. Recuerdo a mi profesora en la escuela dirigiéndose al mapa de la Tierra que había colgado en la pared mientras señalaba las costas de Sudamérica y África. ¿No era una extraña coincidencia, decía, que las dos líneas costeras encajaran tan bien, casi como piezas de un rompecabezas? Algunos científicos, decía, conjeturaban que quizá en otro tiempo fueron parte de un mismo y enorme continente. Pero eso era una tontería. Ninguna fuerza podía separar dos continentes gigantes. Esa idea era imposible, concluía ella.

Más avanzado el curso, estudiamos los dinosaurios. ¿No era extraño, nos dijo un profesor, que los dinosaurios dominaran la Tierra durante millones de años y que un buen día desaparecieran todos? Nadie sabía por qué habían muerto. Algunos paleontólogos pensaban que quizá un meteorito procedente del espacio había acabado con ellos, pero eso era imposible, algo que pertenecía más al ámbito de la ciencia ficción.

Hoy sabemos por la tectónica de placas que los continentes se mueven, y también que es muy probable que hace 65 millones de años un meteorito gigante de unos diez kilómetros de diámetro acabara con los dinosaurios y con buena parte de la vida en la Tierra. Durante mi no muy larga vida he visto una y otra vez cómo lo aparentemente imposible se convertía en un hecho científico establecido. Entonces, ¿no cabe pensar que un día podremos ser capaces de teletransportarnos de un lugar a otro, o construir una nave espacial que nos lleve a estrellas a años luz de distancia?

Normalmente tales hazañas serían consideradas imposibles por los físicos actuales. ¿Serían posibles dentro de algunos pocos siglos? ¿O dentro de diez mil años, cuando nuestra tecnología esté más avanzada? ¿O dentro de un millón de años? Por decirlo de otra manera, si encontráramos una civilización un millón de años más avanzada que la nuestra, ¿nos parecería «magia» su tecnología cotidiana? Esta es, en el fondo, una de las preguntas que se repiten en este libro: solo porque algo es «imposible» hoy, ¿seguirá siéndolo dentro de unos siglos o de millones de años?

Gracias a los extraordinarios avances científicos del siglo pasado, especialmente la creación de la teoría cuántica y de la relatividad general, ahora es posible hacer estimaciones grosso modo de cuándo, si alguna vez, podrán hacerse realidad algunas de estas fantásticas tecnologías. Con la llegada de teorías aún más avanzadas, como la teoría de cuerdas, incluso conceptos que bordean la ciencia ficción, como los viajes en el tiempo y los universos paralelos, están siendo reconsiderados por los físicos. Pensemos solo en los avances tecnológicos que hace ciento cincuenta años fueron considerados «imposibles» por los científicos de la época y que ahora forman parte de nuestra vida cotidiana. Julio Verne escribió en 1863 la novela *París en el siglo XX*, la cual quedó arrinconada y relegada al olvido durante un siglo hasta que fue accidentalmente descubierta por su bisnieto y publicada por primera vez en 1994. En ella Verne predecía cómo sería París en el año 1960. Su novela estaba llena de tecnología, que incluía faxes, una red mundial de comunicaciones, rascacielos de vidrio, automóviles impulsados por gas y trenes elevados de alta velocidad, lo que claramente se consideraba imposible en el siglo XIX.

No es sorprendente que Verne pudiera hacer predicciones tan precisas porque él estaba inmerso en el mundo de la ciencia y aprendía de las mentes de los científicos que tenía alrededor. Una profunda apreciación de los fundamentos de la ciencia es lo que le permitió hacer tan extraordinarias especulaciones.

Lamentablemente, algunos de los más grandes científicos del siglo XIX adoptaron la postura contraria y declararon que algunas tecnologías eran imposibles sin esperanza alguna. Lord Kelvin, quizá el físico más preeminente de la era victoriana (está enterrado cerca de Newton en la abadía de Westminster), declaró que aparatos «más pesados que el aire» como los aeroplanos eran imposibles. Pensaba que los rayos X eran un fraude y que la radio no tenía futuro. Lord Rutherford, el descubridor del núcleo del átomo, descartó la posibilidad de construir una bomba atómica, diciendo que eran «pamplinas». Los químicos del siglo XIX declaraban que la búsqueda de la piedra filosofal, una sustancia fabulosa que podía convertir el plomo en oro, era científicamente una vía muerta. La química del siglo XIX se basaba en la inmutabilidad esencial de los elementos, como el plomo. Pero con los colisionadores de átomos actuales podemos, en principio, convertir átomos de plomo en oro. Pensemos en lo que hubieran parecido los fantásticos televisores, ordenadores e internet de hoy a comienzos del siglo XX.

Hasta no hace mucho, los agujeros negros se consideraban ciencia ficción. El propio Einstein escribió un artículo en 1939 que «demostraba» que nunca podrían formarse agujeros negros. Pero hoy día, el telescopio espacial Hubble y el telescopio Chandra de rayos X han revelado la existencia de miles de agujeros negros en el espacio.

La razón por la que estas tecnologías se consideraban imposibles es que en el siglo XIX y comienzos del XX no se conocían las leyes básicas de la física y la ciencia. Dadas las enormes lagunas en el conocimiento científico en esa época, especialmente en el plano atómico, no sorprende que tales avances se consideraran imposibles.

ESTUDIAR LO IMPOSIBLE

Irónicamente, el riguroso estudio de lo imposible ha abierto con frecuencia nuevos dominios de la ciencia completamente inesperados. Por ejemplo, durante siglos la frustrante y fútil búsqueda de una «máquina de movimiento perpetuo» llevó a los físicos a concluir que dicha máquina era imposible, lo que les obligó a postular la conservación de la energía y las tres leyes de la termodinámica. De modo que esa fútil búsqueda sirvió para abrir el campo absolutamente nuevo de la termodinámica, que en parte sentó las bases de la máquina de vapor, la era de la máquina y la sociedad industrial moderna.

A finales del siglo XIX, los científicos decidieron que era «imposible» que la Tierra tuviera miles de millones de años. Lord Kelvin declaró abiertamente que una Tierra fundida tardaría de veinte a cuarenta millones de años en enfriarse, contradiciendo a los geólogos y a los biólogos darwinistas, que afirmaban que la Tierra podría tener miles de millones de años. Lo imposible se mostró finalmente posible con el descubrimiento por Marie Curie y otros investigadores de la fuerza nuclear, que mostraba cómo el centro de la Tierra, calentado por la desintegración radiactiva, podía mantenerse fundido durante miles de millones de años.

Ignoramos lo imposible aun a riesgo de nuestra propia vida. En las décadas de 1920 y 1930, Robert Goddard, el fundador de los cohetes modernos, fue blanco de duras críticas por parte de quienes pensaban que los cohetes nunca podrían llegar al espacio exterior. Sarcásticamente llamaron a su idea la «locura de Goddard». En 1921 los editores de *The New York Times* arremetieron contra el trabajo del doctor Goddard: «El profesor Goddard no conoce la relación entre acción y reacción ni la necesidad de tener algo mejor que un vacío contra el que reaccionar. Parece carecer de los conocimientos básicos que se transmiten cada día en los institutos de enseñanza media».

Los cohetes eran imposibles, clamaban los editores, porque en el espacio exterior no había aire en el que apoyarse. Lamentablemente, hubo un jefe de Estado que sí entendió las implicaciones de los cohetes «imposibles» de Goddard: era Adolf Hitler. Durante la Segunda Guerra Mundial, el bombardeo alemán con cohetes V-2 increíblemente desarrollados sembró muerte y destrucción en Londres, que estuvo cerca de la rendición.

Quizá el estudio de lo imposible haya cambiado también el curso de la historia del mundo. En los años treinta era creencia generalizada, incluso por parte de Einstein, que una bomba atómica era «imposible». Los físicos sabían que había una tremenda cantidad de energía encerrada en el interior del núcleo atómico, de acuerdo con la ecuación de Einstein, $E = mc^2$, pero la energía liberada por un solo núcleo era demasiado insignificante para tenerla en consideración. Pero el físico atómico Leo Szilard recordaba haber leído la novela de H. G. Wells, *El mundo liberado*, de 1914, en la que Wells predecía el desarrollo de la bomba atómica. En el libro afirmaba que el secreto de la bomba atómica sería desvelado por un físico en 1933. Por azar, Szilard dio con este libro en 1932. Espoleado por la novela, en 1933, tal como había predicho Wells casi dos décadas antes, dio con la idea de amplificar la potencia de un único átomo mediante una reacción en cadena, de modo que la energía de la división de un solo átomo de uranio podía multiplicarse por muchos billones. Entonces Szilard emprendió una serie de experimentos clave y promovió negociaciones secretas entre Einstein y el presidente Franklin Roosevelt que llevarían al Proyecto Manhattan, que construyó la bomba atómica.

Una y otra vez vemos que el estudio de lo imposible ha abierto perspectivas completamente nuevas y ha desplazado las fronteras de la física y la química, obligando a los científicos a redefinir lo que entendían por «imposible». Como dijo en cierta ocasión sir William Osler, «las filosofías de una época se han convertido en los absurdos de la siguiente, y las locuras de ayer se han convertido en la sabiduría del mañana».

Muchos físicos suscriben la famosa sentencia de T. H. White, que escribió en *Camelot*: «¡Lo que no está prohibido es obligatorio!». En física encontramos pruebas de ello continuamente. A menos que haya una ley de la física que impida explícitamente un nuevo fenómeno, tarde o temprano encontramos que existe. (Esto ha sucedido varias veces en la búsqueda de nuevas partículas subatómicas. Al sondear los límites de lo que está prohibido, los físicos han descubierto inesperadamente nuevas leyes de la física.)[1] Un corolario de la afirmación de T. H. White podría ser muy bien: «¡Lo que no es imposible es obligatorio!».

Por ejemplo, el cosmólogo Stephen Hawking intentó demostrar que el viaje en el tiempo era imposible, para lo cual trató de encontrar una nueva ley física que lo prohibiera, a la que llamó la «conjetura de protección de la cronología». Desgraciadamente, tras muchos años de arduo trabajo fue incapaz de probar este principio. De hecho, los físicos han demostrado ahora que una ley que impida el viaje en el tiempo está más allá de nuestras matemáticas actuales. Hoy día, debido a que no hay ninguna ley de la física que impida la existencia de máquinas del tiempo, los físicos han tenido que tomar muy en serio tal posibilidad.

El propósito de este libro es considerar qué tecnologías hoy consideradas imposibles podrían muy bien convertirse en un tópico en décadas o siglos futuros.

Ya hay una tecnología «imposible» que ahora se está mostrando posible: la idea de teletransporte (al menos en el plano atómico). Hace tan solo algunos años los físicos habrían dicho que enviar o emitir un objeto de un punto a otro violaba las leyes de la física cuántica. De hecho, los guionistas de la serie de televisión *Star Trek* estaban tan contrariados por las críticas de los físicos que añadieron «compensadores de Heisenberg» para explicar sus teletransportadores y reparar este fallo. Hoy día, gracias a avances fundamentales, los físicos pueden teletransportar átomos a través de una habitación o fotones bajo el río Danubio.

PREDECIR EL FUTURO

Siempre es peligroso hacer predicciones, especialmente sobre lo que pasará dentro de siglos o milenios. Al físico Niels Bohr le gustaba decir: «Predecir es muy difícil. Especialmente, predecir el futuro». Pero hay una diferencia fundamental entre la época de Julio Verne y la actual. Hoy se conocen básicamente las leyes fundamentales de la física. Los físicos actuales comprenden las leyes básicas que cubren un extraordinario dominio de cuarenta y tres órdenes de magnitud, desde el interior del protón al universo en expansión. Como resultado, los físicos pueden afirmar, con razonable confianza, cuáles podrían ser las líneas generales de la tecnología futura, y distinguir mejor entre las tecnologías que son simplemente improbables de las que son verdaderamente imposibles.

Por ello, en este libro divido las cosas que son «imposibles» en tres categorías.

La primera es la que llamo «imposibilidades de clase I». Son tecnologías que hoy son imposibles pero que no violan las leyes de la física conocidas. Por ello, podrían ser posibles en este siglo, o en el próximo, de forma modificada. Incluyen el teletransporte, los motores de antimateria, ciertas formas de telepatía, la psicoquinesia y la invisibilidad.

La segunda categoría es la que llamo «imposibilidades de clase II». Son tecnologías situadas en el límite de nuestra comprensión del mundo físico. Si son posibles, podrían hacerse realidad en una escala de tiempo de miles a millones de años en el futuro. Incluyen las máquinas del tiempo, la posibilidad del viaje en el hiperespacio y el viaje a través de agujeros de gusano.

La última categoría es la que llamo «imposibilidades de clase III». Son tecnologías que violan las leyes de la física conocidas. Lo sorprendente es que no hay muchas de tales tecnologías imposibles. Si resultaran ser posibles, representarían un cambio fundamental en nuestra comprensión de la física.

Pienso que esta clasificación es significativa, porque hay muchas tecnologías en la ciencia ficción que son despachadas por los físicos como totalmente imposibles, cuando lo que realmente quieren decir es que son imposibles para una civilización primitiva como la nuestra. Las visitas de alienígenas, por ejemplo, se consideran habitualmente imposibles porque las distancias entre las estrellas son inmensas. Aunque el viaje interestelar es claramente imposible para nuestra civilización, puede ser posible para una civilización que esté cientos, o miles, o millones de años por delante de nosotros. Por ello es importante clasificar tales «imposibilidades». Tecnologías que son imposibles para nuestra civilización actual no son necesariamente imposibles para civilizaciones de otro tipo. Las afirmaciones sobre lo que es posible o imposible tienen que tener en cuenta las tecnologías que nos llevan miles o millones de años de adelanto.

Carl Sagan escribió: «¿Qué significa para una civilización tener un millón de años? Tenemos radiotelescopios y naves espaciales desde hace unas pocas décadas; nuestra civilización técnica tiene solo unos pocos cientos de años… una civilización avanzada de millones de años de edad está mucho más allá de nosotros que nosotros lo estamos de un lémur o de un macaco».

En mi investigación profesional me centro en tratar de completar el sueño de Einstein de una «teoría del todo». Personalmente encuentro muy estimulante trabajar en una «teoría final» que pueda responder definitivamente a algunas de las más difíciles preguntas «imposibles» en la ciencia actual, como si es posible el viaje en el tiempo, qué hay en el centro de un agujero negro o qué sucedió antes del big bang. Sigo soñando despierto sobre mi duradera relación amorosa con lo imposible, y me pregunto si, y cuándo, alguna de estas imposibilidades podría entrar en el ámbito de lo cotidiano.

Agradecimientos

La materia de este libro abarca muchos campos y disciplinas, y recoge el trabajo de numerosos científicos excepcionales. Quiero expresar mi agradecimiento a las personas siguientes, que gentilmente me brindaron su tiempo en largas entrevistas, consultas e interesantes e inspiradoras conversaciones.

Leon Lederman, premio Nobel, Instituto de Tecnología de Illinois
Murray Gell-Mann, premio Nobel, Instituto de Santa Fe y Caltech
El fallecido Henry Kendall, premio Nobel, MIT
Steven Weinberg, premio Nobel, Universidad de Texas en Austin
David Gross, premio Nobel, Instituto Kavli para Física Teórica
Frank Wilczek, premio Nobel, MIT
Joseph Rotblat, premio Nobel, St. Bartholomew's Hospital
Walter Gilbert, premio Nobel, Universidad de Harvard
Gerald Edelman, premio Nobel, Instituto de Investigaciones Scripps
Peter Doherty, premio Nobel, St. Jude Children's Research Hospital
Jared Diamond, premio Pulitzer, UCLA
Stan Lee, creador de Marvel Comics y Spiderman
Brian Greene, Universidad de Columbia, autor de *El universo elegante*
Lisa Randall, Universidad de Harvard, autora de *Warped Passages*
Lawrence Krauss, Universidad de Case Western, autor de *The Physics of Star Trek*
J. Richard Gott III, Universidad de Princeton, autor de *Los viajes en el tiempo y el universo de Einstein*
Alan Guth, físico, MIT, autor de *El universo inflacionario*

John Barrow, físico, Universidad de Cambridge, autor de *Impossibility*

Paul Davies, físico, autor de *Superforce*

Leonard Susskind, físico, Universidad de Stanford

Joseph Lykken, físico, Laboratorio Nacional Fermi

Marvin Minsky, MIT, autor de *The Society of Minds*

Ray Kurzweil, inventor, autor de *The Age of Spiritual Machines*

Rodney Brooks, director del Laboratorio de Inteligencia Artificial del MIT

Hans Moravec, autor de *Robot*

Ken Croswell, astrónomo, autor de *Magnificent Universe*

Don Goldsmith, astrónomo, autor de *Runaway Universe*

Neil de Grasse Tyson, director del Hayden Planetarium, Nueva York

Robert Kirshner, astrónomo, Universidad de Harvard

Fulvia Melia, astrónoma, Universidad de Arizona

Sir Martin Rees, Universidad de Cambridge, autor de *Antes del principio*

Michael Brown, astrónomo, Caltech

Paul Gilsner, autor de *Centauri Dreams*

Michael Lemonick, periodista científico de la revista *Time*

Timothy Ferris, Universidad de California, autor de *Coming of Age in the Milky Way*

El fallecido Ted Taylor, diseñador de ojivas nucleares de Estados Unidos

Freeman Dyson, Instituto de Estudios Avanzados, Princeton

John Horgan, Instituto de Tecnología de Stevens, autor de *El fin de la ciencia*

El fallecido Carl Sagan, Universidad de Cornell, autor de *Cosmos*

Ann Druyan, viuda de Carl Sagan, Cosmos Studios

Peter Schwarz, futurólogo, fundador de Global Business Network

Alvin Toffler, futurólogo, autor de *La tercera ola*

David Goodstein, profesor del Caltech

Seth Lloyd, MIT, autor de *Programming the Universe*

Fred Watson, astrónomo, autor de *Star Gazer*

Simon Singh, autor de *The Big Bang*

Seth Shostak, Instituto SETI

George Johnson, periodista científico de *The New York Times*

Jeffrey Hoffman, MIT, astronauta de la NASA

Tom Jones, astronauta de la NASA

Alan Lightman, MIT, autor de *Einstein's Dreams*

Robert Zubrin, fundador de la Sociedad de Marte

Donna Shirley, programa Marte de la NASA

John Pike, GlobalSecurity.org

Paul Saffo, futurólogo, Instituto para el Futuro

Louis Friedman, cofundador de la Sociedad Planetaria

Daniel Werthheimer, SETI@home, Universidad de California en
    Berkeley

Robert Zimmerman, autor de *Leaving Earth*

Marcia Bartusiak, autora de *Einstein's Unfinished Symphony*

Michael H. Salamon, programa Más Allá de Einstein de la NASA

Geoff Andersen, Academia de la Fuerza Aérea de Estados Unidos,
    autor de *The Telescope*

También quiero expresar mi agradecimiento a mi agente, Stuart Kri-
chevsky, que ha estado a mi lado a lo largo de estos años orientán-
dome en todos mis libros, y a mi editor, Roger Scholl, que con
mano firme, sólido juicio y experiencia editorial ha sido un referen-
te en muchos de mis libros. Asimismo deseo dar las gracias a mis colegas del City College y el Graduate Center de la Universidad de la
Ciudad de Nueva York, en especial a V. P. Nair y Dan Greenberger,
que generosamente me dedicaron su tiempo en fecundos debates.

Primera parte
IMPOSIBILIDADES DE CLASE I

1

Campos de fuerza

I. Cuando un científico distinguido pero anciano afirma que algo es posible, es casi seguro que tiene razón. Cuando afirma que algo es imposible, es muy probable que esté equivocado.

II. La única manera de descubrir los límites de lo posible es aventurarse un poco más allá de ellos en lo imposible.

III. Cualquier tecnología suficientemente avanzada es indistinguible de la magia.

Las tres leyes de ARTHUR C. CLARKE

«¡Escudos arriba!»

En innumerables episodios de *Star Trek* esta es la primera orden que el capitán Kirk da a la tripulación: elevar los campos de fuerza para proteger del fuego enemigo a la nave espacial *Enterprise*.

Tan vitales son los campos de fuerza en *Star Trek* que la marcha de la batalla puede medirse por cómo está resistiendo el campo de fuerza. Cuando se resta potencia a los campos de fuerza, la *Enterprise* sufre más impactos dañinos en su casco, hasta que finalmente la rendición se hace inevitable.

Pero ¿qué es un campo de fuerza? En la ciencia ficción es engañosamente simple: una barrera delgada e invisible, pero impenetrable, capaz de desviar tanto haces láser como cohetes. A primera vista un campo de fuerza parece tan fácil que su creación como escudo en el campo de batalla parece inminente. Uno espera que cualquier día un inventor emprendedor anunciará el descubrimiento de un campo de fuerza defensivo. Pero la verdad es mucho más complicada.

De la misma forma que la bombilla de Edison revolucionó la civilización moderna, un campo de fuerza podría afectar profundamente a cada aspecto de nuestra vida. El ejército podría utilizar campos de fuerza para crear un escudo impenetrable contra misiles y balas enemigos, y hacerse así invulnerable. En teoría, podrían construirse puentes, superautopistas y carreteras con solo presionar un botón. Ciudades enteras podrían brotar instantáneamente en el desierto, con rascacielos hechos enteramente de campos de fuerza. Campos de fuerza erigidos sobre ciudades permitirían a sus habitantes modificar a voluntad los efectos del clima: vientos fuertes, huracanes, tornados. Podrían construirse ciudades bajo los océanos dentro de la segura cúpula de un campo de fuerza. Podrían reemplazar por completo al vidrio, el acero y el hormigón.

Pero, por extraño que parezca, un campo de fuerza es quizá uno de los dispositivos más difíciles de crear en el laboratorio. De hecho, algunos físicos creen que podría ser realmente imposible, a menos que se modifiquen sus propiedades.

MICHAEL FARADAY

El concepto de campos de fuerza tiene su origen en la obra del gran científico británico del siglo XIX Michael Faraday.

Faraday nació en el seno de una familia de clase trabajadora (su padre era herrero) y llevó una vida difícil como aprendiz de encuadernador en los primeros años del siglo. El joven Faraday estaba fascinado por los enormes avances a que dio lugar el descubrimiento de las misteriosas propiedades de dos nuevas fuerzas: la electricidad y el magnetismo. Faraday devoró todo lo que pudo acerca de estos temas y asistió a las conferencias que impartía el profesor Humphrey Davy de la Royal Institution en Londres.

Un día, el profesor Davy sufrió una grave lesión en los ojos a causa de un accidente químico y contrató a Faraday como secretario. Faraday se ganó poco a poco la confianza de los científicos de la Royal Institution, que le permitieron realizar importantes experimentos por su cuenta, aunque a veces era ninguneado. Con los años, el profesor Davy llegó a estar cada vez más celoso del brillo que mostraba su joven ayudante, una estrella ascendente en los círculos experimentales hasta el punto de eclipsar la fama del propio Davy. Tras la muerte de Davy en 1829, Faraday se vio libre para hacer una serie de descubrimientos trascendentales que llevaron a la creación de generadores que alimentarían ciudades enteras y cambiarían el curso de la civilización mundial.

La clave de los grandes descubrimientos de Faraday estaba en sus «campos de fuerza». Si se colocan limaduras de hierro por encima de un imán, las limaduras forman una figura parecida a una telaraña que llena todo el espacio. Estas son las líneas de fuerza de Faraday, que muestran gráficamente cómo los campos de fuerza de la electricidad y el magnetismo llenan el espacio. Si se representa gráficamente el campo magnético de la Tierra, por ejemplo, se encuentra que las líneas emanan de la región polar norte y luego vuelven a entrar en la Tierra por la región polar sur. Del mismo modo, si representáramos las líneas del campo eléctrico de un pararrayos durante una tormenta, encontraríamos que las líneas de fuerza se concentran en la punta del pararrayos. Para Faraday, el espacio vacío no estaba vacío en absoluto, sino lleno de líneas de fuerza que podían mover objetos lejanos. (Debido a la pobre educación que había recibido en su infancia, Faraday no sabía matemáticas, y en consecuencia sus cuadernos no están llenos de ecuaciones, sino de diagramas de estas líneas de fuerza dibujados a mano. Resulta irónico que su falta de formación matemática le llevara a crear los bellos diagramas de líneas de fuerza que ahora pueden encontrarse en cualquier libro de texto de física. En ciencia, una imagen física es a veces más importante que las matemáticas utilizadas para describirla.)

Los historiadores han especulado sobre cómo llegó Faraday a su descubrimiento de los campos de fuerza, uno de los conceptos más importantes de la ciencia. De hecho, toda la física moderna está escrita en el lenguaje de los campos de Faraday. En 1831 tuvo la idea clave sobre los campos de fuerza que iba a cambiar la civilización para siempre. Un día, estaba moviendo un imán sobre una bobina de cable metálico y advirtió que era capaz de generar una corriente eléctrica en el cable, sin siquiera tocarlo. Esto significaba que el campo invisible de un imán podía atravesar el espacio vacío y empujar a los electrones de un cable, lo que creaba una corriente.

Los «campos de fuerza» de Faraday, que inicialmente se consideraron pasatiempos inútiles, eran fuerzas materiales reales que podían mover objetos y generar potencia motriz. Hoy, la luz que usted utiliza para leer esta página probablemente está alimentada gracias al descubrimiento de Faraday sobre el electromagnetismo. Un imán giratorio crea un campo de fuerza que empuja a los electrones en un cable y les hace moverse en una corriente eléctrica. La electricidad en el cable puede utilizarse entonces para encender una bombilla. El mismo principio se utiliza para generar la electricidad que mueve las ciudades del mundo. El agua que fluye por una presa, por ejemplo, hace girar un enorme imán en una turbina, que a su vez empuja a los electrones en un cable, lo que crea una corriente eléctrica que es enviada a nuestros hogares a través de líneas de alto voltaje.

En otras palabras, los campos de fuerza de Michael Faraday son las fuerzas que impulsan la civilización moderna, desde los bulldozers eléctricos a los ordenadores, los iPods y la internet de hoy.

Los campos de fuerza de Faraday han servido de inspiración para los físicos durante siglo y medio. Einstein estaba tan inspirado por ellos que escribió su teoría de la gravedad en términos de campos de fuerza. También yo me inspiré en los campos de Faraday. Hace años conseguí escribir la teoría de cuerdas en términos de los campos de fuerza de Faraday, fundando así la teoría de campos de cuerdas. En física, decir de alguien que «piensa como una línea de fuerza», se toma como un gran cumplido.

LAS CUATRO FUERZAS

Una de las mayores hazañas de la física en los últimos dos mil años ha sido el aislamiento y la identificación de las cuatro fuerzas que rigen el universo. Todas ellas pueden describirse en el lenguaje de los campos introducido por Faraday. Por desgracia, no obstante, ninguna de ellas tiene exactamente las propiedades de los campos de fuerza que se describen en la mayor parte de la literatura de ciencia ficción. Estas fuerzas son:

1. *Gravedad.* La fuerza silenciosa que mantiene nuestros pies en el suelo, impide que la Tierra y las estrellas se desintegren, y mantiene unidos el sistema solar y la galaxia. Sin la gravedad, la rotación de la Tierra nos haría salir despedidos del planeta hacia el espacio a una velocidad de 1.600 kilómetros por hora. El problema es que la gravedad tiene propiedades exactamente opuestas a las de los campos de fuerza que encontramos en la ciencia ficción. La gravedad es atractiva, no repulsiva; es extremadamente débil, en términos relativos; y actúa a distancias astronómicas. En otras palabras, es prácticamente lo contrario de la barrera plana, delgada e impenetrable que leemos en las historias de ciencia ficción o vemos en las películas de ciencia ficción. Por ejemplo, se necesita todo el planeta Tierra para atraer una pluma hacia el suelo, pero nos basta con un dedo para levantarla y contrarrestar la gravedad de la Tierra. La acción de nuestro dedo puede contrarrestar la gravedad de todo un planeta que pesa más de seis billones de billones de kilogramos.

2. *Electromagnetismo* (EM). La fuerza que ilumina nuestras ciudades. Los láseres, la radio, la televisión, los aparatos electrónicos modernos, los ordenadores, internet, la electricidad, el magnetismo... todos son consecuencias de la fuerza electromagnética. Es quizá la fuerza más útil que han llegado a dominar los seres humanos. A diferencia de la gravedad, puede ser tanto atractiva como repulsiva. Sin embargo, hay varias razones por las que no es apropiada como un campo de fuerza. En primer lugar, puede neutralizarse con facilidad. Los plásticos y otros aislantes, por ejemplo, pueden penetrar fácilmente en un potente campo eléctrico o magnético. Un trozo de plástico arrojado contra un campo magnético lo atravesaría directamente. En segundo lugar, el electromagnetismo actúa a distancias muy grandes y no puede concentrarse fácilmente en un plano. Las leyes de la fuerza EM se describen mediante las ecuaciones de Maxwell, y estas ecuaciones no parecen admitir campos de fuerzas como soluciones.

3 y 4. *Las fuerzas nucleares débil y fuerte*. La fuerza débil es la fuerza de la desintegración radiactiva. Es la fuerza que calienta el centro de la Tierra, que es radiactivo. Es la fuerza que hay detrás de los volcanes, los terremotos y la deriva de los continentes. La fuerza fuerte mantiene unido el núcleo del átomo. La energía del Sol y las estrellas tiene su origen en la fuerza nuclear, que es responsable de iluminar el universo. El problema es que la fuerza nuclear es una fuerza de corto alcance, que actúa principalmente a la distancia de un núcleo. Puesto que está tan ligada a las propiedades de los núcleos, es extraordinariamente difícil de manipular. Por el momento, las únicas formas que tenemos de manipular esta fuerza consisten en romper partículas subatómicas en colisionadores de partículas o detonar bombas atómicas.

Aunque los campos de fuerza utilizados en la ciencia ficción no parecen conformarse a las leyes de la física conocidas, hay todavía vías de escape que harían posible la creación de un campo de fuerza semejante. En primer lugar, podría haber una quinta fuerza, aún no vista en el laboratorio. Una fuerza semejante podría, por ejemplo, actuar a una distancia de solo unos pocos centímetros o decenas de centímetros, y no a distancias astronómicas. (Sin embargo, los intentos iniciales de medir la presencia de esa quinta fuerza han dado resultados negativos.)

En segundo lugar, quizá sería posible utilizar un plasma para imitar algunas de las propiedades de un campo de fuerza. Un plasma es «el cuarto estado de la materia». Sólidos, líquidos y gases constituyen los tres estados de la materia familiares, pero la forma más común de materia en el universo es el plasma, un gas de átomos ionizados. Puesto que los átomos de un plasma están rotos, con los electrones desgajados del átomo, los átomos están cargados eléctricamente y pueden manipularse fácilmente mediante campos eléctricos y magnéticos.

Los plasmas son la forma más abundante de la materia visible en el universo, pues forman el Sol, las estrellas y el gas interestelar. Los plasmas no nos son familiares porque raramente se encuentran en la Tierra, pero podemos verlos en forma de descargas eléctricas, en el Sol y en el interior de los televisores de plasma.

Ventanas de plasma

Como se ha señalado, si se calienta un gas a una temperatura suficientemente alta, y se crea así un plasma, este puede ser moldeado y conformado mediante campos magnéticos y eléctricos. Por ejemplo, se le puede dar la forma de una lámina o de una ventana. Además, esta «ventana de plasma» puede utilizarse para separar un vacío del aire ordinario. En teoría, se podría impedir que el aire del interior de una nave espacial se escapase al espacio, y crear así una conveniente y transparente interfaz entre el espacio exterior y la nave espacial.

En la serie televisiva *Star Trek* se utiliza un campo de fuerza semejante para separar el muelle de carga de la lanzadera, donde se encuentra una pequeña cápsula espacial, del vacío del espacio exterior. No solo es un modo ingenioso de ahorrar dinero en decorados, sino que es un artificio posible.

La ventana de plasma fue inventada por el físico Ady Herschcovitch en 1995 en el Laboratorio Nacional de Brookhaven en Long Island, Nueva York. La desarrolló para resolver los problemas que planteaba la soldadura de metales utilizando haces de electrones. Un soplete de acetileno utiliza un chorro de gas caliente para fundir y luego soldar piezas de metal. Pero un haz de electrones puede soldar metales de forma más rápida, más limpia y más barata que los métodos ordinarios. Sin embargo, el problema con la soldadura por haz de electrones es que debe hacerse en vacío. Este requisito es un gran inconveniente, porque significa crear una cámara de vacío que puede ser tan grande como una habitación.

El doctor Herschcovitch inventó la ventana de plasma para resolver este problema. De solo un metro de altura y menos de 30 centímetros de diámetro, la ventana de plasma calienta gas hasta unos 7.000 °C y crea un plasma que queda atrapado por campos eléctrico y magnético. Estas partículas ejercen presión, como en cualquier gas, lo que impide que el aire penetre violentamente en la cámara de vacío, separando así el aire del vacío. (Cuando se utiliza gas argón en la ventana de plasma, esta toma un brillo azul, como el campo de fuerza en *Star Trek*.)

La ventana de plasma tiene amplias aplicaciones en la industria y los viajes espaciales. Muchas veces, los procesos de manufactura necesitan un vacío para realizar microfabricación y grabado en seco con fines industriales, pero trabajar en vacío puede ser caro. Pero con la ventana de plasma se puede contener un vacío sin mucho gasto apretando un botón.

Pero ¿puede utilizarse también la ventana de plasma como escudo impenetrable? ¿Puede soportar el disparo de un cañón? En el futuro cabe imaginar una ventana de plasma de una potencia y temperatura mucho mayores, suficientes para dañar o vaporizar los proyectiles incidentes. No obstante, para crear un campo de fuerza más realista, como los que encontramos en la ciencia ficción, se necesitaría una combinación de varias tecnologías dispuestas en capas. Cada capa no sería suficientemente fuerte para detener por sí sola una bala de cañón, pero la combinación sí podría hacerlo.

La capa exterior podría ser una ventana de plasma supercargado, calentado a una temperatura lo suficientemente elevada para vaporizar metales. Una segunda capa podría ser una cortina de haces láser de alta energía. Esta cortina, que contendría miles de haces láser entrecruzados, crearía una red que calentaría los objetos que la atravesaran y los vaporizaría. Discutiré con más detalle los láseres en el capítulo siguiente.

Y tras esta cortina láser se podría imaginar una red hecha de «nanotubos de carbono», tubos minúsculos hechos de átomos de carbono individuales que tienen un átomo de espesor y son mucho más resistentes que el acero. Aunque el actual récord mundial para la longitud de un nanotubo de carbono es de solo 15 milímetros, podemos imaginar que un día seremos capaces de fabricar nanotubos de carbono de longitud arbitraria. Suponiendo que los nanotubos de carbono puedan entretejerse en una malla, podrían crear una pantalla de gran resistencia, capaz de repeler la mayoría de los objetos. La pantalla sería invisible, puesto que cada nanotubo de carbono es de grosor atómico, pero la malla de nanotubos de carbono sería más resistente que cualquier material.

Así, mediante una combinación de ventana de plasma, cortina láser y pantalla de nanotubos de carbono, cabría imaginar la creación de un muro invisible que sería prácticamente impenetrable por casi cualquier medio.

Pero incluso este escudo multicapas no satisfaría por completo todas las propiedades de un campo de fuerza de la ciencia ficción, porque sería transparente y por ello incapaz de detener un haz láser. En una batalla con cañones láser, el escudo multicapa sería inútil.

Para detener un haz láser el escudo tendría que poseer también una forma avanzada de «fotocromática». Este es el proceso que se utiliza para las gafas de sol que se oscurecen automáticamente al ser expuestas a la radiación ultravioleta. La fotocromática se basa en moléculas que pueden existir en al menos dos estados. En un estado la molécula es transparente, pero cuando se expone a radiación ultravioleta cambia instantáneamente a la segunda forma, que es opaca.

Quizá un día seamos capaces de utilizar nanotecnología para producir una sustancia tan dura como nanotubos de carbono que pueda cambiar sus propiedades ópticas cuando se expone a luz láser. De este modo, un escudo podría detener un disparo de láser tanto como un haz de partículas o fuego de cañón. De momento, sin embargo, no existe la fotocromática que pueda detener haces láser.

LEVITACIÓN MAGNÉTICA

En la ciencia ficción, los campos de fuerza tienen otro fin además de desviar disparos de pistolas de rayos, y es el de servir como plataforma para desafiar la gravedad. En la película *Regreso al futuro*, Michael J. Fox monta una «tabla flotante», que se parece a un monopatín excepto en que flota sobre la calle. Tal dispositivo antigravedad es imposible según las leyes de la física tal como hoy las conocemos (como veremos en el capítulo 10). Pero tablas flotantes y coches flotantes ampliados magnéticamente podrían hacerse realidad en el futuro y darnos la capacidad de hacer levitar grandes objetos a voluntad. En el futuro, si los «superconductores a temperatura ambiente» se hacen una realidad, podríamos ser capaces de hacer levitar objetos utilizando el poder de campos de fuerza magnéticos.

Si colocamos dos imanes próximos uno a otro con sus polos norte enfrentados, los dos imanes se repelen. (Si damos la vuelta a un imán de modo que el polo norte de uno esté frente al polo norte del otro, entonces los dos imanes se atraen.) Este mismo principio, que los polos norte se repelen, puede utilizarse para levantar pesos enormes del suelo. Varios países ya están construyendo trenes avanzados de levitación magnética (trenes maglev) que se ciernen sobre las vías utilizando imanes ordinarios. Puesto que la fricción es nula, pueden alcanzar velocidades récord, flotando sobre un cojín de aire.

En 1984 empezó a operar en el Reino Unido el primer sistema maglev comercial del mundo, que cubre el trayecto entre el aeropuerto internacional de Birmingham y la cercana estación de ferrocarril internacional de Birmingham. También se han construido trenes maglev en Alemania, Japón y Corea, aunque la mayoría de ellos no están diseñados para alcanzar grandes velocidades. El primer tren maglev comercial que funciona a alta velocidad es el de la línea de demostración del segmento operacional inicial (IOS) en Shanghai, que viaja a una velocidad máxima de 430 kilómetros por hora. El tren maglev japonés en la prefectura de Yamanashi alcanzó una velocidad de 580 kilómetros por hora, más rápido incluso que los trenes de ruedas convencionales.

Pero estos dispositivos maglev son muy caros. Una manera de aumentar su eficacia sería utilizar superconductores, que pierden toda la resistencia eléctrica cuando son enfriados hasta cerca del cero absoluto. La superconductividad fue descubierta en 1911 por Heike Kamerlingh Onnes. Cuando ciertas sustancias se enfrían por debajo de 20 K sobre el cero absoluto pierden toda su resistencia eléctrica. Normalmente, cuando bajamos la temperatura de un metal, su resistencia disminuye. (Esto se debe a que las vibraciones aleatorias de los átomos dificultan el flujo de electrones en un cable. Al reducir la temperatura se reducen estos movimientos aleatorios, y la electricidad fluye con menos resistencia.) Pero para gran sorpresa de Kamerlingh Onnes, él encontró que la resistencia de ciertos materiales cae abruptamente a cero a una temperatura crítica.

Los físicos reconocieron inmediatamente la importancia de este resultado. Las líneas de transporte de electricidad sufren pérdidas importantes cuando transportan la electricidad a grandes distancias. Pero si pudiera eliminarse toda la resistencia, la potencia eléctrica podría transmitirse casi gratis. De hecho, si se hiciera circular la electricidad por una bobina superconductora, la electricidad circularía durante millones de años sin ninguna reducción en la energía. Además, con estas enormes corrientes eléctricas sería fácil hacer electroimanes de increíble potencia. Con estos electroimanes podrían levantarse pesos enormes con facilidad.

Pese a todos estos poderes milagrosos, el problema con la superconductividad resulta que es muy caro mantener sumergidos grandes electroimanes en tanques de líquido superenfriado. Se requieren enormes plantas de refrigeración para mantener los líquidos superenfriados, lo que hace prohibitivamente caros los imanes superconductores.

Pero quizá un día los físicos sean capaces de crear un «superconductor a temperatura ambiente», el Santo Grial de los físicos del estado sólido. La invención de superconductores a temperatura ambiente en el laboratorio desencadenaría una segunda revolución industrial. Sería tan barato conseguir potentes campos magnéticos capaces de elevar coches y trenes que los coches flotantes se harían económicamente viables. Con superconductores a alta temperatura podrían hacerse realidad los fantásticos coches volantes que se ven en *Regreso al futuro*, *Minority Report* y *La guerra de las galaxias*.

En teoría, se podría llevar un cinturón hecho de imanes superconductores que permitiría levitar sin esfuerzo. Con tal cinturón, uno podría volar en el aire como Supermán. Los superconductores a temperatura ambiente son tan notables que aparecen en muchas novelas de ciencia ficción (tales como la serie Mundo Anillo escrita por Larry Niven en 1970).

Durante décadas los físicos han buscado superconductores a temperatura ambiente sin éxito. Ha sido un proceso tedioso de ensayo y error, probando un material tras otro. Pero en 1986 se descubrió una nueva clase de sustancias llamadas «superconductores a alta temperatura» que se hacen superconductoras a unos 90 grados sobre el cero absoluto, o 90 K, lo que causó sensación en el mundo de la física. Parecía que se abrían las compuertas. Mes tras mes, los físicos competían por conseguir el próximo récord mundial para un superconductor. Durante un tiempo pareció que la posibilidad de superconductores a temperatura ambiente saltaba de las páginas de las novelas de ciencia ficción a nuestras salas de estar. Pero tras algunos años de movimiento a velocidad de vértigo, la investigación en superconductores a alta temperatura empezó a frenarse.

Actualmente, el récord mundial para un superconductor a alta temperatura lo tiene una sustancia llamada óxido de cobre y mercurio, talio, bario y calcio, que se hace superconductor a 138 K (−135 °C). Esta temperatura relativamente alta está todavía muy lejos de la temperatura ambiente. Pero este récord de 138 K sigue siendo importante. El nitrógeno se licúa a 77 K, y el nitrógeno líquido cuesta casi lo mismo que la leche ordinaria. De modo que podría utilizarse nitrógeno líquido para enfriar esos superconductores a alta temperatura a un coste muy bajo. (Por supuesto, los superconductores a temperatura ambiente no necesitarían ser enfriados.)

Resulta bastante embarazoso que por el momento no exista ninguna teoría que explique las propiedades de estos superconductores a alta temperatura. De hecho, un premio Nobel aguarda al físico emprendedor que pueda explicar cómo funcionan los superconductores a alta temperatura. (Estos superconductores a alta temperatura están formados por átomos dispuestos en diferentes capas. Muchos físicos teorizan que esta estratificación del material cerámico hace posible que los electrones fluyan libremente dentro de cada capa, creando un superconductor. Pero sigue siendo un misterio cómo sucede con exactitud.)

Debido a esa falta de conocimiento, los físicos tienen que recurrir a procedimientos de ensayo y error para buscar nuevos superconductores a alta temperatura. Esto significa que los míticos superconductores a temperatura ambiente pueden ser descubiertos mañana, el año que viene o nunca. Nadie sabe cuándo se encontrará una sustancia semejante, si es que llega a encontrarse.

Pero si se descubren superconductores a temperatura ambiente, podría desencadenarse una marea de aplicaciones comerciales. Campos magnéticos un millón de veces más intensos que el campo magnético de la Tierra (que es de 0,5 gauss) podrían convertirse en un lugar común.

Una propiedad común de la superconductividad se denomina efecto Meissner. Si colocamos un imán sobre un superconductor, el imán levitará, como si estuviera mantenido por una fuerza invisible. (La razón del efecto Meissner es que el imán tiene el efecto de crear un imán «imagen especular» dentro del superconductor, de modo que el imán original y el imán «imagen especular» se repelen. Otra manera de verlo es que los campos magnéticos no pueden penetrar en un superconductor; por el contrario, los campos magnéticos son expulsados. Por ello, si se mantiene un imán sobre un superconductor, sus líneas de fuerza son expulsadas por el superconductor, y así las líneas de fuerza empujan al imán hacia arriba, haciéndolo levitar.)

Utilizando el efecto Meissner, podemos imaginar un futuro en que las carreteras estén construidas con estas cerámicas especiales. Entonces, imanes colocados en nuestros cinturones o los neumáticos de nuestros automóviles nos permitirían flotar mágicamente hasta nuestro destino, sin ninguna fricción ni pérdida de energía.

El efecto Meissner actúa solo en materiales magnéticos, tales como metales. Pero también es posible utilizar imanes superconductores para hacer levitar materiales no magnéticos, llamados paramagnéticos y diamagnéticos. Estas sustancias no tienen propiedades magnéticas por sí mismas: solo adquieren sus propiedades magnéticas en presencia de un campo magnético externo. Las sustancias paramagnéticas son atraídas por un imán externo, mientras que las diamagnéticas son repelidas por un imán externo.

El agua, por ejemplo, es diamagnética. Puesto que todos los seres vivos están hechos de agua, pueden levitar en presencia de un potente campo magnético. En un campo magnético de unos 15 teslas (30.000 veces el campo de la Tierra), los científicos han hecho levitar animales pequeños, tales como ranas. Pero si los superconductores a temperatura ambiente se hicieran una realidad, sería posible hacer levitar también grandes objetos no magnéticos gracias a su carácter diamagnético.

En conclusión, campos de fuerza como los descritos habitualmente en la ciencia ficción no encajan en la descripción de las cuatro fuerzas del universo. Pero quizá sea posible simular muchas propiedades de los campos de fuerza utilizando un escudo multicapa consistente en ventanas de plasma, cortinas láser, nanotubos de carbono y fotocromática. Pero el desarrollo de un escudo semejante podría tardar muchas décadas, o incluso un siglo. Y si llegaran a encontrarse superconductores a temperatura ambiente, seríamos capaces de utilizar potentes campos magnéticos para hacer levitar automóviles y trenes y elevarnos en el aire, como en las películas de ciencia ficción.

Dadas estas consideraciones, yo clasificaría los campos de fuerza como una imposibilidad de clase I; es decir, algo que es imposible con la tecnología de hoy, pero posible, en una forma modificada, dentro de un siglo más o menos.

2

Invisibilidad

Uno no puede depender de sus ojos cuando su
imaginación está desenfocada.

MARK TWAIN

En *Star Trek IV: El viaje a casa*, la tripulación del *Enterprise* se apropia de un crucero de batalla Klingon. A diferencia de las naves espaciales de la Flota Estelar de la Federación, las naves espaciales del imperio Klingon tienen un «dispositivo de ocultación» secreto que las hace invisibles a la luz o el radar, de modo que las naves de Klingon pueden deslizarse sin ser detectadas tras las naves espaciales de la Federación y tenderles emboscadas con impunidad. Este dispositivo de ocultación ha dado al imperio Klingon una ventaja estratégica sobre la Federación de Planetas.

¿Realmente es posible tal dispositivo? La invisibilidad ha sido siempre una de las maravillas de la ciencia ficción y de lo fantástico, desde las páginas de *El hombre invisible* al mágico manto de invisibilidad de los libros de Harry Potter, o el anillo en *El señor de los anillos*. Pero durante un siglo al menos, los físicos han descartado la posibilidad de mantos de invisibilidad, afirmando lisa y llanamente que son imposibles: violan las leyes de la óptica y no se adecúan a ninguna de las propiedades conocidas de la materia.

Pero hoy lo imposible puede hacerse posible. Nuevos avances en «metamateriales» están obligando a una revisión importante de los libros de texto de óptica. Se han construido en el laboratorio prototipos operativos de tales materiales que han despertado un gran interés en los medios de comunicación, la industria y el ejército al hacer que lo visible se haga invisible.

LA INVISIBILIDAD A TRAVÉS DE LA HISTORIA

La invisibilidad es quizá una de las ideas más viejas en la mitología antigua. Desde el comienzo de la historia escrita, las personas que se han encontrado solas en una noche procelosa se han sentido aterrorizadas por los espíritus invisibles de los muertos, las almas de los que desaparecieron hace tiempo que acechan en la oscuridad. El héroe griego Perseo pudo acabar con la malvada Medusa armado con el yelmo de la invisibilidad. Los generales de los ejércitos han soñado con un dispositivo de invisibilidad. Siendo invisible, uno podría atravesar las líneas enemigas y capturar al enemigo por sorpresa. Los criminales podrían utilizar la invisibilidad para llevar a cabo robos espectaculares.

La invisibilidad desempeñaba un papel central en la teoría de Platón de la ética y la moralidad. En su principal obra filosófica, *La República*, Platón narra el mito del anillo de Giges.[1] El pobre pero honrado pastor Giges de Lidia entra en una cueva oculta y encuentra una tumba que contiene un cadáver que lleva un anillo de oro. Giges descubre que ese anillo de oro tiene el poder mágico de hacerle invisible. Pronto este pobre pastor queda embriagado con el poder que le da este anillo. Después de introducirse subrepticiamente en el palacio del rey, Giges utiliza su poder para seducir a la reina y, con la ayuda de esta, asesinar al rey y convertirse en el próximo rey de Lidia.

La moraleja que deseaba extraer Platón es que ningún hombre puede resistir la tentación de poder robar y matar a voluntad. Todos los hombres son corruptibles. La moralidad es una construcción social impuesta desde fuera. Un hombre puede aparentar ser moral en público para mantener su reputación de integridad y honestidad, pero una vez que posee el poder de la invisibilidad, el uso de dicho poder sería irresistible. (Algunos creen que esta moraleja fue la inspiración para la trilogía de *El señor de los anillos* de J. R. R. Tolkien, en la que un anillo que garantiza la invisibilidad a quien lo lleva es también una fuente de mal.)

La invisibilidad es asimismo un elemento habitual en la ciencia ficción. En la serie *Flash Gordon* de la década de 1950, Flash se hace invisible para escapar al pelotón de fusilamiento de Ming el Despiadado. En las novelas y las películas de Harry Potter, Harry lleva un manto especial que le permite moverse por el colegio Hogwarts sin ser detectado.

H. G. Wells dio forma concreta a esta mitología con su clásica novela *El hombre invisible*, en la que un estudiante de medicina descubre accidentalmente el poder de la cuarta dimensión y se hace invisible. Por desgracia, él utiliza este fantástico poder para su beneficio privado, empieza una oleada de crímenes menores, y al final muere tratando de huir desesperadamente de la policía.

LAS ECUACIONES DE MAXWELL Y EL SECRETO DE LA LUZ

Solo con la obra del físico escocés James Clerk Maxwell, uno de los gigantes de la física del siglo XIX, los físicos tuvieron una comprensión firme de las leyes de la óptica. Maxwell era, en cierto sentido, lo contrario de Michael Faraday. Mientras que Faraday tenía un soberbio instinto experimental pero ninguna educación formal, Maxwell, un contemporáneo de Faraday, era un maestro de las matemáticas avanzadas. Destacó como estudiante de física matemática en Cambridge, donde Isaac Newton había trabajado dos siglos antes.

Newton había inventado el cálculo infinitesimal, que se expresaba en el lenguaje de las «ecuaciones diferenciales», que describen cómo los objetos experimentan cambios infinitesimales en el espacio y el tiempo. El movimiento de las ondas oceánicas, los fluidos, los gases y las balas de cañón podían expresarse en el lenguaje de las ecuaciones diferenciales. Maxwell tenía un objetivo claro: expresar los revolucionarios hallazgos de Faraday y sus campos de fuerza mediante ecuaciones diferenciales precisas.

Maxwell partió del descubrimiento de Faraday de que los campos eléctricos podían convertirse en campos magnéticos, y viceversa. Asumió las representaciones de Faraday de los campos de fuerza y las reescribió en el lenguaje preciso de las ecuaciones diferenciales, lo que dio lugar a uno de los más importantes conjuntos de ecuaciones de la ciencia moderna. Constituyen un conjunto de ocho ecuaciones diferenciales de aspecto imponente. Cualquier físico e ingeniero del mundo tiene que jurar sobre ellas cuando llega a dominar el electromagnetismo en la facultad.

A continuación, Maxwell se hizo la pregunta decisiva: si los campos magnéticos pueden convertirse en campos eléctricos y viceversa, ¿qué sucede si se están convirtiendo continuamente unos en otros en una pauta inacabable? Maxwell encontró que estos campos electromagnéticos crearían una onda muy parecida a las olas en el mar. Calculó la velocidad de dichas ondas y, para su asombro, ¡descubrió que era igual a la velocidad de la luz! En 1864, tras descubrir este hecho, escribió proféticamente: «Esta velocidad es tan próxima a la de la luz que parece que tenemos una buena razón para concluir que la propia luz… es una perturbación electromagnética».

Fue quizá uno de los mayores descubrimientos de la historia humana. El secreto de la luz se revelaba por fin. Evidentemente, Maxwell se dio cuenta de que todas las cosas, el brillo del amanecer, el resplandor de la puesta de Sol, los extraordinarios colores del arco iris y el firmamento estrellado podían describirse mediante las ondas que garabateaba en una hoja de papel. Hoy entendemos que todo el espectro electromagnético —desde el radar a la televisión, la luz infrarroja, la luz ultravioleta, los rayos X, las microondas y los rayos gamma— no es otra cosa que ondas de Maxwell, que a su vez son vibraciones de los campos de fuerza de Faraday.

Al comentar la importancia de las ecuaciones de Maxwell, Einstein escribió que son «las más profundas y fructíferas que ha experimentado la física desde la época de Newton».

(Por desgracia, Maxwell, uno de los más grandes físicos del siglo XIX, murió a la temprana edad de cuarenta y ocho años de un cáncer de estómago, probablemente la misma enfermedad de la que murió su madre a la misma edad. Si hubiera vivido más tiempo, podría haber descubierto que sus ecuaciones permitían distorsiones del espacio-tiempo que llevarían directamente a la teoría de la relatividad de Einstein. Es extraordinario darse cuenta de que si Maxwell hubiera vivido más tiempo, la relatividad podría haberse descubierto en la época de la guerra civil norteamericana.)

La teoría de la luz de Maxwell y la teoría atómica dan explicaciones sencillas de la óptica y la invisibilidad. En un sólido, los átomos están fuertemente concentrados, mientras que en un líquido o en un gas las moléculas están mucho más espaciadas. La mayoría de los sólidos son opacos porque los rayos de luz no pueden atravesar la densa matriz de átomos en un sólido, que actúa como un muro de ladrillo. Por el contrario, muchos líquidos y gases son transparentes porque la luz pasa con más facilidad entre los grandes espacios entre sus átomos, un espacio que es mayor que la longitud de onda de la luz visible. Por ejemplo, el agua, el alcohol, el amoniaco, la acetona, el agua oxigenada, la gasolina y similares son transparentes, como lo son gases tales como el oxígeno, el hidrógeno, el nitrógeno, el dióxido de carbono, el metano y otros similares.

Existen excepciones importantes a esta regla. Muchos cristales son, además de sólidos, transparentes. Pero los átomos de un cristal están dispuestos en una estructura reticular precisa, ordenados en filas regulares, con un espaciado regular entre ellos. Así, un haz luminoso puede seguir muchas trayectorias a través de una red cristalina. Por consiguiente, aunque un cristal está tan fuertemente empaquetado como cualquier sólido, la luz puede abrirse camino a través del cristal.

Bajo ciertas condiciones, un objeto sólido puede hacerse transparente si los átomos se disponen al azar. Esto puede hacerse calentando ciertos materiales a alta temperatura y enfriándolos rápidamente. El vidrio, por ejemplo, es un sólido con muchas propiedades de un líquido debido a la disposición aleatoria de sus átomos. Algunos caramelos también pueden hacerse transparentes con este método.

Es evidente que la invisibilidad es una propiedad que surge en el nivel atómico, mediante las ecuaciones de Maxwell, y por ello sería extraordinariamente difícil, si no imposible, de reproducir utilizando métodos ordinarios. Para hacer invisible a Harry Potter habría que licuarlo, hervirlo para crear vapor, cristalizarlo, calentarlo de nuevo y luego enfriarlo, todo lo cual sería muy difícil de conseguir incluso para un mago.

El ejército, incapaz de crear aviones invisibles, ha intentado hacer lo que más se les parece: crear tecnología furtiva, que hace los aviones invisibles al radar. La tecnología furtiva se basa en las ecuaciones de Maxwell para conseguir una serie de trucos. Un caza a reacción furtivo es perfectamente visible al ojo humano, pero su imagen en la pantalla de un radar enemigo solo tiene el tamaño que correspondería a un pájaro grande. (La tecnología furtiva es en realidad una mezcla de trucos. Cambiando los materiales dentro del caza a reacción, reduciendo su contenido de acero y utilizando en su lugar plásticos y resinas, cambiando los ángulos de su fuselaje, reordenando sus toberas, y así sucesivamente, es posible hacer que los haces del radar enemigo que inciden en el aparato se dispersen en todas direcciones, de modo que nunca vuelven a la pantalla del radar enemigo. Incluso con tecnología furtiva, un caza a reacción no es del todo invisible; lo que hace es desviar y dispersar tantas ondas de radar como es técnicamente posible.)

METAMATERIALES E INVISIBILIDAD

Pero quizá el más prometedor entre los nuevos desarrollos que implican invisibilidad es un nuevo material exótico llamado un «metamaterial», que tal vez un día haga los objetos verdaderamente invisibles. Resulta irónico que la creación de metamateriales se considerara en otro tiempo imposible porque violaban las leyes de la óptica. Pero en 2006, investigadores de la Universidad de Duke en Durham, Carolina del Norte, y del Imperial College de Londres, desafiaron con éxito la sabiduría convencional y utilizaron metamateriales para hacer un objeto invisible a la radiación de microondas. Aunque hay aún muchos obstáculos que superar, ahora tenemos por primera vez en la historia un diseño para hacer invisibles objetos ordinarios. (La Agencia de Investigación de Proyectos Avanzados de Defensa [DARPA] del Pentágono financió esta investigación.)

Según Nathan Myhrvold, antiguo jefe de tecnología en Microsoft, el potencial revolucionario de los metamateriales «cambiará por completo nuestro enfoque de la óptica y casi todos los aspectos de la electrónica. [...] Algunos de estos metamateriales pueden hacer realidad hazañas que habrían parecido milagrosas hace solo unas décadas».[2]

¿Qué son estos metamateriales? Son sustancias que tienen propiedades ópticas que no se encuentran en la naturaleza. Los metamateriales se crean insertando en una sustancia minúsculos implantes que obligan a las ondas electromagnéticas a curvarse de formas heterodoxas. En la Universidad de Duke los científicos insertaron en bandas de cobre minúsculos circuitos eléctricos dispuestos en círculos planos concéntricos (una forma que recuerda algo a las resistencias de un horno eléctrico). El resultado fue una mezcla sofisticada de cerámica, teflón, compuestos de fibra y componentes metálicos. Estos minúsculos implantes en el cobre hacen posible curvar y canalizar de una forma específica la trayectoria de la radiación de microondas. Pensemos en cómo fluye un río alrededor de una roca. Puesto que el agua rodea fácilmente la roca, la presencia de la roca no se deja sentir aguas abajo. Del mismo modo, los metamateriales pueden alterar y curvar continuamente la trayectoria de las microondas de manera que estas fluyan alrededor de un cilindro, por ejemplo, lo que haría esencialmente invisible a las microondas todo lo que hay dentro del cilindro. Si el material puede eliminar toda la reflexión y todas las sombras, entonces puede hacer un objeto totalmente invisible para dicha forma de radiación.

Los científicos demostraron satisfactoriamente este principio con un aparato hecho de diez anillos de fibra óptica cubiertos con elementos de cobre. Un anillo de cobre en el interior del aparato se hacía casi invisible a la radiación de microondas, pues solo arrojaba una sombra minúscula.

En el corazón de los metamateriales está su capacidad para manipular algo llamado «índice de refracción». La refracción es la curvatura que experimenta la trayectoria de la luz cuando atraviesa un medio transparente. Si usted mete la mano en el agua, o mira a través de los cristales de sus gafas, advertirá que el agua y el cristal distorsionan y curvan la trayectoria de la luz ordinaria.

La razón de que la luz se curve en el cristal o en el agua es que la luz se frena cuando entra en un medio transparente denso. La velocidad de la luz en el vacío es siempre la misma, pero la luz que viaja a través del agua o del cristal debe atravesar billones de átomos y con ello se frena. (El cociente entre la velocidad de la luz en el vacío y la velocidad más lenta de la luz dentro de un medio es lo que se llama índice de refracción. Puesto que la luz se frena en el vidrio, el índice de refracción de este es siempre mayor que 1,0.) Por ejemplo, el índice de refracción es 1,0 para el vacío, 1,0003 para el aire, 1,5 para el vidrio y 2,4 para el diamante. Normalmente, cuanto más denso es el medio, mayor es el grado de curvatura, y mayor el índice de refracción.

Un efecto familiar del índice de refracción es un espejismo. Si usted viaja en coche un día tórrido y mira hacia delante al horizonte, verá cómo la carretera parece brillar y crea la ilusión de un lago donde se refleja la luz. En el desierto pueden verse a veces las siluetas de ciudades y montañas distantes en el horizonte. Esto se debe a que el aire caliente que sube del asfalto o del suelo del desierto tiene una densidad menor que el aire normal, y por lo tanto un índice de refracción menor que el del aire más frío que le rodea; por ello, la luz procedente de objetos distantes puede refractarse en el asfalto hacia sus ojos y producirle la ilusión de que está viendo objetos distantes.

Normalmente, el índice de refracción es constante. Un fino haz de luz se curva cuando entra en el vidrio y luego sigue una línea recta. Pero supongamos por un momento que pudiéramos controlar el índice de refracción a voluntad, de modo que pudiera cambiar de forma continua en cada punto del vidrio. A medida que la luz se moviera en este nuevo material, se iría curvando y alabeando en nuevas direcciones, en una trayectoria que serpentearía a través de la sustancia.

Si pudiéramos controlar el índice de refracción dentro de un metamaterial de modo que la luz rodeara a un objeto, entonces el objeto se haría invisible. Para ello, este metamaterial debería tener un índice de refracción *negativo*, lo que cualquier libro de texto de óptica dice que es imposible. (Los metamateriales fueron teorizados por primera vez en un artículo del físico soviético Victor Veselago en 1967, y se demostró que tenían propiedades ópticas extrañas, tales como un índice de refracción negativo y efecto Doppler inverso. Los metamateriales son tan extraños y aparentemente absurdos que en otro tiempo se pensó que eran imposibles de construir. Pero en los últimos años se han construido metamateriales en el laboratorio, lo que ha obligado a los físicos reacios a reescribir los libros de texto de óptica.)

Los investigadores en metamateriales sufren el acoso continuo de periodistas que quieren saber cuándo habrá mantos de invisibilidad en el mercado. La respuesta es: no en un futuro cercano.

Según David Smith, de la Universidad de Duke: «Los periodistas llaman y solo quieren que les digas un número. Un número de meses, un número de años. Presionan y presionan y presionan, hasta que al final les dices, bien, quizá quince años. Ya tiene usted su titular, ¿verdad? Quince años para el manto de Harry Potter». Por eso ahora se niega a dar ningún calendario concreto.[3] Los fans de *Harry Potter* y de *Star Trek* quizá tengan que esperar. Aunque un verdadero manto de invisibilidad es posible dentro de las leyes de la física, como reconocerán la mayoría de los físicos, aún quedan formidables obstáculos técnicos antes de que esta tecnología pueda extenderse para trabajar con luz visible y no solo radiación de microondas.

En general, las estructuras internas implantadas dentro del metamaterial deben ser más pequeñas que la longitud de onda de la radiación. Por ejemplo, las microondas pueden tener una longitud de onda de unos 3 centímetros, de modo que para que un metamaterial curve la trayectoria de las microondas debe tener insertados en su interior implantes minúsculos menores que 3 centímetros. Pero para hacer un objeto invisible a la luz verde, con una longitud de onda de 500 nanómetros (nm), el metamaterial debe tener insertadas estructuras que sean solo de unos 50 nanómetros de longitud, y estas son escalas de longitud atómica que requieren nanotecnología. (Un nanómetro es una milmillonésima de metro. Aproximadamente cinco átomos pueden caber en un nanómetro.) Este es quizá el problema clave al que se enfrentan nuestros intentos de crear un verdadero manto de invisibilidad. Los átomos individuales dentro de un metamaterial tendrían que ser modificados para curvar un rayo de luz como una serpiente.

METAMATERIALES PARA LUZ VISIBLE

La carrera ha empezado.

Desde que se anunció que se han fabricado materiales en el laboratorio se ha producido una estampida de actividad en esta área, con nuevas ideas y sorprendentes avances cada pocos meses. El objetivo es claro: utilizar nanotecnología para crear metamateriales que puedan curvar la luz visible, no solo las microondas. Se han propuesto varios enfoques, todos ellos muy prometedores.

Uno de ellos es utilizar la tecnología ya disponible, es decir, tomar prestadas técnicas ya conocidas de la industria de semiconductores para crear nuevos metamateriales. Una técnica llamada «fotolitografía» está en el corazón de la miniaturización informática, y con ello impulsa la revolución de los ordenadores. Esta tecnología permite a los ingenieros colocar cientos de millones de minúsculos transistores en una pastilla de silicio no mayor que un pulgar.

La razón de que la potencia de los ordenadores se duplique cada dieciocho meses (lo que se conoce como ley de Moore) es que los científicos utilizan luz ultravioleta para «grabar» componentes cada vez más pequeños en un chip de silicio. Esta técnica es muy similar al modo en que se utilizan las plantillas para crear vistosas camisetas. (Los ingenieros de ordenadores empiezan con una delgada tableta de silicio y aplican sobre ella capas extraordinariamente delgadas de materiales diversos. Luego se coloca sobre la tableta una máscara plástica que actúa como una plantilla. Esta contiene los complejos perfiles de los cables, transistores y componentes de ordenador que constituyen el esqueleto básico del circuito. La tableta se baña entonces en radiación ultravioleta, que tiene una longitud de onda muy corta, y dicha radiación imprime la estructura en la tableta fotosensible. Tratando la tableta con gases y ácidos especiales, la circuitería completa de la máscara queda grabada en las zonas de la tableta que estuvieron expuestas a la luz ultravioleta. Este proceso crea una tableta que contiene centenares de millones de surcos minúsculos, que forman los perfiles de los transistores.) Actualmente, los componentes más pequeños que se pueden crear con este proceso de grabado son de unos 53 nm (o unos 150 átomos de largo).

Un hito en la búsqueda de la invisibilidad se alcanzó cuando esta técnica de grabado de tabletas fue utilizada por un grupo de científicos para crear el primer metamaterial que opera en el rango de la luz visible. Científicos en Alemania y en el Departamento de Energía de Estados Unidos anunciaron a principios de 2007 que, por primera vez en la historia, habían fabricado un metamaterial que funcionaba para luz roja. Lo «imposible» se había conseguido en un tiempo notablemente corto.

El físico Costas Soukoulis del Laboratorio Ames en Iowa, junto con Stefan Linden, Martin Wegener y Gunnar Dolling de la Universidad de Karlsruhe, en Alemania, fueron capaces de crear un metamaterial que tenía un índice de –0,6 para la luz roja, con una longitud de onda de 780 nm. (Previamente, el récord mundial para radiación curvada por un metamaterial era 1.400 nm, que lo sitúa en el rango del infrarrojo, fuera del rango de la luz visible.)

Los científicos empezaron con una lámina de vidrio, y luego depositaron una delgada capa de plata, otra de fluoruro de magnesio, y después otra capa de plata, para hacer un «sándwich» de fluoruro de solo 100 nm de espesor. Luego, utilizando técnicas de grabado estándar, crearon un gran conjunto de microscópicos agujeros cuadrados en el sándwich, que formaban una rejilla parecida a una red de pesca. (Los agujeros son de solo 100 nm de lado, mucho menos que la longitud de onda de la luz roja.) A continuación hicieron pasar un haz de luz roja a través del material y midieron su índice, que era –0,6.

Esos físicos prevén muchas aplicaciones de esta tecnología. Los metamateriales «pueden llevar un día al desarrollo de un tipo de superlente plana que opere en el espectro visible —dice el doctor Soukoulis—. Una lente semejante ofrecería una resolución superior a la tecnología convencional, captando detalles mucho más pequeños que una longitud de onda de luz».[4] La aplicación inmediata de tal «superlente» sería fotografiar objetos microscópicos, tales como el interior de una célula humana viva, con una claridad sin paralelo, o diagnosticar enfermedades de un bebé dentro del vientre de su madre. Idealmente, se podrían obtener fotografías de los componentes de una molécula de ADN sin tener que utilizar la más tosca cristalografía de rayos X.

Hasta ahora esos científicos han conseguido un índice de refracción negativo solo para luz roja. Su próximo paso sería utilizar esta tecnología para crear un metamaterial que curvara la luz roja enteramente alrededor de un objeto, haciéndolo invisible a dicha luz.

Estas líneas de investigación pueden tener desarrollos futuros en el área de los «cristales fotónicos». El objetivo de la tecnología de cristales fotónicos es crear un chip que utilice luz, en lugar de electricidad, para procesar información. Esto supone utilizar nanotecnología para grabar minúsculos componentes en una tableta, de modo que el índice de refracción cambie con cada componente. Los transistores que utilizan luz tienen varias ventajas sobre los que utilizan electricidad. Por ejemplo, las pérdidas de calor son mucho menores en los cristales fotónicos. (En los chips de silicio avanzados, el calor generado es suficiente para freír un huevo. Por ello deben ser enfriados continuamente o de lo contrario fallarán, pero mantenerlos fríos es muy costoso.) No es sorprendente que la ciencia de los cristales fotónicos sea ideal para los metamateriales, puesto que ambas tecnologías implican la manipulación del índice de refracción de la luz en la nanoescala.

INVISIBILIDAD VÍA PLASMÓNICA

Para no quedarse atrás, otro grupo anunció a mediados de 2007 que había creado un metamaterial que curva luz visible utilizando una tecnología completamente diferente, llamada «plasmónica». Los físicos Henri Lezec, Jennifer Dionne y Harry Atwater del Instituto de Tecnología de California (Caltech) anunciaron que habían creado un metamaterial que tenía un índice negativo para la más difícil región azul-verde del espectro visible de la luz.

El objetivo de la plasmónica es «estrujar» la luz de modo que se puedan manipular objetos en la nanoescala, especialmente en la superficie de metales. La razón de que los metales conduzcan la electricidad es que los electrones están débilmente ligados a los átomos del metal, de modo que pueden moverse con libertad a lo largo de la superficie de la red metálica. La electricidad que fluye por los cables de su casa representa el flujo uniforme de estos electrones débilmente ligados en la superficie metálica. Pero en ciertas condiciones, cuando un haz luminoso incide en la superficie metálica, los electrones pueden vibrar al unísono con el haz luminoso original, lo que da lugar a movimientos ondulatorios de los electrones en la superficie metálica (llamados plasmones), y estos movimientos ondulatorios laten al unísono con el haz luminoso original. Y lo que es más importante, estos plasmones se pueden «estrujar» de modo que tengan la misma frecuencia que el haz original (y con ello lleven la misma información) pero tengan una longitud de onda mucho más pequeña. En principio se podrían introducir estas ondas estrujadas en nanocables. Como sucede con los cristales fotónicos, el objetivo último de la plasmónica es crear chips de ordenador que computen utilizando luz en lugar de electricidad.

El grupo del Caltech construyó su metamaterial a partir de dos capas de plata, con un aislante de silicio-nitrógeno en medio (de un espesor de solo 50 nm), que actuaba como una «guía de onda» que podía guiar la dirección de las ondas plasmónicas. Luz láser entra y sale del aparato a través de dos rendijas horadadas en el metamaterial. Analizando los ángulos a los que se curva la luz láser cuando atraviesa el metamaterial, se puede verificar que la luz está siendo curvada mediante un un índice negativo.

EL FUTURO DE LOS METAMATERIALES

Los avances en metamateriales se acelerarán en el futuro por la sencilla razón de que ya hay un gran interés en crear transistores que utilicen haces luminosos en lugar de electricidad. Por consiguiente, la investigación en invisibilidad puede «subirse al carro» de la investigación en curso en cristales fotónicos y plasmónica para crear sustitutos para el chip de silicio. Ya se están invirtiendo centenares de millones de dólares a fin de crear sustitutos para la tecnología del silicio, y la investigación en metamateriales se beneficiará de estos esfuerzos de investigación.

Debido a los grandes avances que se dan en este campo cada pocos meses, no es sorprendente que algunos físicos piensen que algún tipo de escudo de invisibilidad puede salir de los laboratorios en unas pocas décadas. Por ejemplo, los científicos confían en que en los próximos años serán capaces de crear metamateriales que puedan hacer a un objeto totalmente invisible para una frecuencia de luz visible, al menos en dos dimensiones. Hacer esto requerirá insertar minúsculos nanoimplantes ya no en una formación regular, sino en pautas sofisticadas, de modo que la luz se curve suavemente alrededor de un objeto.

A continuación, los científicos tendrán que crear metamateriales que puedan curvar la luz en tres dimensiones, no solo en las superficies bidimensionales planas. La fotolitografía ha sido perfeccionada para hacer tabletas de silicio planas, pero crear metamateriales tridimensionales requerirá apilar tabletas de una forma complicada.

Después de eso, los científicos tendrán que resolver el problema de crear metamateriales que puedan curvar no solo una frecuencia, sino muchas. Esta será quizá la tarea más difícil, puesto que los minúsculos implantes que se han ideado hasta ahora solo curvan luz de una frecuencia precisa. Los científicos tal vez tendrán que crear metamateriales basados en capas, y cada capa curvará una frecuencia específica. La solución a este problema no está clara.

En cualquier caso, una vez que se obtenga finalmente un escudo de invisibilidad, será probablemente un aparato complicado. El manto de Harry Potter estaba hecho de tela delgada y flexible, y volvía invisible a cualquiera que se metiese dentro. Pero para que esto sea posible, el índice de refracción dentro de la tela tendría que estar cambiando constantemente de forma complicada mientras la tela se agitara, lo que no resulta práctico. Lo más probable es que un verdadero «manto» de invisibilidad tenga que estar hecho de un cilindro sólido de metamateriales, al menos inicialmente. De esa manera, el índice de refracción podría fijarse dentro del cilindro. (Versiones más avanzadas podrían incorporar con el tiempo metamateriales que sean flexibles y puedan retorcerse, y aun así hacer que la luz fluya en la trayectoria correcta dentro de los metamateriales. De esta manera, cualquiera que estuviera en el interior del manto tendría cierta flexibilidad de movimientos.)

Algunos han señalado un defecto en el escudo de invisibilidad: cualquiera que estuviese dentro no sería capaz de mirar hacia fuera sin hacerse visible. Imaginemos a un Harry Potter totalmente invisible excepto por sus ojos, que parecerían estar flotando en el aire. Cualquier agujero para los ojos en el manto de invisibilidad sería claramente visible desde el exterior. Si Harry Potter fuera invisible se encontraría ciego bajo su manto de invisibilidad. (Una posible solución a este problema sería insertar dos minúsculas placas de vidrio cerca de la posición de los agujeros para los ojos. Estas placas de vidrio actuarían como «divisores de haz», que dividen una minúscula porción de la luz que incide en las placas y luego envía la luz a los ojos. De este modo, la mayor parte de la luz que incidiera en el manto fluiría a su alrededor, haciendo a la persona invisible, pero una minúscula cantidad de luz sería desviada hacia los ojos.)

Por terribles que sean estas dificultadas, científicos e ingenieros son optimistas en que algún tipo de manto de invisibilidad pueda construirse en las próximas décadas.

Invisibilidad y nanotecnología

Como he mencionado antes, la clave para la invisibilidad puede estar en la nanotecnología, es decir, la capacidad de manipular estructuras de tamaño atómico de una milmillonésima de metro.

El nacimiento de la nanotecnología data de una famosa conferencia de 1959 impartida por el premio Nobel Richard Feynman ante la Sociedad Americana de Física, con el irónico título «Hay mucho sitio al fondo». En dicha conferencia especulaba sobre lo que podrían parecer las máquinas más pequeñas compatibles con las leyes de la física conocidas. Feynman era consciente de que podían construirse máquinas cada vez más pequeñas hasta llegar a distancias atómicas, y entonces podrían utilizarse los átomos para crear otras máquinas. Máquinas atómicas, tales como poleas, palancas y ruedas, estaban dentro de las leyes de la física, concluía él, aunque serían extraordinariamente difíciles de hacer.

La nanotecnología languideció durante años porque manipular átomos individuales estaba más allá de la tecnología de la época. Pero en 1981 los físicos hicieron un gran avance con la invención del microscopio de efecto túnel, que les valió el premio Nobel de Física a los científicos Gerd Binning y Heinrich Rohrer que trabajaban en el Laboratorio IBM en Zurich.

De repente, los físicos podían obtener sorprendentes «imágenes» de átomos individuales dispuestos como se presentan en los libros de química, algo que los críticos de la teoría atómica consideraban imposible en otro tiempo. Ahora era posible obtener magníficas fotografías de átomos alineados en un cristal o un metal. Las fórmulas químicas utilizadas por los científicos, con una serie compleja de átomos empaquetados en una molécula, podían verse a simple vista. Además, el microscopio de efecto túnel hizo posible la manipulación de átomos individuales. De hecho, se escribieron las letras «IBM» tomando átomos de uno en uno, lo que causó sensación en el mundo científico. Los científicos ya no iban a ciegas cuando manipulaban átomos individuales, sino que realmente podían verlos y jugar con ellos.

El microscopio de efecto túnel es engañosamente simple. Como una aguja de fonógrafo que explora un disco, una sonda aguda pasa lentamente sobre el material a analizar. (La punta es tan aguda que consiste en un solo átomo.) Una pequeña carga eléctrica se coloca en la sonda, y una corriente fluye desde la sonda, a través del material, hasta la superficie que hay debajo. Cuando la sonda pasa sobre un átomo individual, la cantidad de corriente que fluye a través de la sonda varía, y las variaciones son registradas. La corriente aumenta y disminuye a medida que la aguja pasa por encima de los átomos, trazando así su perfil con notable detalle. Después de muchos pasos, representando las fluctuaciones en los flujos de corriente se pueden obtener bellas imágenes de los átomos individuales que forman una red.

(El microscopio de efecto túnel es posible gracias a una extraña ley de la física cuántica. Normalmente los electrones no tienen energía suficiente para pasar de la sonda, a través de la sustancia, a la superficie subyacente; pero debido al principio de incertidumbre, hay una pequeña probabilidad de que los electrones en la corriente «tuneleen» o penetren en la barrera, incluso si esto está prohibido por la teoría newtoniana. Así, la corriente que fluye a través de la sonda es sensible a minúsculos efectos cuánticos en el material. Más adelante discutiré con detalle los efectos de la teoría cuántica.)

La sonda es también suficientemente sensible para mover átomos individuales y crear «máquinas» sencillas a partir de átomos individuales. La tecnología está ahora tan avanzada que puede mostrarse un racimo de átomos en una pantalla de ordenador, y entonces, moviendo simplemente el cursor del ordenador, los átomos pueden moverse en la dirección que uno quiera. Se pueden manipular montones de átomos a voluntad, como si se estuviera jugando con bloques Lego. Además de formar las letras del alfabeto utilizando átomos individuales, se pueden crear asimismo juguetes atómicos, tales como un ábaco hecho de átomos individuales. Los átomos están dispuestos en una superficie con ranuras verticales. Dentro de estas ranuras verticales se pueden insertar buckybolas de carbono (que tienen la forma de un balón de fútbol, pero están hechas de átomos de carbono individuales). Estas bolas de carbono pueden moverse entonces arriba y abajo en cada ranura, con lo que se tiene un ábaco atómico.

También es posible grabar dispositivos atómicos utilizando haces de electrones. Por ejemplo, científicos de la Universidad de Cornell han hecho la guitarra más pequeña del mundo, veinte veces más pequeña que un cabello humano, grabada en silicio cristalino. Tiene seis cuerdas, cada una de 100 átomos de grosor, y las cuerdas pueden ser pulsadas utilizando un microscopio de fuerzas atómicas. (Esta guitarra producirá música realmente, pero las frecuencias que produce están muy por encima del rango de audición humana.)

De momento, la mayoría de estas «máquinas» nanotech son meros juguetes. Aún están por crear máquinas más complicadas con engranajes y cojinetes. Pero muchos ingenieros confían en que no está lejos el tiempo en que seremos capaces de producir verdaderas máquinas atómicas. (Las máquinas atómicas se encuentran realmente en la naturaleza. Las células pueden nadar libremente en el agua porque pueden agitar pelos minúsculos. Pero cuando se analiza la juntura entre el pelo y la célula se ve que es realmente una máquina atómica que permite que el pelo se mueva en todas direcciones. Así, una clave para desarrollar la nanotecnología es copiar a la naturaleza, que dominó el arte de las máquinas atómicas hace miles de millones de años.)

HOLOGRAMAS E INVISIBILIDAD

Otra manera de hacer a una persona parcialmente invisible es fotografiar el escenario que hay detrás de ella y luego proyectar directamente esa imagen de fondo en la ropa de la persona o en una pantalla que lleve delante. Vista de frente parece que la persona se haya hecho transparente, que la luz haya atravesado de alguna manera su cuerpo.

Naoki Kawakami, del Laboratorio Tachi en la Universidad de Tokio, ha trabajado arduamente en este proceso, que se denomina «camuflaje óptico». Kawakami dice: «Se utilizaría para ayudar a los pilotos a ver a través del suelo de la cabina en una pista de aterrizaje, o a los conductores que tratan de ver a través de una valla para aparcar un automóvil». El «manto» de Kawakami está cubierto con minúsculas cuentas reflectantes que actúan como una pantalla de cine. Una videocámara fotografía lo que hay detrás del manto. Luego esta imagen se introduce en un proyector de vídeo que ilumina la parte frontal del manto, de modo que parece que la luz ha pasado a través de la persona.

Prototipos del manto de camuflaje óptico existen realmente en el laboratorio. Si miramos directamente a una persona que lleve este manto tipo pantalla, parece que haya desaparecido, porque todo lo que vemos es una imagen de lo que hay tras la persona. Pero si movemos un poco los ojos, la imagen en el manto no cambia, lo que nos dice que es un fraude. Un camuflaje óptico más realista necesitaría crear la ilusión de una imagen 3D. Para ello se necesitarían hologramas.

Un holograma es una imagen 3D creada mediante láseres (como la imagen 3D de la princesa Leia en *La guerra de las galaxias*). Una persona podría hacerse invisible si el escenario de fondo fuera fotografiado con una cámara holográfica especial y la imagen holográfica fuera luego proyectada a través de una pantalla holográfica especial colocada delante de la persona. Alguien que estuviera enfrente de la persona vería la pantalla holográfica, que contiene la imagen 3D del escenario de fondo, menos la persona. Parecería que la persona había desaparecido. En lugar de dicha persona habría una imagen 3D precisa del escenario de fondo. Incluso si se movieran los ojos no se podría decir que lo que se estaba viendo era un fraude.

Estas imágenes 3D son posibles porque la luz láser es «coherente», es decir, todas las ondas están vibrando perfectamente al unísono. Los hologramas se generan haciendo que un haz láser coherente se divida en dos partes. La mitad del haz incide en una película fotográfica. La otra mitad ilumina un objeto, rebota en este y luego incide en la misma película fotográfica. Cuando estos dos haces interfieren en la película se crea una figura de interferencia que codifica toda la información que hay en la onda 3D original. Cuando se revela la película, no dice mucho; es algo parecido a una intrincada figura de tela de araña con remolinos y líneas. Pero cuando se permite que un haz láser incida en esta película, súbitamente aparece como por arte de magia una réplica 3D exacta del objeto original.

No obstante, los problemas técnicos que plantea la invisibilidad holográfica son formidables. Un reto es crear una cámara holográfica que sea capaz de tomar al menos 50 fotogramas por segundo. Otro problema es almacenar y procesar toda la información. Finalmente, habría que proyectar esta imagen en una pantalla de modo que la imagen pareciera realista.

INVISIBILIDAD VÍA LA CUARTA DIMENSIÓN

Deberíamos mencionar también que una manera aún más sofisticada de hacerse invisible era mencionada por H. G. Wells en *El hombre invisible*, e implicaba utilizar el poder de la cuarta dimensión. (Más adelante expondré con más detalle la posible existencia de dimensiones más altas.) ¿Sería posible salir de nuestro universo tridimensional y cernirnos sobre él, desde el punto de vista de una cuarta dimensión? Como una mariposa tridimensional que se cierne sobre una hoja de papel bidimensional, seríamos invisibles a cualquiera que viviera en el universo por debajo de nosotros. Un problema con esta idea es que todavía no se ha demostrado que existan dimensiones más altas. Además, un viaje hipotético a una dimensión más alta requeriría energías mucho más allá de cualquiera alcanzable con nuestra tecnología actual. Como forma viable de crear invisibilidad, este método está claramente más allá de nuestro conocimiento y nuestra capacidad actuales.

Vistos los enormes pasos dados hasta ahora para conseguir invisibilidad, esta se clasifica claramente como imposibilidad de clase I. En las próximas décadas, o al menos dentro de este siglo, una forma de invisibilidad puede llegar a ser un lugar común.

3

Fáseres y estrellas de la muerte

> La radio no tiene futuro. Las máquinas voladoras más pesadas que el aire son imposibles. Los rayos X resultarán ser un fraude.
>
> LORD KELVIN, físico, 1899

> La bomba (atómica) nunca funcionará. Hablo como experto en explosivos.
>
> Almirante WILLIAM LEAHY

4, 3, 2, 1, ¡fuego!

La Estrella de la Muerte es un arma colosal, del tamaño de una luna entera. Con un disparo a quemarropa contra el indefenso planeta Alderaan, patria de la princesa Leia, la Estrella de la Muerte lo incinera y provoca una titánica explosión que lanza restos planetarios a través del sistema solar. El gemido angustioso de mil millones de almas crea una perturbación en la Fuerza que se siente en toda la galaxia.

Pero ¿es realmente posible el arma Estrella de la Muerte de la saga *La guerra de las galaxias*? ¿Podría un arma semejante concentrar una batería de cañones láser para vaporizar un planeta entero? ¿Qué pasa con los famosos sables de luz que llevan Luke Skywalker y Darth Vader, que pueden cortar acero reforzado pese a que están hechos de haces luminosos? ¿Son las pistolas de rayos, como los fáseres en *Star Trek*, armas viables para futuras generaciones de soldados y oficiales de la ley?

Millones de espectadores que vieron *La guerra de las galaxias* quedaron estupefactos ante estos asombrosos y originales efectos especiales. Algunos críticos, no obstante, los despreciaron; dijeron que todo eso era pura diversión pero evidentemente imposible. Las pistolas de rayos que destruyen planetas del tamaño de la Luna son imposibles, como lo son las espadas hechas de haces luminosos solidificados. Esta vez, George Lucas, el maestro de los efectos especiales, había ido demasiado lejos.

Aunque quizá sea difícil de creer, el hecho es que no hay ningún límite físico a la cantidad de energía bruta que puede acumularse en un haz de luz. No hay ninguna ley de la física que impida la creación de una Estrella de la Muerte o de sables luminosos. De hecho, haces de radiación gamma que destruyen planetas existen en la naturaleza. La titánica ráfaga de radiación procedente de un lejano estallido de rayos gamma en el espacio profundo crea una explosión solo superada por el propio big bang. Cualquier planeta que desafortunadamente esté dentro de la diana de un estallido de rayos gamma será incinerado o reducido a pedazos.

LAS ARMAS DE RAYOS A TRAVÉS DE LA HISTORIA

El sueño de dominar haces de energía no es realmente nuevo, sino que está enraizado en la mitología y el folclore antiguos. El dios griego Zeus era famoso por arrojar rayos sobre los mortales. El dios nórdico Thor tenía un martillo mágico, Mjolnir, que podía desprender rayos, mientras que el dios hindú Indra era conocido por disparar haces de energía desde una lanza mágica.

La idea de utilizar rayos como un arma práctica empezó probablemente con la obra del gran matemático griego Arquímedes, quizá el científico más importante de la Antigüedad, que descubrió una cruda versión del cálculo infinitesimal hace dos mil años, antes de Newton y Leibniz. Arquímedes sirvió en la defensa del reino de Siracusa en una batalla legendaria contra las fuerzas del general romano Marcelo durante la segunda guerra púnica, en el 214 a.C. Se dice que creó grandes baterías de reflectores solares que concentraban los rayos del Sol en las velas de las naves enemigas y las incendiaba. (Todavía hoy los científicos discuten sobre si esto era un arma de rayos practicable; varios equipos de científicos han tratado de repetir esta hazaña con diferentes resultados.)

Las pistolas de rayos irrumpen en el escenario de la ciencia ficción en 1889 con el clásico de H. G. Wells *La guerra de los mundos*, en el que alienígenas procedentes de Marte devastan ciudades enteras disparando haces de energía térmica desde armas montadas en trípodes. Durante la Segunda Guerra Mundial, los nazis, siempre dispuestos a explotar los últimos avances en tecnología para conquistar el mundo, experimentaron con varias formas de pistolas de rayos, incluido un aparato sónico, basado en espejos parabólicos, que podía concentrar intensos haces de sonido.[1]

Las armas creadas a partir de haces luminosos concentrados pasaron a formar parte del imaginario colectivo con la película de James Bond *Goldfinger*, el primer film de Hollywood en el que aparecía un láser.[2] (El legendario espía británico estaba tendido y sujeto con correas en una mesa metálica mientras un potente haz láser que avanzaba lentamente entre sus piernas iba fundiendo la mesa y amenazaba con cortarle por la mitad.)

Al principio, los físicos se mofaron de la idea de las pistolas de rayos que aparecían en la novela de Wells porque violaban las leyes de la óptica. De acuerdo con las ecuaciones de Maxwell, la luz que vemos a nuestro alrededor se dispersa rápidamente y es incoherente (es decir, es una mezcla de ondas de diferentes frecuencias y fases). En otro tiempo se pensaba que haces de luz uniformes, coherentes y concentrados, como los que encontramos en los haces láser, eran imposibles.

LA REVOLUCIÓN CUÁNTICA

Todo esto cambió con la llegada de la teoría cuántica. A comienzos del siglo XX estaba claro que aunque las leyes de Newton y las ecuaciones de Maxwell eran espectacularmente acertadas para explicar el movimiento de los planetas y el comportamiento de la luz, no podían explicar toda una clase de fenómenos. Fallaban estrepitosamente para explicar por qué los materiales conducen la electricidad, por qué los metales se funden a ciertas temperaturas, por qué los gases emiten luz cuando son calentados, por qué ciertas sustancias se hacen super-conductoras a bajas temperaturas —todo lo cual requiere una com-prensión de la dinámica interna de los átomos—. Había llegado el tiempo para una revolución. Doscientos cincuenta años de física newtoniana estaban a punto de ser superados, lo que anunciaba el nacimiento de una nueva física.

En 1900 Max Planck, en Alemania, propuso que la energía no era continua, como pensaba Newton, sino que se daba en pequeños paquetes discretos llamados «quanta». Tiempo después, en 1905, Einstein postuló que la luz consistía en estos minúsculos paquetes discretos (o quanta), más tarde bautizados como «fotones». Con esta idea poderosa pero simple, Einstein fue capaz de explicar el efecto fotoeléctrico, por qué los metales que reciben luz emiten electro-nes. Hoy, el efecto fotoeléctrico y el fotón forman la base de la te-levisión, los láseres, las células solares y buena parte de la electróni-ca moderna. (La teoría de Einstein del fotón era tan revolucionaria que incluso Max Planck, normalmente un gran defensor de Eins-tein, no podía creerla al principio. Al escribir sobre Einstein, Planck dijo «que a veces pueda haber errado el blanco [...] como por ejemplo, en su hipótesis de los quanta de luz, no puede realmente alegarse en su contra».)[3]

En 1913 el físico danés Niels Bohr nos dio una imagen del áto-mo completamente nueva, una imagen que se parecía a un sistema solar en miniatura. Pero a diferencia de lo que ocurre en un sistema so-lar en el espacio exterior, los electrones solo pueden moverse en ór-bitas o capas discretas alrededor del núcleo. Cuando los electrones «saltaban» de una capa a otra capa más interna con menor energía, emitían un fotón de energía. Cuando un electrón absorbía un fotón de energía discreta, «saltaba» a una capa más grande con más energía. Una teoría del átomo casi completa surgió en 1925 con la llegada de la mecánica cuántica y la obra revolucionaria de Erwin Schrödinger, Werner Heisenberg y muchos otros. Según la teoría cuántica, el elec-trón era una partícula, pero tenía una onda asociada con ella, lo que le daba propiedades de partícula y de onda a la vez. La onda obedecía a una ecuación, llamada ecuación de onda de Schrödinger, que permitía calcular las propiedades de los átomos, incluidos todos los «saltos» postulados por Bohr.

Antes de 1925 los átomos todavía eran considerados objetos misteriosos que muchos, como el filósofo Ernst Mach, creían que no podían existir. Después de 1925 se podía observar realmente la dinámica del átomo y predecir realmente sus propiedades. Esto significaba que si tuviéramos un ordenador suficientemente grande, podríamos derivar las propiedades de los elementos químicos a partir de las leyes de la teoría cuántica. De la misma forma que los físicos newtonianos podrían calcular los movimientos de todos los cuerpos celestes en el universo si tuvieran una máquina de calcular suficientemente grande, los físicos cuánticos afirmaban que en teoría se podrían calcular todas las propiedades de los elementos químicos del universo. Si tuviéramos un ordenador suficientemente grande, también podríamos escribir la función de onda de un ser humano entero.

MÁSERES Y LÁSERES

En 1953 el profesor Charles Townes de la Universidad de California en Berkeley y sus colegas produjeron la primera fuente de radiación coherente en forma de microondas. Fue bautizada como «máser» (las siglas de amplificación de microondas mediante emisión estimulada de radiación). Él y los físicos rusos Nikolái Basov y Alexander Projorov ganarían el premio Nobel en 1964. Sus resultados fueron extendidos pronto a la luz visible, lo que dio nacimiento al láser. (Un fáser, sin embargo, es un aparato de ficción popularizado en *Star Trek*.)

En un láser se empieza con un medio especial que transmitirá el haz láser, tal como un gas, un cristal o un diodo especial. Luego se bombea energía en este medio desde el exterior, en forma de electricidad, radio, luz o una reacción química. Este repentino flujo de energía se transmite a los átomos del medio, de modo que los electrones absorben la energía y saltan a las capas electrónicas más externas.

En este estado excitado el medio es inestable. Si se envía entonces un haz de luz a través del medio, los fotones incidirán en cada átomo y harán que se desexciten repentinamente, caigan a un nivel inferior y liberen más fotones en el proceso. Esto produce a su vez aún más electrones que liberan fotones, y por último se crea una cascada de átomos que colapsan, lo que libera repentinamente en el haz billones y billones de fotones. La clave es que, para ciertas sustancias, cuando se produce esta avalancha todos los fotones están vibrando al unísono, es decir, son coherentes.

(Imaginemos una hilera de fichas de dominó. Las fichas de dominó en su estado más bajo están tumbadas sobre la mesa. Las fichas en su estado bombeado de alta energía permanecen verticales, similares a los átomos excitados por bombeo en el medio. Si empujamos una ficha, podemos desencadenar un repentino colapso de toda esta energía de una vez, igual que en un haz láser.)

Solo ciertos materiales «lasearán», es decir, solo en materiales especiales sucede que cuando un fotón incide en un átomo bombeado se emitirá otro fotón que es coherente con el fotón original. Como resultado de tal coherencia, en este diluvio de fotones todos los fotones vibran al unísono, creando un haz láser fino como un pincel. (Contrariamente al mito, el haz láser no permanece siempre fino como un pincel. Un haz láser dirigido a la Luna, por ejemplo, se expandirá poco a poco hasta que cree una mancha de algunos kilómetros de diámetro.)

Un sencillo láser de gas consiste en un tubo con helio y neón. Cuando se envía electricidad a través del tubo, los átomos se energizan. Entonces, si la energía se libera de golpe, se produce un haz de luz coherente. El haz se amplifica colocando espejos en cada extremo del tubo, de modo que el haz rebota de un lado a otro entre ambos. Un espejo es completamente opaco, pero el otro permite que escape una pequeña cantidad de energía en cada paso, de manera que sale un haz luminoso por dicho extremo.

Hoy día encontramos láseres en casi todas partes, desde las cajas registradoras de los hipermercados a los ordenadores modernos, pasando por los cables de fibra óptica que conectan con internet, las impresoras láser y los reproductores de CD. También se utilizan en cirugía ocular, o para eliminar tatuajes, e incluso en salones de belleza. En 2004 se vendieron en todo el mundo láseres por valor de más de 5.400 millones de dólares.

TIPOS DE LÁSERES Y FUSIÓN

Cada día se descubren nuevos láseres a medida que se encuentran nuevos materiales que pueden «lasear», y a medida que se descubren nuevas maneras de bombear energía al medio.

La pregunta es: ¿son algunas de estas técnicas apropiadas para construir un láser suficientemente potente para alimentar una Estrella de la Muerte? Hoy hay una desconcertante variedad de láseres, dependiendo del material que «lasea» y de la energía que es inyectada en el material (por ejemplo, electricidad, haces intensos de luz, incluso explosiones químicas). Entre ellos:

Láseres de gas. Entre estos se incluyen los láseres de helio-neón, que son muy comunes y dan un familiar haz rojo. Son alimentados mediante ondas de radio o electricidad. Los láseres de helio-neón son muy débiles. Pero los láseres de dióxido de carbono pueden utilizarse para moldear, cortar y soldar en la industria pesada, y pueden crear haces de enorme potencia que son totalmente invisibles.

Láseres químicos. Estos potentes láseres son alimentados por una reacción química, tal como un chorro ardiente de etileno y trifluoruro de nitrógeno, o NF_3. Tales láseres son suficientemente potentes para ser utilizados en aplicaciones militares. Láseres químicos se utilizan en láseres del ejército de Estados Unidos, basados en tierra o en el aire, que pueden producir millones de vatios de potencia y están diseñados para disparar contra misiles de corto alcance en pleno vuelo.

Láseres de excímero. Estos láseres también están alimentados por reacciones químicas, en las que con frecuencia interviene un gas inerte (por ejemplo, argón, kriptón o xenón) y flúor o cloro. Producen luz ultravioleta y pueden utilizarse para grabar minúsculos transistores en chips en la industria de semiconductores, o para cirugía ocular delicada.

Láseres de estado sólido. El primer láser operativo construido consistía en un cristal de rubí de zafiro-cromo. Una gran variedad de cristales, junto con ytrio, holmio, tulio y otros elementos químicos, soportará un haz láser. Pueden producir pulsos ultracortos de luz láser de alta energía.

Láseres de semiconductor. Diodos, que normalmente se utilizan en la industria de semiconductores, pueden producir los haces intensos utilizados en la industria de corte y soldadura. También suelen encontrarse en las cajas registradoras de los hipermercados para leer el código de barras de los productos.

Láseres de colorante. Estos láseres utilizan colorantes orgánicos como medio. Son excepcionalmente útiles para crear pulsos ultracortos de luz, que con frecuencia solo duran billonésimas de segundo.

¿LÁSERES Y PISTOLAS DE RAYOS?

Dada la gran variedad de láseres comerciales y la potencia de los láseres militares, ¿por qué no tenemos pistolas de rayos aptas para usar en combate o en el campo de batalla? Pistolas de rayos de uno u otro tipo parecen ser algo estándar en el armamento de las películas de ciencia ficción. ¿Por qué no estamos trabajando para crearlas?

La simple respuesta está en la falta de una batería portátil. Se necesitarían baterías en miniatura que tuvieran la potencia de una enorme central eléctrica y pese a todo sean suficientemente pequeñas para caber en la palma de la mano. Hoy día la única manera de dominar la potencia de una gran central comercial es construir una. Actualmente el aparato militar más pequeño que puede contener grandes cantidades de energía es una bomba de hidrógeno en miniatura, que podría destruir tanto a quien la lleva como al blanco.

Hay también un segundo problema: la estabilidad del material del láser. En teoría no hay límite a la energía que se puede concentrar en un láser. El problema es que el material del láser en una pistola de rayos manual no sería estable. Los láseres de cristal, por ejemplo, se sobrecalentarán y agrietarán si se bombea en ellos demasiada energía. Así, para crear un láser extraordinariamente potente, del tipo que pudiera vaporizar un objeto o neutralizar a un enemigo, sería necesario utilizar la potencia de una explosión. En tal caso, la estabilidad del material del láser no es una limitación, puesto que dicho láser solo se utilizaría una vez.

Debido a los problemas de crear una batería portátil y un material de láser estable, no es posible construir una pistola de rayos manual con la tecnología actual. Las pistolas de rayos son posibles, pero solo si están conectadas por cable a una fuente de alimentación. O quizá con nanotecnología podríamos ser capaces de crear baterías en miniatura que almacenen o generen energía suficiente para crear las intensas ráfagas de energía requeridas en un dispositivo manual. Actualmente, como hemos visto, la nanotecnología es muy primitiva. En el nivel atómico los científicos han sido capaces de crear dispositivos atómicos muy ingeniosos, pero poco prácticos, tales como un ábaco atómico y una guitarra atómica. Pero es concebible que a finales de este siglo o en el próximo la nanotecnología sea capaz de darnos baterías en miniatura que puedan almacenar esas fabulosas cantidades de energía.

Los sables de luz adolecen de un problema similar. Cuando se estrenó la película *La guerra de las galaxias* en los años setenta y los sables de luz se convirtieron en un juguete de éxito entre los niños, muchos críticos señalaron que tales artefactos nunca podrían hacerse. En primer lugar, es imposible solidificar la luz. La luz viaja siempre a la velocidad de la luz, no puede hacerse sólida. En segundo lugar, un haz luminoso no termina en medio del aire como los sables de luz utilizados en *La guerra de las galaxias*. Los haces luminosos se prolongan indefinidamente; un sable de luz real llegaría al cielo.

En realidad, hay una manera de construir una especie de sable de luz utilizando plasma, o gas ionizado supercaliente. Pueden hacerse plasmas suficientemente calientes para brillar en la oscuridad y también cortar el acero. Un sable de luz de plasma consistiría en una vara delgada y hueca que sale del mango, como una antena telescópica. Dentro de este tubo se liberarían plasmas calientes que escaparían a través de pequeños agujeros situados regularmente a lo largo de la varilla. A medida que el plasma fluyera desde el mango hasta la varilla, y a través de los agujeros, crearía un tubo largo y brillante de gas supercaliente, suficiente para fundir el acero. Este aparato se suele conocer como una antorcha de plasma.

Así pues, es posible crear un dispositivo de alta energía que se parece a un sable de luz. Pero como sucede con las pistolas de rayos, sería necesario crear una batería portátil de alta energía. O bien se necesitarían largos cables que conectaran el sable de luz a una fuente de alimentación, o habría que crear, mediante la nanotecnología, una minúscula fuente de alimentación que pudiera suministrar enormes cantidades de potencia.

De modo que aunque hoy es posible crear alguna forma de pistolas de rayos y sables de luz, las armas manuales que se encuentran en las películas de ciencia ficción están más allá de la tecnología actual. Pero a finales de este siglo o en el siguiente, con nuevos avances en la ciencia de materiales y también en la nanotecnología, podría desarrollarse una forma de pistola de rayos, lo que la hace una imposibilidad de clase I.

ENERGÍA PARA UNA ESTRELLA DE LA MUERTE

Para crear un cañón láser Estrella de la Muerte que pueda destruir un planeta entero y aterrorizar a una galaxia, tal como el que se describe en *La guerra de las galaxias*, habría que crear el láser más potente que se haya imaginado jamás. Actualmente algunos de los láseres más potentes en la Tierra se están utilizando para producir temperaturas que solo se encuentran en el centro de las estrellas. En forma de reactores de fusión, algún día podrían dominar la potencia de las estrellas en la Tierra.

Las máquinas de fusión tratan de imitar lo que sucede en el espacio exterior cuando se forma una estrella. Una estrella empieza como una enorme bola de gas hidrógeno, hasta que la gravedad comprime el gas y con ello lo calienta; las temperaturas llegan a alcanzar niveles astronómicos. En el interior profundo de un núcleo estelar, por ejemplo, las temperaturas pueden ser entre 50 millones y 100 millones de grados centígrados, suficientes para hacer que los núcleos de hidrógeno choquen unos con otros y formen núcleos de helio; en el proceso se libera una ráfaga de energía. La fusión del hidrógeno en helio, en la que una pequeña cantidad de masa se convierte en energía mediante la famosa ecuación de Einstein $E = mc^2$, es la fuente de energía de las estrellas.

Hoy día los científicos ensayan dos maneras de dominar la fusión en la Tierra. Ambas han resultado ser muchos más difíciles de desarrollar de lo esperado.

Fusión por confinamiento inercial

El primer método se llama «confinamiento inercial». Utiliza los láseres más potentes en la Tierra para crear un pedazo de Sol en el laboratorio. Un láser de estado sólido de neodimio es idóneo para reproducir las temperaturas abrasadoras que solo se encuentran en el corazón de una estrella. Estos sistemas de láser tienen el tamaño de una gran fábrica y contienen una batería de láseres que disparan una serie de haces láser paralelos a través de un largo túnel. Estos haces láser de alta potencia inciden en una serie de pequeños espejos dispuestos alrededor de una esfera; los espejos concentran cuidadosamente los haces láser en una minúscula ampolla rica en hidrógeno (hecha de sustancias tales como deuteruro de litio, el ingrediente activo de una bomba de hidrógeno). La ampolla tiene normalmente el tamaño de una cabeza de alfiler y solo pesa 10 miligramos.

El golpe de luz láser incinera la superficie de la ampolla, lo que hace que la superficie se vaporice y comprima la ampolla. Cuando la ampolla colapsa se crea una onda de choque que llega al corazón de la ampolla y hace subir la temperatura a millones de grados, suficiente para fusionar los núcleos de hidrógeno en helio. Las temperaturas y presiones son tan astronómicas que se satisface el «criterio de Lawson», el mismo criterio que se satisface en las bombas de hidrógeno y en el corazón de las estrellas. (El criterio de Lawson establece que debe alcanzarse un rango específico de temperaturas, densidades y tiempo de confinamiento para desatar el proceso de fusión, ya sea en una bomba de hidrógeno, una estrella o en un reactor de fusión.)

En el proceso de confinamiento inercial se liberan enormes cantidades de energía, y también neutrones. (El deuteruro de litio puede llegar a temperaturas de 100 millones de grados centígrados y una densidad veinte veces mayor que la del plomo.) Los neutrones que se emiten desde la ampolla inciden en un capa esférica de material que recubre la cámara, y la capa se calienta. La capa calentada hace hervir agua y el vapor puede utilizarse para impulsar una turbina y producir electricidad.

El problema, no obstante, está en ser capaces de concentrar uniformemente una potencia tan intensa en una minúscula ampolla esférica. El primer intento serio de crear fusión por láser fue el láser Shiva, un sistema láser de veinte haces construido en el Laboratorio Nacional Lawrence Livermore (LLNL) en California, que empezó a operar en 1978. (Shiva es la diosa hindú de múltiples brazos, a los que imita el diseño del sistema láser.) La actuación del sistema láser Shiva fue decepcionante, pero fue suficiente para demostrar que la fusión por láser es técnicamente posible. El sistema láser Shiva fue reemplazado más tarde por el láser Nova, con una energía diez veces mayor que la de Shiva. Pero el láser Nova tampoco consiguió una ignición adecuada de las ampollas. En cualquier caso, preparó el camino para la investigación actual en la Instalación Nacional de Ignición (NIF), cuya construcción empezó en 1997 en el LLNL.

La NIF, que se supone que estará operativa en 2009, es una máquina monstruosa, consistente en una batería de 192 haces láser que concentran la enorme producción de 700 billones de vatios de potencia (la producción de unas 700.000 centrales nucleares concentrada en una única ráfaga de energía). Es un sistema láser avanzado diseñado para conseguir la ignición plena de ampollas ricas en hidrógeno. (Los críticos han señalado también su obvio uso militar, puesto que puede simular la detonación de una bomba de hidrógeno y quizá hacer posible la creación de una nueva arma nuclear, la bomba de fusión pura, que no requiere una bomba atómica de uranio o plutonio para iniciar el proceso de fusión.)

Pero ni siquiera la máquina de fusión por láser de la NIF, que contiene los láseres más potentes de la Tierra, puede acercarse de momento al poder devastador de la Estrella de la Muerte de *La gue-*

rra de las galaxias. Para construir tal aparato debemos buscar en otras fuentes de potencia.

FUSIÓN POR CONFINAMIENTO MAGNÉTICO

El segundo método que los científicos podrían utilizar para alimentar una Estrella de la Muerte se llama «confinamiento magnético», un proceso en el que un plasma caliente de hidrógeno gaseoso está contenido dentro de un campo magnético. De hecho, este método podría proporcionar realmente el prototipo para los primeros reactores de fusión comerciales. Hoy día, el proyecto de fusión más avanzado de este tipo es el Reactor Experimental Termonuclear Internacional (ITER). En 2006 un consorcio de naciones (incluidas la Unión Europea, Estados Unidos, China, Japón, Corea, Rusia y la India) decidió construir el ITER en Cadarache, al sur de Francia. Está diseñado para calentar hidrógeno gaseoso hasta 100 millones de grados centígrados. Podría convertirse en el primer reactor de fusión en la historia que genere más energía que la que consume. Está diseñado para generar 500 megavatios de potencia durante 500 segundos (el récord actual es 16 megavatios de potencia durante 1 segundo). El ITER debería generar su primer plasma para 2016 y estar plenamente operativo en 2022. Con un coste de 12.000 millones de dólares, es el tercer proyecto científico más caro de la historia (después del Proyecto Manhattan y la Estación Espacial Internacional).

El ITER se parece a un gran donut, con enormes bobinas enrolladas alrededor de la superficie por cuyo interior circula hidrógeno gaseoso. Las bobinas se enfrían hasta hacerse superconductoras, y entonces se bombea en ellas una enorme cantidad de energía eléctrica, lo que crea un campo magnético que confina el plasma dentro del donut. Cuando este se alimenta con una corriente eléctrica, el gas se calienta hasta temperaturas estelares.

La razón de que los científicos estén tan excitados con el ITER es la perspectiva de crear una fuente de energía barata. El suministro de combustible para los reactores de fusión es agua de mar ordinaria, que es rica en hidrógeno. Sobre el papel al menos, la fusión puede proporcionarnos un suministro de energía inagotable y barato.

Entonces, ¿por qué no tenemos ahora reactores de fusión? ¿Por qué se han necesitado tantas décadas para hacer progresos si el proceso de fusión ya era conocido en la década de 1950? El problema reside en la enorme dificultad de comprimir el combustible hidrógeno de un modo uniforme. En las estrellas la gravedad comprime el hidrógeno en una esfera perfecta, de modo que el gas se caliente uniforme y limpiamente. En la fusión por láser de la NIF, los haces concéntricos de luz láser que inceran la superficie de la ampolla deben ser perfectamente uniformes, y es extraordinariamente difícil conseguir esta uniformidad. En las máquinas de confinamiento magnético, los campos magnéticos tienen polos norte y polos sur; como resultado, comprimir el gas uniformemente en una esfera es extremadamente difícil. Lo mejor que podemos hacer es crear un campo magnético en forma de donut. Pero comprimir el gas es como estrujar un globo. Cada vez que se estruja el globo por un extremo, el aire infla alguna otra parte. Estrujar el globo uniforme y simultáneamente en todas direcciones es un reto difícil. Normalmente el gas caliente se escapa de la botella magnética, toca eventualmente las paredes del reactor y detiene el proceso de fusión. Por eso ha sido tan difícil estrujar el hidrógeno durante más de un segundo.

A diferencia de la generación actual de centrales nucleares de fisión, un reactor de fusión no creará grandes cantidades de residuos nucleares. (Cada central de fisión tradicional produce cada año 30 toneladas de residuos nucleares de un nivel extremadamente alto. Por el contrario, el residuo nuclear creado por una máquina de fusión sería básicamente el acero radiactivo que quedaría cuando el reactor fuera finalmente desmantelado.)

La fusión no resolverá por completo la crisis energética de la Tierra en un futuro cercano; según el francés Pierre-Gilles de Gennes, premio Nobel de Física, «Decimos que pondremos el Sol en una caja. La idea es bonita. El problema es que no sabemos cómo hacer la caja». Pero si todo va bien, los investigadores tienen esperanzas de que en menos de cuarenta años el ITER pueda allanar el camino para la comercialización de la energía de fusión, energía que puede proporcionar electricidad para nuestros hogares. Algún día, los reactores de fusión aliviarán nuestro problema energético, liberando con seguridad la potencia del Sol sobre la Tierra.

Pero ni siquiera los reactores de fusión por confinamiento magnético ofrecerían suficiente energía para alimentar un arma como la Estrella de la Muerte. Para eso necesitaríamos un diseño totalmente nuevo.

LÁSERES DE RAYOS X CON DETONADOR NUCLEAR

Hay otra posibilidad para simular un cañón láser Estrella de la Muerte con la tecnología conocida hoy, y es con una bomba de hidrógeno. Una batería de láseres de rayos X que aproveche y concentre la potencia de las armas nucleares podría generar en teoría suficiente energía para activar un dispositivo que podría incinerar un planeta entero.

La fuerza nuclear libera una energía que, para una misma cantidad de material, es unos 100 millones de veces mayor que la liberada en una reacción química. Un trozo de uranio enriquecido no mayor que una pelota de tenis es suficiente para incinerar toda una ciudad y convertirla en una bola de fuego —incluso si solo el 1 por ciento de su masa se ha convertido en energía—. Como ya se ha dicho, hay varias maneras de inyectar energía en un haz láser. La más potente de todas, con mucho, es utilizar la fuerza liberada por una bomba nuclear.

Los láseres de rayos X tienen un enorme valor científico además de militar. Debido a su longitud de onda muy corta pueden utilizarse para sondear distancias atómicas y descifrar la estructura atómica de moléculas complejas, una hazaña que es extraordinariamente difícil utilizando métodos ordinarios. Toda una nueva ventana a las reacciones químicas se abre cuando podemos «mirar» los propios átomos en movimiento y su disposición adecuada dentro de una molécula.

Puesto que una bomba de hidrógeno emite una enorme cantidad de energía en el rango de rayos X, los láseres de rayos X también pueden ser alimentados por armas nucleares. La persona más estrechamente vinculada con el láser de rayos X es el físico Edward Teller, padre de la bomba de hidrógeno.

De todos es sabido que Teller fue el físico que declaró ante el Congreso en los años cincuenta que Robert Oppenheimer, que había dirigido el Proyecto Manhattan, no era digno de confianza para seguir trabajando en la bomba de hidrógeno debido a sus ideas políticas. El testimonio de Teller llevó a que Oppenheimer cayera en desgracia y se le revocara su credencial de seguridad; muchos físicos destacados nunca perdonaron a Teller lo que hizo.

(Mi primer contacto con Teller se remonta a la época en que yo estaba en el instituto. Realicé una serie de experimentos sobre la naturaleza de la antimateria y gané el primer premio en la feria de la ciencia de San Francisco y un viaje a la Feria Nacional de la Ciencia en Albuquerque, Nuevo México. Aparecí en la televisión local con Teller, que estaba interesado en físicos jóvenes y brillantes. Con el tiempo, se me concedió la beca de ingeniería Hertz de Teller, que costeó mi educación universitaria en Harvard. Llegué a conocer bastante bien a su familia después de varias visitas a su casa en Berkeley.)

Básicamente, el láser de rayos X de Teller es una pequeña bomba nuclear rodeada de varillas de cobre. La detonación del arma nuclear libera una onda de choque esférica de rayos X intensos. Estos rayos X energéticos atraviesan las varillas de cobre, que actúan como el material del láser y concentran la potencia de los rayos X en haces intensos. Estos haces de rayos X podrían dirigirse luego hacia cabezas nucleares enemigas. Por supuesto, un artefacto semejante solo se podría utilizar una vez, puesto que la detonación nuclear hace que el láser de rayos X se autodestruya.

El test inicial de un láser de rayos X alimentado nuclearmente fue llamado el test Cabra, y se llevó a cabo en 1983 en un pozo subterráneo. Se detonó una bomba de hidrógeno cuyo diluvio de rayos X incoherentes fue luego concentrado en un haz láser de rayos X coherente. Al pricipio el test fue considerado un éxito, y de hecho en 1983 inspiró al presidente Ronald Reagan para anunciar, en un discurso histórico, su intención de construir un escudo defensivo «guerra de las galaxias». Así se puso en marcha un proyecto de muchos miles de millones de dólares, que continúa todavía hoy, para construir una serie de artefactos como el láser de rayos X alimentado nuclearmente para acabar con los misiles balísticos intercontinentales (ICBM) enemigos. (Una investigación posterior demostró que el detector utilizado para realizar las medidas durante el test Cabra quedó destruido; por lo tanto sus medidas no eran fiables.)

¿Puede un artefacto tan controvertido ser utilizado hoy para destruir cabezas nucleares de ICBM? Quizá. Pero un enemigo podría utilizar varios métodos simples y poco costosos para neutralizar tales armas. (Por ejemplo, el enemigo podría liberar millones de señuelos baratos para engañar al radar, o hacer rotar sus cabezas nucleares para dispersar los rayos X, o emitir un recubrimiento químico para protegerlos contra el haz de rayos X.) O podría simplemente producir cabezas nucleares en masa para penetrar un escudo defensivo como el de guerra de las galaxias.

Por lo tanto, un láser de rayos X alimentado por energía nuclear es hoy poco práctico como sistema de defensa antimisiles. Pero ¿sería posible crear un Estrella de la Muerte para ser utilizada contra un asteroide que se aproxima, o para aniquilar un planeta entero?

LA FÍSICA DE UNA ESTRELLA DE LA MUERTE

¿Pueden crearse armas capaces de destruir un planeta entero, como en *La guerra de las galaxias*? En teoría, la respuesta es sí. Habría varias formas de crearlas.

En primer lugar, no hay ningún límite físico a la energía que puede liberar una bomba de hidrógeno. He aquí cómo funciona. (Los detalles precisos de la bomba de hidrógeno son alto secreto e incluso hoy están clasificadas por el Gobierno de Estados Unidos, pero las líneas generales son bien conocidas.) Una bomba de hidrógeno se construye en realidad en muchas etapas. Mediante una secuencia adecuada de esas etapas, se puede producir una bomba nuclear de magnitud casi arbitraria.

La primera etapa consiste en una bomba de fisión estándar, que utiliza el poder del uranio 235 para liberar una ráfaga de rayos X, como sucedió en la bomba de Hiroshima. Una fracción de segundo antes de que la onda explosiva de la bomba atómica lo destroce todo, la esfera de rayos X en expansión alcanza a la onda (puesto que viaja a la velocidad de la luz), que es entonces reconcentrada en un contenedor de deuteruro de litio, la sustancia activa de una bomba de hidrógeno. (Cómo se hace esto exactamente sigue siendo materia reservada.) Los rayos X que inciden en el deuteruro de litio hacen que colapse y se caliente hasta millones de grados, lo que provoca una segunda explosión, mucho mayor que la primera. La ráfaga de rayos X procedente de esta bomba de hidrógeno puede luego ser reconcentrada en un segundo trozo de deuteruro de litio, lo que provoca una tercera explosión. De esta manera, se pueden apilar capas de deuteruro de litio y crear una bomba de hidrógeno de magnitud inimaginable. De hecho, la mayor bomba de hidrógeno construida fue una de dos etapas detonada por la Unión Soviética en 1961, que liberó una energía de 50 millones de toneladas de TNT, aunque teóricamente era capaz de un explosión equivalente a más de 100 millones de toneladas de TNT (unas 5.000 veces la potencia de la bomba de Hiroshima).

Incinerar un planeta entero, sin embargo, es algo de una magnitud completamente diferente. Para esto, la Estrella de la Muerte tendría que lanzar miles de tales láseres de rayos X al espacio, y luego sería necesario dispararlos todos a la vez. (Recordemos, por comparación, que en el apogeo de la guerra fría Estados Unidos y la Unión Soviética almacenaban unas 30.000 bombas nucleares cada uno.) La energía total de un número tan enorme de láseres de rayos X sería suficiente para incinerar la superficie de un planeta. Por lo tanto, sería ciertamente posible que un imperio galáctico a cientos de miles de años en el futuro creara un arma semejante.

Para una civilización muy avanzada hay una segunda opción: crear una Estrella de la Muerte utilizando la energía de un estallido de rayos gamma. Una Estrella de la Muerte semejante liberaría una ráfaga de radiación solo superada por el big bang. Los estallidos de rayos gamma ocurren de forma natural en el espacio exterior, pero es concebible que una civilización avanzada pudiera dominar su enorme poder. Controlando el giro de una estrella mucho antes de que sufra un colapso y produzca una hipernova, se podría dirigir el estallido de rayos gamma a cualquier punto del espacio.

Estallidos de rayos gamma

Los estallidos de rayos gamma se vieron realmente por primera vez en la década de 1970, cuando el ejército de Estados Unidos lanzó el satélite *Vela* para detectar «destellos nucleares» (pruebas de una detonación no autorizada de una bomba nuclear). Pero en lugar de detectar destellos nucleares, el satélite *Vela* detectó enorme ráfagas de radiación procedentes del espacio. Al principio, el descubrimiento sembró el pánico en el Pentágono: ¿estaban los soviéticos probando una nueva arma nuclear en el espacio exterior? Más tarde se determinó que esas ráfagas de radiación llegaban uniformemente de todas las direcciones del cielo, lo que significaba que en realidad procedían de fuera de la Vía Láctea. Pero si eran extragalácticas, debían estar liberando cantidades de energía verdaderamente astronómicas, suficientes para iluminar todo el universo visible.

Cuando la Unión Soviética se descompuso en 1990, el Pentágono desclasificó un gran volumen de datos astronómicos, lo que abrumó a los astrónomos. De repente, los astrónomos comprendieron que tenían delante un fenómeno nuevo y misterioso, un fenómeno que requeriría reescribir los libros de texto de ciencia.

Puesto que los estallidos de rayos gamma duran solo de algunos segundos a unos pocos minutos antes de desaparecer, se requiere un elaborado sistema de sensores para detectarlos y analizarlos. Primero, los satélites detectan la ráfaga de radiación inicial y envían las coordenadas exactas de la ráfaga a la Tierra. Estas coordenadas son entonces introducidas en telescopios ópticos o radiotelescopios, que apuntan hacia la localización exacta del estallido de rayos gamma.

Aunque quedan muchos detalles por clarificar, una teoría sobre los orígenes de los estallidos de rayos gamma es que son «hipernovas» de enorme potencia que dejan tras ellas agujeros negros masivos. Es como si los estallidos de rayos gamma fueran agujeros negros monstruosos en formación.

Pero los agujeros negros emiten dos «chorros» de radiación, uno desde el polo norte y otro desde el polo sur, como una peonza que gira. La radiación que se ve procedente de un estallido de rayos gamma distante es, al parecer, uno de los chorros que apunta hacia la Tierra. Si el chorro de un estallido de rayos gamma estuviera dirigido a la Tierra y el estallido de rayos gamma estuviese en nuestra vecindad galáctica (a unos pocos centenares de años luz de la Tierra), su potencia sería suficiente para destruir toda la vida en nuestro planeta.

Inicialmente, el pulso de rayos X del estallido de rayos gamma crearía un pulso electromagnético que barrería todos los equipos electrónicos en la Tierra. Su intenso haz de rayos X y rayos gamma sería suficiente para dañar la atmósfera de la Tierra y destruir nuestra capa de ozono protectora. El chorro del estallido de rayos gamma calentaría la superficie de la Tierra a grandes temperaturas, lo que eventualmente provocaría enormes tormentas que abarcarían todo el planeta. Quizá el estallido de rayos gamma no hiciera explotar en realidad al planeta, como en la película *La guerra de las galaxias*, pero sin duda destruiría toda la vida, dejando un planeta desolado.

Es concebible que una civilización centenares de miles o un millón de años más avanzada que la nuestra fuera capaz de dirigir un agujero negro semejante en la dirección de un blanco. Esto podría hacerse desviando la trayectoria de planetas y estrellas de neutrones hacia la estrella moribunda a un ángulo preciso antes de que colapse. Esta desviación sería suficiente para cambiar el eje de giro de la estrella de modo que pudiera apuntarse en una dirección dada. Una estrella moribunda sería el mayor cañón de rayos imaginable.

En resumen, el uso de láseres potentes para crear pistolas de rayos y espadas de luz portátiles o manuales puede clasificarse como una imposibilidad de clase I, algo que es posible en el futuro cercano o quizá en menos de un siglo. Pero el desafío extremo de apuntar una estrella giratoria antes de que se convierta en un agujero negro y transformarla en una Estrella de la Muerte tendría que considerarse una imposibilidad de clase II, algo que claramente no viola las leyes de la física (existen tales estallidos de rayos gamma), pero algo que solo sería posible miles o millones de años en el futuro.

4

Teletransporte

El teletransporte, o la capacidad de transportar instantáneamente a
una persona o un objeto de un lugar a otro, es una tecnología que
podría cambiar el curso de la civilización y alterar el destino de las
naciones. Podría alterar de manera irrevocable las reglas de la guerra:
los ejércitos podrían teletransportar tropas detrás de las líneas enemigas o simplemente teletransportar a los líderes del enemigo y captu-
rarlos. El sistema de transporte actual —desde los automóviles y los
barcos a los aviones y los trenes, y todas las diversas industrias que sirven a estos sistemas— se haría obsoleto; sencillamente podríamos teletransportarnos al trabajo y teletransportar nuestros productos al
mercado. Las vacaciones no requerirían ningún esfuerzo, pues nos te-
letransportaríamos a nuestro destino. El teletransporte lo cambiaría
todo.

La versión más antigua del teletransporte puede encontrarse en
textos religiosos tales como la Biblia, donde algunas personas desa-

parecen como por encanto.[1] Este pasaje de los Hechos de los Apóstoles en el Nuevo Testamento parece sugerir el teletransporte de Felipe de Gaza a Azoto: «Y en saliendo del agua, el Espíritu del Señor
arrebató a Felipe, y el eunuco no volvió a verle, pero siguió gozoso
su camino. Felipe, sin embargo, apareció en Azoto y viajó por todas
las ciudades predicando la buena nueva hasta que llegó a Cesarea»
(Hechos 8.36-40).

El teletransporte forma parte también del arsenal de trucos e
ilusiones de cualquier mago: sacar conejos de una chistera, cartas de
la manga y monedas de detrás de las orejas de alguien. Uno de los
trucos de magia más ambiciosos de los tiempos recientes presentaba
a un elefante que desaparecía ante los ojos de unos espectadores estupefactos. En este espectáculo, un enorme elefante de varias toneladas de peso era colocado dentro de una caja. Luego, con un toque
de la varita del mago, el elefante desaparecía para gran asombro de
los espectadores. (Por supuesto, el elefante no desaparecía realmente.
El truco se realizaba con espejos. Detrás de cada barrote de la jaula se
habían colocado largas y delgadas tiras verticales de material reflectante. Cada una de estas tiras verticales reflectantes podía pivotar,
como una puerta. Al comienzo del truco de magia, cuando todas estas tiras reflectantes verticales estaban alineadas detrás de las barras,
los espejos no podían verse y el elefante era visible. Pero cuando los
espejos se rotaban 45 grados ante la audiencia, el elefante desaparecía, y los espectadores se quedaban mirando la imagen reflejada del
lateral de la jaula.)

TELETRANSPORTE Y CIENCIA FICCIÓN

La primera mención del teletransporte en la ciencia ficción ocurría
en la historia de Edward Page Mitchell «El hombre sin cuerpo», publicada en 1877. En dicha historia un científico era capaz de desensamblar los átomos de un gato y transmitirlos por un cable telegráfico. Por desgracia, la batería se agotaba mientras el científico estaba
tratando de teletransportarse a sí mismo. Solo conseguía teletransportar su cabeza.

Sir Arthur Conan Doyle, bien conocido por sus novelas de Sherlock Holmes, estaba fascinado con la idea del teletransporte.[2] Tras años de escribir novelas y relatos cortos de detectives empezó a cansarse de la serie de Sherlock Holmes y finalmente acabó con su sabueso, haciéndole caer por una cascada con el profesor Moriarty. Pero las quejas de los lectores fueron tantas que Doyle se vio obligado a resucitar al detective. Puesto que no podía acabar con Sherlock Holmes, Doyle decidió crear una serie completamente nueva, protagonizada por el profesor Challenger, que era la contrapartida de Sherlock Holmes. Ambos tenían un ingenio rápido y una vista aguda para resolver misterios. Pero mientras que Holmes utilizaba una fría lógica deductiva para descifrar casos complejos, el profesor Challenger exploraba el mundo oscuro del espiritismo y los fenómenos paranormales, teletransporte incluido. En la novela de 1927 *La máquina desintegradora*, el profesor conocía a un caballero que había inventado una máquina que podía desintegrar a una persona y luego recomponerla en otro lugar. Pero el profesor Challenger queda horrorizado cuando el inventor presume de que si su invento cayera en las manos equivocadas, podría desintegrar ciudades enteras con millones de personas con solo apretar un botón. El profesor Challenger utiliza entonces la máquina para desintegrar a su inventor, y abandona el laboratorio, sin recomponerlo.

Más recientemente, Hollywood ha descubierto el teletransporte. La película *La mosca*, de 1958, examinaba gráficamente lo que podría suceder cuando el teletransporte sale mal. Mientras un científico trata de teletransportarse a través de una habitación, sus átomos se mezclan con los de una mosca que accidentalmente ha entrado en la cámara de teletransporte, y el científico se convierte en un monstruo mutado de forma grotesca, mitad humano y mitad mosca. (En 1986 se hizo una nueva versión protagonizada por Jeff Goldblum.)

El teletransporte se hizo familiar por primera vez en la cultura popular con la serie *Star Trek*. Gene Roddenberry, el creador de *Star Trek*, introdujo el teletransporte en la serie porque el presupuesto de los estudios Paramount no daba para los costosos efectos especiales necesarios para simular el despegue y el aterrizaje de naves a propulsión en planetas lejanos. Sencillamente era más barato emitir la tripulación del *Enterprise* a su destino.

Con los años, los científicos han planteado varias objeciones sobre la posibilidad del teletransporte. Para teletransportar a alguien habría que conocer la posición exacta de cada átomo de un cuerpo vivo, lo que probablemente violaría el principio de incertidumbre de Heisenberg (que afirma que no se puede conocer al mismo tiempo la posición y la velocidad exactas de un electrón). Los productores de la serie *Star Trek*, cediendo a los críticos, introdujeron «compensadores de Heisenberg» en la cámara transportadora, como si se pudiesen compensar las leyes de la mecánica cuántica añadiendo un artilugio al transportador. El caso es que la necesidad de crear estos compensadores de Heisenberg quizá fuera prematura. Tal vez esos primeros críticos y científicos estuvieran equivocados.

EL TELETRANSPORTE Y LA TEORÍA CUÁNTICA

Según la teoría newtoniana, el teletransporte es claramente imposible. Las leyes de Newton se basan en la idea de que la materia está hecha de minúsculas y duras bolas de billar. Los objetos no se mueven hasta que se les empuja; los objetos no desaparecen de repente y reaparecen en otro lugar.

Pero en la teoría cuántica, eso es precisamente lo que las partículas pueden hacer. Las leyes de Newton, que imperaron durante doscientos cincuenta años, fueron abolidas en 1925, cuando Werner Heisenberg, Erwin Schrödinger y sus colegas desarrollaron la teoría cuántica. Al analizar las extrañas propiedades de los átomos, los físicos descubrieron que los electrones actuaban como ondas y hacían saltos cuánticos en sus movimientos aparentemente caóticos dentro de los átomos.

El hombre más íntimamente relacionado con estas ondas cuánticas es el físico vienés Erwin Schrödinger, que estableció la famosa ecuación de ondas que lleva su nombre, una de las más importantes de toda la física y la química. En las facultades universitarias se dedican cursos completos a resolver su famosa ecuación, y paredes enteras de bibliotecas de física están llenas de libros que examinan sus profundas consecuencias. En teoría, la totalidad de la química puede reducirse a soluciones de esta ecuación.

En 1905 Einstein había mostrado que las ondas luminosas pueden tener propiedades de tipo partícula; es decir, pueden describirse como paquetes de energía llamados fotones. Pero en los años veinte se estaba haciendo evidente para Schrödinger que lo contrario también era cierto: que partículas como electrones podían exhibir un comportamiento ondulatorio. Esta idea fue señalada por primera vez por el físico francés Louis de Broglie, que ganó el premio Nobel por esa conjetura. (Demostramos esto a nuestros estudiantes de grado en la universidad. Disparamos electrones dentro de un tubo de rayos catódicos como los que se suelen encontrar en los televisores. Los electrones pasan por un minúsculo agujero, de modo que normalmente uno esperaría ver un punto minúsculo donde los electrones incidieran en la pantalla del televisor. En lugar de ello se encuentran anillos concéntricos de tipo onda, que es lo que se esperaría si una onda, y no una partícula puntual, hubiera atravesado el agujero.)

Un día Schrödinger dio una conferencia sobre este curioso fenómeno. Fue retado por un colega físico, Peter Debye, que le preguntó: si los electrones se describen mediante ondas, ¿cuál es su ecuación de ondas?

Desde que Newton creó el cálculo infinitesimal, los físicos habían sido capaces de describir las ondas en términos de ecuaciones diferenciales, de modo que Schrödinger tomó la pregunta de Debye como un reto para escribir la ecuación diferencial para las ondas electrónicas. Ese mes Schrödinger se fue de vacaciones, y cuando volvió tenía dicha ecuación. Así, de la misma manera que antes que él Maxwell había tomado los campos de fuerza de Faraday y extraído las ecuaciones de Maxwell para la luz, Schrödinger tomó las ondas de materia de De Broglie y extrajo la ecuación de Schrödinger para los electrones.

(Los historiadores de la ciencia han dedicado muchos esfuerzos a tratar de averiguar qué estaba haciendo exactamente Schrödinger cuando descubrió su famosa ecuación que había de cambiar para siempre el paisaje de la física y la química modernas. Al parecer, Schrödinger creía en el amor libre y a menudo estaba acompañado en sus vacaciones por sus amantes y su mujer. Incluso mantenía un diario detallado donde apuntaba sus numerosas amantes, con códigos elaborados concernientes a cada encuentro. Los historiadores creen ahora que estaba en la villa Herwig, en los Alpes, con una de sus novias el fin de semana en que descubrió su ecuación.)

Cuando Schrödinger empezó a resolver su ecuación para el átomo de hidrógeno encontró, para su gran sorpresa, los niveles de energía exactos del hidrógeno que habían sido cuidadosamente catalogados por físicos anteriores. Entonces se dio cuenta de que la vieja imagen del átomo de Niels Bohr que mostraba a los electrones zumbando alrededor del núcleo (que incluso se usa hoy en libros y en anuncios cuando se trata de simbolizar la ciencia moderna) era en realidad equivocada. Estas órbitas tendrían que ser reemplazadas por ondas que rodean el núcleo.

El trabajo de Schrödinger también envió ondas de choque a través de la comunidad de físicos. De repente los físicos eran capaces de mirar dentro del propio átomo, examinar en detalle las ondas que constituían sus capas electrónicas y extraer predicciones precisas para esos niveles de energía que encajaban perfectamente con los datos.

Pero quedaba una cuestión persistente que no ha dejado hasta hoy de obsesionar a los físicos. Si el electrón está descrito por una onda, entonces, ¿qué está ondulando? Esta pregunta fue respondida por el físico Max Born, que dijo que esas ondas son en realidad ondas de probabilidad. Estas ondas dan solamente la probabilidad de encontrar un electrón concreto en cualquier lugar y cualquier instante. En otras palabras, *el electrón es una partícula, pero la probabilidad de encontrar dicha partícula viene dada por la onda de Schrödinger.* Cuanto mayor es la onda en un punto, mayor es la probabilidad de encontrar la partícula en dicho punto.

Con estos desarrollos, azar y probabilidad se introducían repentinamente en el corazón de la física, que hasta entonces nos había dado predicciones precisas y trayectorias detalladas de partículas, desde planetas a cometas o a balas de cañón.

Esta incertidumbre fue finalmente codificada por Heisenberg cuando propuso el principio de incertidumbre, es decir, el concepto de que no se puede conocer a la vez la velocidad y la posición exactas de un electrón;[3] ni se puede conocer su energía exacta, medida en un intervalo de tiempo dado. En el nivel cuántico se violan todas las leyes básicas del sentido común: los electrones pueden desaparecer y reaparecer en otro lugar, y los electrones pueden estar en muchos lugares al mismo tiempo.

(Resulta irónico que Einstein, el abuelo de la teoría cuántica que ayudó a iniciar la revolución en 1905, y Schrödinger, que nos dio la ecuación de ondas, estuvieran horrorizados por la introducción del azar en la física fundamental. Einstein escribió: «La mecánica cuántica merece mucho respeto. Pero una voz interior me dice que esto no es toda la verdad. La teoría ofrece mucho, pero apenas nos acerca más al secreto del viejo. Por mi parte, al menos, estoy convencido de que Él no juega a los dados».)[4]

La teoría de Heisenberg era revolucionaria y controvertida, pero funcionaba. De un golpe, los físicos podían explicar un gran número de fenómenos intrigantes, incluidas las leyes de la química. A veces, para impresionar a mis estudiantes de doctorado con lo extraña que es la teoría cuántica, les pido que calculen la probabilidad de que sus átomos se disuelvan repentinamente y reaparezcan al otro lado de una pared de ladrillo. Semejante suceso de teletransporte es imposible según la física newtoniana, pero está permitido según la mecánica cuántica. La respuesta, no obstante, es que habría que esperar un tiempo mucho mayor que la vida del universo para que esto ocurriera. (Si utilizáramos un ordenador para representar gráficamente la onda de Schrödinger de nuestro propio cuerpo, encontraríamos que refleja muy bien todos los rasgos del cuerpo, excepto que la gráfica sería un poco borrosa, con algunas de las ondas rezumando en todas direcciones. Algunas de las ondas se extenderían incluso hasta las estrellas lejanas. Por ello hay una probabilidad muy minúscula de que un día nos despertemos en un planeta lejano.)

El hecho de que los electrones puedan estar aparentemente en muchos lugares al mismo tiempo forma la base misma de la química. Sabemos que los electrones circulan alrededor del núcleo de un átomo, como un sistema solar en miniatura. Pero átomos y sistemas solares son muy diferentes. Si dos sistemas solares colisionan en el espacio exterior, los sistemas solares se romperán y los planetas saldrán disparados al espacio profundo. Pero cuando los átomos colisionan, suelen formar moléculas que son perfectamente estables y comparten electrones. En las clases de química de bachillerato el profesor suele representar esto con un «electrón difuminado», que se parece a un balón de rugby que conecta los dos átomos.

Pero lo que los profesores de química raramente dicen a sus alumnos es que el electrón no está «difuminado» entre dos átomos. Este «balón de rugby» representa la probabilidad de que el electrón esté en muchos lugares al mismo tiempo dentro del balón. En otras palabras, toda la química, que explica las moléculas del interior de nuestros cuerpos, se basa en la idea de que los electrones pueden estar en muchos lugares al mismo tiempo, y es este compartir electrones entre dos átomos lo que mantiene unidas las moléculas de nuestro cuerpo. *Sin la teoría cuántica, nuestras moléculas y átomos se disolverían instantáneamente.*

Esta peculiar pero profunda propiedad de la teoría cuántica (que hay una probabilidad finita de que puedan suceder los sucesos más extraños) fue explotada por Douglas Adams en su divertida novela *Guía del autoestopista galáctico*. Adams necesitaba una forma conveniente de viajar a gran velocidad a través de la galaxia, de modo que inventó el propulsor de improbabilidad infinito, «un nuevo y maravilloso método de atravesar enormes distancias interestelares en una nadería de segundo, sin toda esa tediosa complicación del hiperespacio». Su máquina permite cambiar a voluntad las probabilidades de cualquier suceso cuántico, de modo que incluso sucesos muy improbables se hacen un lugar común. Así, si uno quisiera saltar al sistema estelar más cercano, simplemente tendría que cambiar la probabilidad de rematerializarse en dicha estrella, y *voilà!*, se teletransportaría allí al instante.

En realidad, los «saltos» cuánticos tan comunes dentro del átomo no pueden generalizarse fácilmente a objetos grandes tales como personas, que contienen billones de billones de átomos. Incluso si los electrones de nuestro cuerpo están danzando y saltando en su viaje fantástico alrededor del núcleo, hay tantos de ellos que sus movimientos se promedian. A grandes rasgos, esta es la razón de que en nuestro nivel las sustancias parezcan sólidas y permanentes.

Por consiguiente, aunque el teletransporte está permitido en el nivel atómico, habría que esperar un tiempo mayor que la edad del universo para presenciar realmente estos extraños efectos en una escala macroscópica. Pero ¿podemos utilizar las leyes de la teoría cuántica para crear una máquina para teletransportar algo a demanda, como en las historias de ciencia ficción? Sorprendentemente, la respuesta es un sí matizado.

El experimento EPR

La clave para el teletransporte cuántico reside en un famoso artículo de 1935 escrito por Albert Einstein y sus colegas Boris Podolsky y Nathan Rosen, quienes, irónicamente, propusieron el experimento EPR (llamado así por las iniciales de los apellidos de los tres autores) para acabar, de una vez por todas, con la introducción de la probabilidad en la física. (Hablando de los innegables éxitos experimentales de la teoría cuántica, Einstein escribió: «Cuanto más éxito tiene la teoría cuántica, más absurda parece».)[5]

Si dos electrones vibran inicialmente al unísono (un estado llamado coherencia), pueden permanecer en sincronización ondulatoria incluso si están separados por una gran distancia. Aunque los dos electrones puedan estar separados a años luz, sigue habiendo una onda de Schrödinger invisible que los conecta, como un cordón umbilical. Si algo sucede a un electrón, entonces parte de esta información es transmitida inmediatamente al otro. Esto se denomina «entrelazamiento cuántico», el concepto de que partículas que vibran en coherencia tienen algún tipo de conexión profunda que las vincula.

Empecemos con dos electrones coherentes que oscilan al unísono. A continuación, hagamos que salgan disparados en direcciones opuestas. Cada electrón es como una peonza giratoria. Al giro del electrón se le llama espín y puede ser espín arriba o espín abajo dependiendo de que el eje de giro apunte hacia arriba o hacia abajo. Supongamos que el giro total del sistema es cero, de modo que si un electrón tiene espín arriba, entonces sabemos automáticamente que el otro electrón tiene espín abajo. Según la teoría cuántica, antes de hacer una medida el espín del electrón no es arriba ni abajo, sino que existe en un estado de espín arriba y abajo simultáneamente. (Una vez que hacemos una observación, la función de onda «colapsa» y deja la partícula en un estado definido.)

A continuación, se mide el espín de un electrón. Si es, digamos, espín arriba, entonces sabemos instantáneamente que el otro electrón está en espín abajo. Incluso si los electrones están separados por muchos años luz, sabemos instantáneamente cuál es el espín del segundo electrón en cuanto medimos el espín del primer electrón. De hecho, lo sabemos más rápidamente que la velocidad de la luz. Puesto que estos dos electrones están «entremezclados», es decir, sus funciones de onda laten al unísono, sus funciones de onda están conectadas por un «hilo» o cordón umbilical invisible. Cualquier cosa que le suceda a uno tiene automáticamente un efecto sobre el otro. (Esto significa que, en cierto sentido, lo que nos ocurre a nosotros afecta de manera instantánea a cosas en lejanos confines del universo, puesto que nuestras funciones de onda probablemente estuvieron entrelazadas en el comienzo del tiempo. En cierto sentido hay una madeja de entrelazamiento que conecta confines lejanos del universo, incluyéndonos a nosotros.) Einstein lo llamaba burlonamente «fantasmal acción a distancia» y este fenómeno le permitía «demostrar» que la teoría cuántica estaba equivocada, en su opinión, puesto que nada puede viajar más rápido que la velocidad de la luz.

Originalmente, Einstein diseñó el experimento EPR para que fuera el toque de difuntos por la teoría cuántica. Pero en la década de 1980, Alain Aspect y sus colegas en Francia realizaron este experimento con dos detectores separados 13 metros, midiendo los espines de fotones emitidos por átomos de calcio, y los resultados concordaban exactamente con la teoría cuántica. Al parecer, Dios sí juega a los dados con el universo.

¿Realmente viajaba la información más rápida que la luz? ¿Estaba Einstein equivocado al decir que la velocidad de la luz era la velocidad límite en el universo? No en realidad. La información sí viajaba más rápida que la velocidad de la luz, pero la información era aleatoria, y por ello inútil. No se puede enviar un mensaje real, o un código Morse, mediante el experimento EPR, incluso si la información está viajando más rápida que la luz.

Saber que un electrón en el otro extremo del universo tiene espín abajo es información inútil. No se pueden enviar las cotizaciones de la Bolsa de hoy por este método. Por ejemplo, supongamos que un amigo lleva siempre un calcetín rojo y otro verde, en orden aleatorio. Supongamos que miramos un pie y este lleva un calcetín rojo. Entonces sabemos, a una velocidad mayor que la de la luz, que el otro calcetín es verde. La información ha viajado realmente más rápida que la luz, pero esta información es inútil. Ninguna señal que contenga información no aleatoria puede enviarse mediante este método.

Durante años el experimento EPR fue utilizado como ejemplo de la resonante victoria de la teoría cuántica sobre sus críticos, pero era una victoria hueca sin consecuencias prácticas. Hasta ahora.

Teletransporte cuántico

Todo cambió en 1993, cuando científicos de IBM, dirigidos por Charles Bennett, demostraron que era físicamente posible teletransportar objetos, al menos en el nivel atómico, utilizando el experimento EPR.[6] (Más exactamente, demostraron que se podía teletransportar toda la información contenida dentro de una partícula.) Desde entonces los físicos han sido capaces de teletransportar fotones e incluso átomos de cesio enteros. Quizá en unas pocas décadas los científicos sean capaces de teletransportar la primera molécula de ADN y el primer virus.

El teletransporte cuántico explota algunas de las propiedades más extrañas del experimento EPR. En estos experimentos de teletransporte, los físicos empiezan con dos átomos, A y C. Supongamos que queremos teletransportar información del átomo A al átomo C. Entonces introducimos un tercer átomo, B, que inicialmente se entrelaza con C, de modo que B y C son coherentes. Luego ponemos en contacto el átomo A con el átomo B. A explora B, de modo que el contenido de información del átomo A es transferido al átomo B. A y B se entrelazan en el proceso. Pero puesto que B y C estaban originalmente entrelazados, la información dentro de A ha sido transferida al átomo C. En conclusión, el átomo A ha sido ahora teletransportado al átomo C, es decir, el contenido de información de A es ahora idéntico al de C.

Nótese que la información dentro de A ha sido destruida (de modo que no tenemos dos copias de A después del teletransporte). Esto significa que cualquier ser hipotéticamente teletransportado moriría en el proceso. Pero el contenido de información de su cuerpo aparecería en otro lugar. Nótese también que el átomo A no se ha movido hasta la posición del átomo C. Por el contrario, es la información dentro de A (por ejemplo, su espín y polarización) la que se ha transferido a C. (Esto no significa que el átomo A se disuelva y luego reaparezca de repente en otra localización. Significa que el contenido de información del átomo A ha sido transferido a otro átomo, C.)

Desde el anuncio original de este gran avance ha habido una fuerte competencia entre grupos diferentes por estar en la vanguardia. La primera demostración histórica de teletransporte cuántico en la que se teletransportaron fotones de luz ultravioleta se llevó a cabo en 1997 en la Universidad de Innsbruck. Al año siguiente, investigadores del Caltech hicieron un experimento aún más preciso con teletransporte de fotones.

En 2004 físicos de la Universidad de Viena fueron capaces de teletransportar partículas de luz a una distancia de 600 metros por debajo del río Danubio utilizando un cable de fibra óptica, lo que establecía un nuevo récord. (El propio cable tenía una longitud de 800 metros y estaba tendido a lo largo de la red de alcantarillado por debajo del río Danubio. El emisor estaba en un lado del río y el receptor en el otro.)

Una crítica a estos experimentos es que fueron realizados con fotones de luz. Esto apenas es materia de ciencia ficción. Por eso fue importante que, en 2004, el teletransporte cuántico se demostrara no con fotones de luz, sino con átomos reales, lo que nos lleva un paso más cerca de un aparato de teletransporte más realista. Físicos del Instituto Nacional de Normas y Tecnología en Washington D.C. consiguieron entrelazar tres átomos de berilio y transfirieron las propiedades de un átomo a otro. Este logro fue tan importante que fue portada de la revista *Nature*. Otro grupo también consiguió teletransportar átomos de calcio.

En 2006 se logró otro avance espectacular, que incluía por primera vez a un objeto macroscópico. Físicos del Instituto Niels Bohr de Copenhague y el Instituto Max Planck en Alemania consiguieron entrelazar un haz luminoso con un gas de átomos de cesio, una hazaña que involucraba a billones y billones de átomos. Luego codificaron la información contenida dentro de pulsos de láser y fueron capaces de teletransportar esta información a los átomos de cesio a una distancia de casi medio metro. «Por primera vez —dijo Eugene Polzik, uno de los investigadores, «se ha conseguido teletransporte cuántico entre luz (la portadora de la información) y átomos.»[7]

TELETRANSPORTE SIN ENTRELAZAMIENTO

Los avances en teletransporte se suceden a un ritmo cada vez más rápido. En 2007 se produjo otro avance importante. Los físicos propusieron un método de teletransporte que no requiere entrelazamiento. Recordemos que el entrelazamiento es el aspecto más difícil del teletransporte cuántico. Resolver este problema podría abrir nuevas perspectivas en teletransporte.

«Estamos hablando de un haz de unas 5.000 partículas que desaparecen de un lugar y reaparecen en algún otro lugar», dice el físico Aston Bradley del Centro de Excelencia para Óptica Atómica Cuántica del Consejo de Investigación Australiano en Brisbane que participó en el desarrollo del nuevo método de teletransporte.[8]

«Creemos que nuestro esquema está más cercano en espíritu al concepto de ficción original», afirma. En su enfoque, él y sus colegas toman un haz de átomos de rubidio, convierten toda su información en un haz de luz, envían este haz de luz a través de un cable de fibra óptica y luego reconstruyen el haz de átomos original en una localización lejana. Si su afirmación es válida, este método eliminaría el obstáculo número uno para el teletransporte y abriría modos completamente nuevos para teletransportar objetos cada vez más grandes.

Para distinguir este nuevo método del teletransporte cuántico, el doctor Bradley ha llamado a su método «teletransporte clásico». (Esto es algo confuso, porque su método también depende mucho de la teoría cuántica, aunque no del entrelazamiento.)

La clave para este nuevo tipo de teletransporte es un nuevo estado de la materia llamado un «condensado de Bose-Einstein», o BEC, que es una de las sustancias más frías de todo el universo. En la naturaleza la temperatura más fría se encuentra en el espacio exterior; es de 3 K sobre el 0 absoluto. (Esto se debe al calor residual del big bang, que aún llena el universo.) Pero un BEC está a una *millonésima de milmillonésima* de grado sobre el 0 absoluto, una temperatura que solo puede encontrarse en el laboratorio.

Cuando ciertas formas de materia se enfrían hasta casi el cero absoluto, sus átomos se ponen en el estado de energía más baja, de modo que todos sus átomos vibran al unísono y se hacen coherentes. Las funciones de onda de todos los átomos se solapan, de manera que, en cierto sentido, un BEC es como un «superátomo» gigante en donde todos los átomos individuales vibran al unísono. Este extraño estado de la materia fue predicho por Einstein y Satyendranath Bose en 1925, pero pasarían otros setenta años hasta que en 1995 se creara finalmente un BEC en el laboratorio del MIT y en la Universidad de Colorado.

Así es como funciona el dispositivo de teletransporte de Bradley y sus colegas. Primero empiezan con un conjunto de átomos de rubidio superfríos en un estado BEC. Luego aplican al BEC un haz de materia (hecho asimismo de átomos de rubidio). Estos átomos del haz también quieren colocarse en el estado de energía más baja, de modo que ceden su exceso de energía en forma de un pulso de luz. Este haz de luz es entonces enviado por un cable de fibra óptica. Lo notable es que el haz de luz contiene toda la información cuántica necesaria para describir el haz de materia original (por ejemplo, la posición y velocidad de todos sus átomos). Luego el haz de luz incide en otro BEC, que transforma el haz de luz en el haz de materia original.

El nuevo método de teletransporte es enormemente prometedor, puesto que no implica el entrelazamiento de átomos. Pero este método también tiene sus problemas. Depende de forma crucial de las propiedades de los BEC, que son difíciles de crear en el laboratorio. Además, las propiedades de los BEC son muy peculiares, porque se comportan como si fueran un átomo gigantesco. En teoría, efectos cuánticos extraños, que solo vemos en el nivel atómico, pueden verse a simple vista con un BEC. En otro tiempo se pensó que esto era imposible.

La aplicación práctica inmediata de los BEC es crear «láseres atómicos». Los láseres, por supuesto, están basados en haces coherentes de fotones que vibran al unísono. Pero un BEC es una colección de átomos que vibran al unísono, de modo que es posible crear haces de átomos de un BEC que sean todos coherentes. En otras palabras, un BEC puede crear la contrapartida del láser, el láser atómico o láser de materia, que está hecho de átomos de BEC. Las aplicaciones comerciales de los láseres son enormes, y las aplicaciones comerciales de los láseres atómicos podrían ser igualmente profundas. Pero puesto que los BEC existen solo a temperaturas muy próximas al cero absoluto, el progreso en este campo será lento, aunque constante.

Dados los progresos que hemos hecho, ¿cuándo podríamos ser capaces de teletransportarnos? Los físicos confían en teletransportar moléculas complejas en los años venideros. Después de eso quizá en algunas décadas pueda teletransportarse una molécula de ADN o incluso un virus. Nada hay en principio que impida teletransportar a una persona real, como en las películas de ciencia ficción, pero los problemas técnicos a los que se enfrenta tal hazaña son verdaderamente enormes. Se necesitan algunos de los mejores laboratorios de física del mundo solo para crear coherencia entre minúsculos fotones de luz y átomos individuales. Crear coherencia cuántica que implique a objetos verdaderamente macroscópicos, tales como una persona, está fuera de cuestión durante un largo tiempo. De hecho, probablemente pasarán muchos siglos, o un tiempo aún mayor, antes de que puedan teletransportarse —si es siquiera posible— objetos cotidianos.

ORDENADORES CUÁNTICOS

En última instancia, el destino del teletransporte cuántico está íntimamente relacionado con el destino del desarrollo de ordenadores
cuánticos. Los dos utilizan la misma física cuántica y la misma tecnología, de modo que hay una intensa fertilización cruzada entre estos
dos campos. Los ordenadores cuánticos podrían reemplazar algún día
al familiar ordenador digital que tenemos en nuestra mesa de trabajo. De hecho, el futuro de la economía mundial podría depender en
el futuro de tales ordenadores, y por ello hay un enorme interés comercial en estas tecnologías. Algún día Silicon Valley podría convertirse en un cinturón de herrumbre, superado por las nuevas tecnologías que surgen de la computación cuántica.

Los ordenadores ordinarios computan en un sistema binario de
0 y 1, llamados bits. Pero los ordenadores cuánticos son mucho más
potentes. Pueden computar con qubits, que pueden tomar valores
entre 0 y 1. Pensemos en un átomo colocado en un campo magnético. Gira como una peonza, de modo que su eje de giro puede apuntar arriba o abajo. El sentido común nos dice que el espín del átomo
puede ser arriba o abajo, pero no ambos al mismo tiempo. Pero en el
extraño mundo de lo cuántico, el átomo se describe como la suma
de dos estados, la suma de un átomo con espín arriba y un átomo
con espín abajo. En el extraño mundo cuántico todo objeto está descrito por la suma de todos los estados posibles. (Si objetos grandes,
como los gatos, se describen de este modo cuántico, significa que hay
que sumar la función de onda de un gato vivo a la de un gato muerto, de modo que el gato no está ni vivo ni muerto, como explicaré
con más detalle en el capítulo 13.)

Imaginemos ahora una cadena de átomos alineados en un campo magnético, con el espín alineado en una dirección. Si un haz láser
incide en esta cadena de átomos, el haz rebotará en la misma y cambiará el eje de giro de algunos de los átomos. Midiendo la diferencia
entre el haz láser incidente y el saliente, hemos conseguido un complicado «cálculo» cuántico, que implica el cambio de muchos espines.

Los ordenadores cuánticos están aún en su infancia. El récord
mundial para una computación cuántica es $3 \times 5 = 15$, que difícil-

mente es un cálculo que suplante a los superordenadores de hoy. El teletransporte cuántico y los ordenadores cuánticos comparten la misma debilidad fatal: deben mantener la coherencia de grandes conjuntos de átomos. Si pudiera resolverse este problema, sería un avance trascendental en ambos campos.

La CIA y otras organizaciones secretas están muy interesadas en los ordenadores cuánticos. Muchos de los códigos secretos en todo el mundo dependen de una «clave», que es un número entero muy grande, y de la capacidad de factorizarlo en números primos. Si la clave es el producto de dos números, cada uno de ellos de 100 dígitos, entonces un ordenador digital podría necesitar más de 100 años para encontrar estos dos factores partiendo de cero. Un código semejante es hoy día esencialmente irrompible.

Pero en 1994 Peter Shor, de los Laboratorios Bell demostró que factorizar números grandes podría ser un juego de niños para un ordenador cuántico. Este descubrimiento despertó enseguida el interés de la comunidad de los servicios de inteligencia. En teoría, un ordenador cuántico podría descifrar todos los códigos del mundo y desbaratar por completo la seguridad de los sistemas de ordenadores de hoy. El primer país que sea capaz de construir un sistema semejante podría descifrar los secretos más profundos de otras naciones y organizaciones.

Algunos científicos han especulado con que en el futuro la economía mundial podría depender de los ordenadores cuánticos. Se espera que los ordenadores digitales basados en el silicio alcancen su límite físico en términos de potencia de ordenador en algún momento después de 2020. Podría ser necesaria una nueva y más poderosa familia de ordenadores para que la tecnología pueda seguir avanzando. Otros están explorando la posibilidad de reproducir el poder del cerebro humano mediante ordenadores cuánticos.

Por consiguiente, hay mucho en juego. Si pudiéramos resolver el problema de la coherencia, no solo seríamos capaces de resolver el reto del teletransporte, sino que también tendríamos la capacidad de hacer avances en todo tipo de tecnologías de maneras nunca vistas mediante ordenadores cuánticos. Este avance es tan importante que volveré a esta cuestión en capítulos posteriores. Como he señalado antes, es extraordinariamente difícil mantener la coherencia en el laboratorio. La más minúscula vibración podría afectar a la coherencia de dos átomos y destruir la computación. Hoy día, es muy difícil mantener coherencia en más de solo un puñado de átomos. Los átomos que originalmente están en fase empiezan a sufrir decoherencia en cuestión de un nanosegundo, o como mucho, un segundo. El teletransporte debe hacerse muy rápidamente, antes de que los átomos empiecen a sufrir decoherencia, lo que pone otra restricción a la computación cuántica y al teletransporte.

A pesar de tales desafíos, David Deutsch, de la Universidad de Oxford, cree que estos problemas pueden superarse: «Con suerte, y con ayuda de recientes avances teóricos [un ordenador cuántico], puede llegar en menos de cincuenta años [...] Sería un modo enteramente nuevo de dominar la naturaleza».[9]

Para construir un ordenador cuántico útil necesitaríamos tener de cientos a millones de átomos vibrando al unísono, un logro que supera nuestras capacidades actuales. Teletransportar al capitán Kirk sería astronómicamente difícil. Tendríamos que crear un entrelazamiento cuántico con un gemelo del capitán Kirk. Incluso con nanotecnología y ordenadores avanzados es difícil ver cómo podría conseguirse esto.

Así pues, el teletransporte existe en el nivel atómico, y eventualmente podremos teletransportar moléculas complejas e incluso orgánicas dentro de algunas décadas. Pero el teletransporte de un objeto macroscópico tendrá que esperar varias décadas o siglos, o más, si realmente es posible. Por consiguiente, teletransportar moléculas complejas, quizá incluso un virus o una célula viva, se califica como imposibilidad de clase I, que sería posible dentro de este siglo. Pero teletransportar un ser humano, aunque lo permitan las leyes de la física, puede necesitar muchos siglos más, suponiendo que sea posible. Por ello, yo calificaría ese tipo de teletransporte como una imposibilidad de clase II.

5

Telepatía

Si no has encontrado nada extraño durante el día, no ha sido un buen día.

JOHN WHEELER

Solo quienes intentan lo absurdo conseguirán lo imposible.

M. C. ESCHER

La novela *Slan*, de A. E. van Vogt, capta el enorme potencial y nuestros más oscuros temores relacionados con el poder de la telepatía.

Jommy Cross, el protagonista de la novela, es un «slan», una raza en extinción de telépatas superinteligentes.

Sus padres fueron asesinados brutalmente por turbas airadas de humanos, que temen y odian a todos los telépatas por el enorme poder que ejercen quienes pueden introducirse en sus más íntimos pensamientos. Los humanos cazan despiadadamente a los slan como a animales. Con sus tentáculos característicos que salen de sus cabezas, los slans son muy fácilmente reconocibles. A lo largo del libro, Jommy trata de entrar en contacto con otros slans que podrían haber huido al espacio exterior para escapar de la caza de brujas emprendida por los humanos, decididos a exterminarlos.

Históricamente, la lectura de la mente se ha visto como algo tan importante que con frecuencia se relacionaba con los dioses. Uno de los poderes más fundamentales de cualquier dios es la capacidad de leer nuestra mente y responder con ello a nuestras más profundas oraciones. Un verdadero telépata que pudiera leer mentes a voluntad podría convertirse fácilmente en la persona más rica y poderosa de la Tierra, capaz de entrar en las mentes de los banqueros de Wall Street o hacer chantaje y extorsionar a sus rivales. Plantearía una amenaza para la seguridad de los gobiernos. Podría robar sin esfuerzo los secretos más sensibles de una nación. Como los slans, sería temido y tal vez acosado.

El enorme poder de un verdadero telépata se ponía de manifiesto en la mítica serie Fundación de Isaac Asimov, a menudo calificado el mejor escritor de ciencia ficción de todos los tiempos. Un imperio galáctico que ha gobernado durante miles de años está a punto de colapsar y arruinarse. Una sociedad secreta de científicos, llamada la Segunda Fundación, utiliza ecuaciones complejas para predecir que el imperio declinará con el tiempo y hundirá a la civilización en treinta mil años de oscuridad. Los científicos esbozan un elaborado plan basado en sus ecuaciones, en un esfuerzo por reducir ese colapso de la civilización a solo algunos miles de años. Pero entonces se produce el desastre. Sus elaboradas ecuaciones no pueden predecir un suceso singular, el nacimiento de un mutante llamado el Mulo, que es capaz de controlar las mentes a gran distancia y con ello hacerse con el control del imperio galáctico. La galaxia está condenada a treinta mil años de caos y anarquía a menos que se pueda parar al telépata.

Aunque la ciencia ficción está llena de historias fantásticas sobre telépatas, la realidad es mucho más trivial. Puesto que los pensamientos son privados e invisibles, charlatanes y estafadores se han aprovechado durante siglos de los ingenuos y los crédulos. Un sencillo truco de salón utilizado por magos y mentalistas consiste en utilizar un gancho —un cómplice infiltrado en el público cuya mente es «leída» por el mentalista.

Las carreras de varios magos y mentalistas se han basado en el famoso «truco del sombrero», en el que la gente escribe mensajes privados en trozos de papel que luego se colocan en un sombrero. Entonces el mago procede a decir a los espectadores qué hay escrito en cada trozo de papel, lo que sorprende a todos. Hay una explicación engañosamente simple para este truco.[1]

Uno de los casos más famosos de telepatía no implicaba a un cómplice sino a un animal, Hans el Listo, un caballo maravilloso que sorprendió a la sociedad europea en la última década del siglo xix. Hans el Listo, para sorpresa del público, podía realizar complejas hazañas de cálculo matemático. Si, por ejemplo, se le pedía que dividiera 48 por 6, el caballo daba 8 golpes con el casco. De hecho, Hans el Listo podía dividir, multiplicar, sumar fracciones, deletrear palabras e incluso identificar notas musicales. Los fans de Hans el Listo declaraban que era más inteligente que muchos humanos o que podía ver telepáticamente el cerebro de la gente.

Pero Hans el Listo no era el producto de un truco ingenioso. Su maravillosa capacidad para la aritmética engañó incluso a su entrenador. En 1904 el destacado psicólogo profesor C. Strumpf analizó el caballo y no pudo encontrar ninguna prueba obvia de truco u ocultación que señalara al caballo, lo que aumentó la fascinación del público con Hans el Listo. Sin embargo, tres años más tarde un estudiante de Strumpf, el psicólogo Oskar Pfungst, hizo un test mucho más riguroso y al final descubrió el secreto de Hans el Listo. Todo lo que este hacía realmente era observar las sutiles expresiones faciales de su entrenador. El caballo seguía dando golpes con su casco hasta que la expresión facial de su entrenador cambiaba ligeramente, momento en el cual dejaba de dar golpes. Hans el Listo no podía leer la mente de la gente ni hacer aritmética; simplemente era un agudo observador de los rostros de las personas.

Ha habido otros animales «telepáticos» en la historia. Ya en 1591 un caballo llamado Morocco se hizo famoso en Inglaterra y ganó una fortuna para su propietario reconociendo a personas entre el público, señalando letras del alfabeto y sumando la puntuación total de un par de dados. Causó tal sensación en Inglaterra que Shakespeare lo inmortalizó en su obra *Trabajos de amor perdidos* como «el caballo bailarín».

Los jugadores también son capaces de leer la mente de las personas en un sentido limitado. Cuando una persona ve algo agradable, las pupilas de sus ojos normalmente se dilatan. Cuando ve algo desagradable (o realiza un cálculo matemático), sus pupilas se contraen. Los jugadores pueden leer las emociones de sus contrarios con cara de póquer examinando si sus ojos se contraen o dilatan. Esta es la razón por la que los jugadores suelen llevar gafas negras para ocultar sus pupilas. También se puede hacer rebotar un láser en la pupila de una persona y analizar hacia dónde se refleja, y determinar con ello adónde esta mirando exactamente. Al analizar el movimiento del punto de luz láser reflejado es posible determinar cómo una persona examina una imagen. Si se combinan estas dos tecnologías se puede determinar la reacción emocional de una persona cuando examina una imagen, todo ello sin su permiso.[2]

INVESTIGACIÓN PSÍQUICA

Los primeros estudios científicos de la telepatía y otros fenómenos paranormales fueron llevados a cabo por la Sociedad para las Investigaciones Psíquicas, fundada en Londres en 1882.[3] (El nombre de «telepatía mental» fue acuñado ese año por F. W. Myers, un miembro de la sociedad.) Entre los que habían sido presidentes de dicha sociedad se encontraban algunas de las figuras más notables del siglo XIX. La sociedad, que existe todavía hoy, fue capaz de refutar las afirmaciones de muchos fraudes, pero con frecuencia se dividía entre los espiritistas, que creían firmemente en lo paranormal, y los científicos, que querían un estudio científico más serio.

Un investigador relacionado con la sociedad, el doctor Joseph Banks Rhine,[4] empezó el primer estudio riguroso y sistemático de los fenómenos psíquicos en Estados Unidos en 1927, y fundó el Instituto Rhine (ahora llamado Centro de Investigación Rhine) en la Universidad de Duke, en Carolina del Norte. Durante décadas, él y su mujer, Louisa, realizaron algunos de los primeros experimentos controlados científicamente en Estados Unidos sobre una gran variedad de fenómenos parapsicológicos y los publicaron en publicaciones con revisión por pares. Fue Rhine quien acuñó el nombre de «percepción extrasensorial» (ESP) en uno de sus primeros libros.

De hecho, el laboratorio de Rhine fijó el nivel para la investigación psíquica. Uno de sus asociados, el doctor Karl Zener, desarrolló el sistema de cartas con cinco símbolos, ahora conocidas como cartas Zener, para analizar poderes telepáticos. La inmensa mayoría de los resultados no mostraban la más mínima evidencia de telepatía. Pero una pequeña minoría de experimentos parecía mostrar pequeñas pero apreciables correlaciones en los datos que no podían explicarse por el puro azar. El problema era que con frecuencia estos experimentos no podían ser reproducidos por otros investigadores.

Aunque Rhine intentaba establecer una reputación basada en el rigor, esta se puso en entredicho tras un encuentro con un caballo llamado Lady Maravilla. Este caballo podía realizar desconcertantes hazañas de telepatía, tales como dar golpes sobre bloques de alfabeto de juguete y deletrear así palabras en las que estaban pensando los miembros de la audiencia. Al parecer, Rhine no sabía nada del efecto Hans el Listo. En 1927 Rhine analizó a Lady Maravilla con algún detalle y concluyó: «Solo queda, entonces, la explicación telepática, la transferencia de influencia mental mediante un proceso desconocido. No se descubrió nada que no estuviera de acuerdo con ello, y ninguna otra hipótesis propuesta parece sostenible en vista de los resultados».[5] Más tarde Milbourne Christopher reveló la verdadera naturaleza del poder telepático de Lady Maravilla: sutiles movimientos de la fusta que llevaba el dueño del caballo. Los movimientos sutiles de la fusta eran la clave para que Lady Maravilla dejara de golpear con el casco. (Pero incluso después de que fuera revelada la verdadera naturaleza del poder de Lady Maravilla, Rhine siguió creyendo que el caballo era verdaderamente telépata aunque, de algún modo, había perdido su poder telepático, lo que obligó al dueño a recurrir a los trucos.)

La reputación de Rhine sufrió un golpe decisivo, sin embargo, cuando estaba a punto de retirarse. Estaba buscando un sucesor con una reputación sin tacha para continuar la obra de su instituto. Un candidato prometedor era el doctor Walter Levy, a quien contrató en 1973. El doctor Levy era una estrella ascendente en ese ámbito; de hecho, presentó resultados sensacionales que parecían demostrar que los ratones podían alterar telepáticamente el generador de números aleatorios de un ordenador. Sin embargo, trabajadores suspicaces del laboratorio descubrieron que el doctor Levy se introducía subrepticiamente en el laboratorio por la noche para alterar el resultado de los tests. Fue pillado con las manos en la masa mientras amañaba los datos. Tests adicionales demostraron que los ratones no poseían poderes telepáticos, y el doctor Levy se vio obligado a renunciar avergonzado a su puesto en el instituto.[6]

TELEPATÍA Y LA PUERTA DE LAS ESTRELLAS

El interés por lo paranormal tomó un giro importante en el apogeo de la guerra fría, durante la cual se realizaron varios experimentos secretos sobre telepatía, control de la mente y visión remota. (La visión remota consiste en «ver» un lugar distante solo con la mente, leyendo las mentes de otros.) Puerta de las Estrellas era el nombre en clave de varios estudios secretos financiados por la CIA (tales como Sun Streak, Grill Flame y Center Lane). Los proyectos comenzaron en torno a 1970, cuando la CIA concluyó que la Unión Soviética estaba gastando 60 millones de rublos al año en investigación «psicotrónica». Preocupaba que los soviéticos pudieran estar utilizando ESP para localizar submarinos e instalaciones militares estadounidenses, identificar espías y leer documentos secretos.

La financiación de los estudios empezó en 1972, y fueron encargados a Russell Targ y Harold Puthoff, del Instituto de Investigación de Stanford (SRI) en Menlo Park. Inicialmente trataron de entrenar a un cuadro de psíquicos que pudieran introducirse en la «guerra psíquica». Durante más de dos décadas, Estados Unidos gastó 20 millones de dólares en la Puerta de las Estrellas, con más de cuarenta personas, veintitrés videntes remotos y tres psíquicos en la plantilla.

En 1995, con un presupuesto de 500.000 dólares al año, la CIA había realizado centenares de proyectos que suponían miles de sesiones de visión remota. En concreto, a los videntes remotos se les pidió:

- Localizar al coronel Gaddafi antes del bombardeo de Libia en 1986.
- Encontrar almacenes de plutonio en Corea del Norte.

- Localizar a un rehén secuestrado por las Brigadas Rojas en Italia en 1981.
- Localizar un bombardero soviético Tu-95 que se había estrellado en África.

En 1995 la CIA pidió al Instituto Americano para la Investigación (AIR) que evaluara estos programas. El AIR recomendó cancelarlos. «No hay ninguna prueba documentada que tenga valor para los servicios de inteligencia», escribió David Goslin, del AIR.

Los defensores de la Puerta de las Estrellas se jactaban de que durante esos años habían obtenido resultados de «ocho martinis» (conclusiones que eran tan espectaculares que uno tenía que salir y tomarse ocho martinis para recuperarse). Sin embargo, los críticos mantenían que una inmensa mayoría de los experimentos de visión remota daba información irrelevante e inútil, y que los pocos «éxitos» que puntuaban eran vagos y tan generales que podían aplicarse a cualquier situación; en definitiva, se estaba malgastando el dinero de los contribuyentes. El informe del AIR afirmaba que los «éxitos» más espectaculares de la Puerta de las Estrellas implicaban a videntes remotos que ya habían tenido algún conocimiento de la operación que estaban estudiando, y por ello podrían haber hecho conjeturas informadas que parecieran razonables.

Finalmente, la CIA concluyó que la Puerta de las Estrellas no había producido un solo ejemplo de información que ayudara a la agencia a guiar operaciones de inteligencia, de modo que canceló el proyecto. (Persistieron los rumores de que la CIA utilizó videntes remotos para localizar a Sadam Husein durante la guerra del Golfo, aunque todos los esfuerzos fueron insatisfactorios.)

EXPLORACIÓN DEL CEREBRO

Al mismo tiempo, los científicos estaban empezando a entender algo de la física que hay en el funcionamiento del cerebro. En el siglo XIX los científicos sospechaban que dentro del cerebro se transmitían señales eléctricas. En 1875 Richard Caton descubrió que colocando electrodos en la superficie de la cabeza era posible detectar las minúsculas señales eléctricas emitidas por el cerebro. Esto llevó finalmente a la invención del electroencefalógrafo (EEG).

En principio, el cerebro es un transmisor con el que nuestros pensamientos son emitidos en forma de minúsculas señales eléctricas y ondas electromagnéticas. Pero hay problemas al utilizar estas señales para leer los pensamientos de alguien. En primer lugar, las señales son extremadamente débiles, en el rango de los milivatios. En segundo lugar, las señales son ininteligibles, casi indistinguibles de ruido aleatorio. De este barullo solo puede extraerse información tosca sobre nuestros pensamientos. En tercer lugar, nuestro cerebro no es capaz de recibir mensajes similares de otros cerebros mediante estas señales; es decir, carecemos de antena. Y, finalmente, incluso si pudiéramos recibir esas débiles señales, no podríamos reconstruirlas. Utilizando física newtoniana y maxwelliana ordinaria no parece que sea posible la telepatía mediante radio.

Algunos creen que quizá la telepatía esté mediada por una quinta fuerza, llamada la fuerza «psi». Pero incluso los defensores de la parapsicología admiten que no tienen ninguna prueba concreta y reproducible de esta fuerza psi.

Pero esto deja abierta una pregunta: ¿qué pasa con la telepatía que utilice la teoría cuántica?

En la última década se han introducido nuevos instrumentos cuánticos que por primera vez en la historia nos permiten mirar dentro del cerebro pensante. Al frente de esta revolución cuántica están las exploraciones del cerebro por PET (tomografía por emisión de positrones) y MRI (imagen por resonancia magnética). Una exploración PET se crea inyectando azúcar radiactivo en la sangre. Este azúcar se concentra en regiones del cerebro que son activadas por los procesos mentales, que requieren energía. El azúcar radiactivo emite positrones (antielectrones) que son fácilmente detectados por instrumentos. Así, rastreando la pauta creada por antimateria en el cerebro vivo, también se pueden rastrear las pautas del pensamiento y aislar las regiones precisas del cerebro que están comprometidas en cada actividad.

La máquina MRI actúa de la misma manera, excepto que es más precisa. La cabeza del paciente se coloca dentro en un intenso electroimán en forma de donut. El campo magnético hace que los núcleos de los átomos del cerebro se alineen paralelos a las líneas del campo. Se envía al paciente un pulso de radio, que hace que estos núcleos se tambaleen. Cuando los núcleos cambian de orientación emiten un minúsculo «eco» de radio que puede ser detectado, lo que señala la presencia de una sustancia particular. Por ejemplo, la actividad general está relacionada con el consumo de oxígeno, de modo que la máquina MRI puede aislar los procesos mentales apuntando a la presencia de sangre oxigenada. Cuanto mayor es la concentración de sangre oxigenada, mayor es la actividad mental en esa región del cerebro. (Hoy «máquinas MRI funcionales» [fMRI] pueden apuntar a minúsculas regiones del cerebro de solo un milímetro de diámetro en fracciones de segundo, lo que hace que estas máquinas sean ideales para seguir la pauta de los pensamientos del cerebro vivo.)

DETECTORES DE MENTIRAS MRI

Con máquinas MRI hay una posibilidad de que algún día los científicos puedan descifrar las líneas generales de los pensamientos en el cerebro vivo. El test más simple de «lectura de la mente» sería determinar si alguien está mintiendo o no.

Según la leyenda, el primer detector de mentiras del mundo fue creado por un sacerdote indio hace siglos. Metía al sospechoso en una habitación cerrada junto con un «burro mágico», y le instruía para que tirase de la cola del animal. Si el burro empezaba a hablar, significaba que el sospechoso era un mentiroso. Si el burro permanecía en silencio, entonces el sospechoso estaba diciendo la verdad. (Pero, en secreto, el viejo ponía hollín en la cola del burro.)

Una vez que el sospechoso había salido de la habitación, lo normal era que proclamara su inocencia porque el burro no había hablado al tirar de su cola. Pero entonces el sacerdote examinaba las manos del sospechoso. Si las manos estaban limpias, significaba que estaba mintiendo. (A veces, la amenaza de utilizar un detector de mentiras es más efectiva que el propio detector.)

El primer «burro mágico» de los tiempos modernos fue creado en 1913, cuando el psicólogo William Marston propuso analizar la presión sanguínea de una persona, que aumentaría al decir una mentira. (Esta observación sobre la presión sanguínea se remonta en realidad a tiempos antiguos, cuando un sospechoso era interrogado mientras un investigador le sujetaba las manos.) La idea caló pronto, y el Departamento de Defensa no tardó en crear su propio Instituto Poligráfico.

Pero con los años se ha hecho evidente que los detectores de mentiras pueden ser engañados por sociópatas que no muestran remordimiento por sus acciones. El caso más famoso fue el del doble agente de la CIA Aldrich Ames, que se embolsó enormes sumas de dinero de la antigua Unión Soviética por enviar a numerosos agentes de Estados Unidos a la muerte y por divulgar secretos de la armada nuclear norteamericana. Durante décadas, Ames superó una batería de pruebas de detectores de mentiras de la CIA. También lo hizo el asesino en serie Gary Ridgway, conocido como el infame asesino del río Verde; llegó a matar hasta cincuenta mujeres.

En 2003 la Academia Nacional de Ciencias de Estados Unidos publicó un informe sobre la fiabilidad de los detectores de mentiras, con una lista de todas las formas en que los detectores de mentiras podían ser engañados y personas inocentes calificadas como mentirosas.

Pero si los detectores de mentiras solo miden niveles de ansiedad, ¿qué hay sobre medir el propio cerebro? La idea de observar la actividad cerebral para descubrir mentiras se remonta a veinte años atrás, al trabajo de Peter Rosenfeld de la Universidad de Northwestern, quien observó que registros EEG de personas que estaban mintiendo mostraban una pauta en las ondas P300 diferente de cuando estas personas estaban diciendo la verdad. (Las ondas P300 se suelen estimular cuando el cerebro encuentra algo nuevo o que se sale de lo normal.)

La idea de utilizar exploraciones MRI para detectar mentiras se debe a Daniel Langleben de la Universidad de Pensilvania. En 1999 dio con un artículo que afirmaba que los niños que sufrían de trastorno de déficit de atención tenían dificultad para mentir, pero él sabía por experiencia que esto era falso; tales niños no tenían ningún problema para mentir. Su problema real era que tenían dificultad para inhibir la verdad. «Ellos simplemente cambian las cosas», señalaba Langleben. Conjeturó que, para decir una mentira, el cerebro tiene que dejar primero de decir la verdad, y luego crear un engaño. Langleben afirma: «Cuando uno dice una mentira deliberada tiene que tener en su mente la verdad. Eso significa que razonar debería implicar más actividad cerebral». En otras palabras, mentir es una tarea difícil.

Mediante experimentos con estudiantes universitarios en los que se les pedía que mintieran, Langleben descubrió pronto que las personas que mienten aumentan la actividad cerebral en varias regiones, incluido el lóbulo frontal (donde se concentra el pensamiento superior), el lóbulo temporal y el sistema límbico (donde se procesan las emociones). En particular, advirtió una actividad inusual en el giro cingulado anterior (que está relacionado con la resolución de conflictos y la inhibición de la respuesta).[7]

Langleben afirma que ha alcanzado tasas de éxito de hasta un 99 por ciento al analizar sujetos en experimentos controlados para determinar si mentían o no (por ejemplo, pedía a los estudiantes universitarios que mintiesen sobre las cartas de una baraja). El interés en esta tecnología ha sido tal que se han iniciado dos aventuras comerciales que ofrecen este servicio al público. En 2007 una compañía, No Lie MRI, asumió su primer caso, una persona que estaba en pleitos con su compañía de seguros porque esta afirmaba que él había quemado deliberadamente su tienda de delicatessen. (La exploración fMRI indicó que él no era un estafador.)

Los defensores de la técnica de Langleben afirman que es mucho más fiable que el detector de mentiras a la antigua usanza, puesto que alterar pautas cerebrales está más allá del control de nadie. Aunque las personas pueden entrenarse hasta cierto punto para controlar su pulso y respiración, es imposible que controlen sus pautas cerebrales. De hecho, los defensores señalan que en una era en que cada vez hay más amenazas terroristas, esta tecnología podría salvar muchas vidas detectando un ataque terrorista a Estados Unidos.

Aun concediendo este éxito aparente de la tecnología en la detección de mentiras, los que critican esta técnica han señalado que la fMRI no detecta mentiras realmente, sino solo un aumento de la actividad cerebral cuando alguien dice una mentira. La máquina podría dar resultados falsos si, por ejemplo, una persona llegara a decir la verdad en un estado de gran ansiedad. La fMRI solo detectaría la ansiedad que siente el sujeto y revelaría incorrectamente que estaba diciendo una mentira. «Hay muchas ganas de tener tests para separar la verdad del engaño», advierte el neurobiólogo Steven Hyman, de la Universidad de Harvard.

Algunos críticos afirman también que un verdadero detector de mentiras, como un verdadero telépata, podría hacer que las relaciones sociales ordinarias resultasen muy incómodas, puesto que cierta cantidad de mentira es un «lubricante social» que engrasa las ruedas de la sociedad en movimiento. Por ejemplo, nuestra reputación quedaría arruinada si todos los halagos que hacemos a nuestros jefes, superiores, esposas, amantes y colegas quedaran de manifiesto como mentiras. De hecho, un verdadero detector de mentiras también podría revelar todos nuestros secretos familiares, emociones ocultas, deseos reprimidos y planes secretos. Como ha dicho el periodista científico David Jones, un verdadero detector de mentiras es «como la bomba atómica, que debe reservarse como una especie de arma definitiva. Si se desplegara fuera de los tribunales, haría la vida social completamente imposible».[8]

TRADUCTOR UNIVERSAL

Algunos han criticado con razón las exploraciones cerebrales porque, pese a sus espectaculares fotografías del cerebro pensante, son simplemente demasiado crudas para medir pensamientos individuales y aislados. Probablemente millones de neuronas se disparan a la vez cuando realizamos la más simple tarea mental, y la fMRI detecta esta actividad solo como una mancha en una pantalla. Un psicólogo comparaba las exploraciones cerebrales con asistir a un ruidoso partido de fútbol y tratar de escuchar a la persona que se sienta al lado. Los sonidos de dicha persona están ahogados por el ruido de miles de espectadores. Por ejemplo, el fragmento más pequeño del cerebro que puede ser analizado con fiabilidad por una máquina fMRI se llama un «voxel»; pero cada voxel corresponde a varios millones de neuronas, de modo que la sensibilidad de una máquina fMRI no es suficientemente buena para aislar pensamientos individuales.

La ciencia ficción utiliza a veces un «traductor universal», un aparato que puede leer los pensamientos de una persona y luego emitirlos directamente a la mente de otra. En algunas novelas de ciencia ficción, telépatas alienígenas implantan pensamientos en nuestra mente, incluso si no pueden entender nuestro lenguaje. En la película de ciencia ficción de 1976 *Mundo futuro* el sueño de una mujer es proyectado en una pantalla de televisión en tiempo real. En la película de Jim Carrey de 2004 *Olvídate de mí*, los médicos detectan recuerdos penosos y los borran.

«Ese es el tipo de fantasía que tiene todo el mundo que trabaja en este campo —dice el neurocientífico John Haynes, del Instituto Max Planck de Leipzig, Alemania—, pero si ese es el aparato que se quiere construir, entonces estoy completamente seguro de que es necesario registrar una única neurona.»[9]

Puesto que detectar señales de una sola neurona está descartado por ahora, algunos psicólogos han tratado de hacer lo más parecido: reducir el ruido y aislar la pauta fMRI creada por objetos individuales. Por ejemplo, sería posible identificar la pauta fMRI creada por palabras individuales, y luego construir un «diccionario de pensamientos».

Marcel A. Just, de la Universidad de Carnegie-Mellon, por ejemplo, ha sido capaz de identificar la pauta fMRI creada por un grupo pequeño y selecto de objetos (por ejemplo, herramientas de carpintería). «Tenemos doce categorías y podemos determinar en cuál de las doce están pensando los sujetos con una precisión de un 80 a un 90 por ciento», afirma.

Su colega Tom Mitchell, un científico de computación, está utilizando tecnología de computación, tal como redes neuronales, para identificar las complejas pautas cerebrales detectadas por exploraciones fMRI asociadas con la realización de ciertos experimentos. «Un experimento que me gustaría hacer es encontrar palabras que produzcan la actividad cerebral más distinguible», advierte.

Pero incluso si podemos crear un diccionario de pensamientos, esto está muy lejos de crear un «traductor universal». A diferencia del traductor universal que envía pensamientos directamente de nuestra mente a otra mente, un traductor mental fMRI implicaría muchos pasos tediosos: primero, reconocer ciertas pautas fMRI, convertirlas en palabras inglesas y luego pronunciar esas palabras ante el sujeto. En este sentido, dicho aparato no correspondería a la «mente combinada» que aparece en Star Trek (pero seguiría siendo muy útil para las víctimas de infarto).[10]

ESCÁNERES MRI DE MANO

Pero otro obstáculo para la telepatía práctica es el gran tamaño de una máquina fMRI. Es un aparato monstruoso, que cuesta varios millones de dólares, ocupa una habitación y pesa varias toneladas. El corazón de una máquina fMRI es un gran imán en forma de donut de varios metros de diámetro, que crea un enorme campo magnético de varios teslas. (El campo magnético es tan enorme que varios trabajadores han sido seriamente dañados cuando martillos y otras herramientas han salido volando en el momento que el aparato se ponía en marcha de manera accidental.)

Recientemente los físicos Igor Savukov y Michael Romalis, de la Universidad de Princeton, han propuesto una nueva tecnología que con el tiempo podría hacer realidad las máquinas MRI de mano, lo que reduciría posiblemente en un factor cien el precio de una máquina fMRI. Según ellos, los enormes imanes de la MRI podrían reemplazarse por magnetómetros atómicos supersensibles que pueden detectar campos magnéticos minúsculos.

Para empezar, Savukov y Romalis crearon un sensor magnético a base de vapor de potasio caliente suspendido en gas helio. Luego utilizaron luz láser para alinear los espines electrónicos del potasio. A continuación aplicaron un débil campo magnético a una muestra de agua (para simular un cuerpo humano). Entonces enviaron un pulso de radio a la muestra de agua que hacía que las moléculas de agua oscilaran. El «eco» resultante de las moléculas de agua oscilantes hacía que los electrones del potasio también oscilaran, y esta oscilación podría ser detectada por un segundo láser. Llegaron a un resultado clave: incluso un campo magnético débil podía producir un «eco» que podía ser distinguido por sus sensores. No solo podían reemplazar el monstruoso campo magnético de la máquina MRI estándar por un campo débil, sino también obtener imágenes instantáneamente (mientras que las máquinas MRI pueden tardar hasta veinte minutos para producir cada imagen).

Con el tiempo, teorizan, tomar una foto MRI podría ser tan fácil como tomar una foto con una cámara digital. (Hay obstáculos, no obstante. Un problema es que el sujeto y la máquina tienen que estar apantallados de campos magnéticos perdidos procedentes de fuentes externas.)

Si las máquinas MRI manuales se hacen realidad, podrían acoplarse a un minúsculo ordenador, que a su vez podría estar cargado con el software capaz de descodificar ciertas frases o palabras clave. Semejante aparato nunca sería tan sofisticado como los artificios telepáticos que encontramos en la ciencia ficción, pero podrían acercarse.[11]

El cerebro como una red neural

Pero ¿alguna máquina MRI futurista podrá algún día leer pensamientos precisos, palabra por palabra, imagen por imagen, como lo haría un verdadero telépata? Esto no está tan claro. Algunos han argumentado que las máquinas MRI solo podrán descifrar vagos esbozos de nuestros pensamientos, porque realmente el cerebro no es ni mucho menos un ordenador. En un ordenador digital, la computación está localizada y obedece a un conjunto de reglas muy estricto. Un ordenador digital obedece las leyes de una «máquina de Turing», una máquina que contiene una unidad central de procesamiento (CPU), entradas y salidas. Un procesador central (por ejemplo, el chip Pentium) ejecuta un conjunto definido de manipulaciones sobre las entradas y produce una salida, y por ello «pensar» se localiza en la CPU.

Nuestro cerebro, sin embargo, no es un ordenador digital. Nuestro cerebro no tiene un chip Pentium, ni CPU, ni sistema operativo Windows, ni subrutinas. Si se quita un solo transistor de la CPU de un ordenador, probablemente queda inutilizado. Pero hay casos registrados en los que puede faltar la mitad del cerebro y la otra mitad toma el mando.

En realidad, el cerebro humano se parece más a una máquina de aprender, una «red neural», que se recablea continuamente después de aprender una nueva tarea. Estudios MRI han confirmado que los pensamientos en el cerebro no están localizados en un punto, como en una máquina de Turing, sino que están dispersos sobre buena parte del cerebro, lo que es una característica típica de una red neural. Exploraciones por MRI muestran que pensar es en realidad como un juego de ping-pong, con diferentes partes del cerebro que se iluminan secuencialmente y con actividad eléctrica que recorre el cerebro.

Puesto que los pensamientos son tan difusos y están dispersos por muchas regiones del cerebro, quizá lo mejor que los científicos puedan hacer sea compilar un diccionario de pensamientos, es decir, establecer una correspondencia «uno a uno» entre ciertos pensamientos y pautas concretas de EEG o de exploraciones MRI. El ingeniero biomédico austríaco Gert Pfurtscheller, por ejemplo, ha entrenado a un ordenador para reconocer pautas cerebrales y pensamientos específicos concentrando sus esfuerzos en las ondas μ encontradas en EEG. Al parecer, las ondas μ están relacionadas con la intención de hacer ciertos movimientos musculares. Él pide a sus pacientes que levanten un dedo, sonrían, o frunzan el ceño, y entonces el ordenador registra qué ondas μ se activan. Cada vez que el paciente realiza una actividad mental, el ordenador registra cuidadosamente la pauta de ondas μ. Este proceso es difícil y tedioso, puesto que hay que filtrar con cuidado ondas espurias, pero al final Pfurtscheller ha sido capaz se encontrar sorprendentes correspondencias entre movimientos simples y ciertas pautas cerebrales.[12]

Con el tiempo, este proyecto, combinado con resultados MRI, puede llevar a crear un «diccionario» general de pensamientos. Analizando ciertas pautas en una exploración EEG o MRI, un ordenador podría identificar tales pautas y revelar en qué está pensando un paciente, al menos en términos generales. Semejante «lectura de mente» establecería una correspondencia «uno a uno» entre ondas concretas en exploraciones MRI y pensamientos específicos. Pero es dudoso que este diccionario sea capaz de seleccionar palabras específicas en los pensamientos.

PROYECTANDO LOS PENSAMIENTOS

Si un día fuéramos capaces de leer las líneas generales de los pensamientos de otro, ¿sería posible realizar lo contrario, proyectar nuestros pensamientos en la mente de otra persona? La respuesta parece ser un sí matizado. Pueden emitirse directamente ondas de radio al cerebro humano para excitar regiones de este que controlan ciertas funciones.

Esta línea de investigación empezó en la década de 1950, cuando el neurocirujano canadiense Wilder Penfield practicaba cirugía en el cerebro de pacientes epilépticos. Descubrió que cuando estimulaba con electrodos ciertas regiones del lóbulo temporal del cerebro, las personas empezaban a oír voces y a ver apariciones fantasmales. Los psicólogos saben que las lesiones cerebrales causadas por la epilepsia pueden hacer que el paciente perciba fuerzas sobrenaturales, que demonios y ángeles controlan los sucesos a su alrededor. (Algunos psicólogos incluso han teorizado que la estimulación de estas regiones podría ser la causante de las experiencias semimísticas que están en la base de muchas religiones. Otros han especulado con que quizá Juana de Arco, que condujo sin ayuda a las tropas francesas a la victoria en batallas contra los británicos, podría haber sufrido una lesión semejante causada por un golpe en la cabeza.)

Basándose en esas conjeturas, el neurocientífico Michael Persinger de Sudbury, Ontario, ha creado un casco especialmente cableado diseñado para emitir ondas de radio al cerebro a fin de provocar pensamientos y emociones específicos, tales como sentimientos religiosos. Los científicos saben que cierta lesión en el lóbulo temporal izquierdo puede hacer que el cerebro izquierdo se desoriente, y el cerebro podría interpretar que la actividad en el hemisferio derecho procede de otro «yo». Esta lesión podría crear la impresión de que hay un espíritu fantasmal en la habitación, porque el cerebro es inconsciente de que esa presencia es en realidad tan solo otra parte de sí mismo. Dependiendo de sus creencias, el paciente podría interpretar ese «otro yo» como un demonio, un ángel, un extraterrestre o incluso Dios.

En el futuro quizá sea posible emitir señales electromagnéticas a partes precisas del cerebro de las que se sabe que controlan funciones específicas. Lanzando tales señales a la amígdala se podrían provocar ciertas emociones. Al estimular otras regiones del cerebro se podrían evocar imágenes y pensamientos visuales. Pero la investigación en esta dirección está solo en sus primeras etapas.

CARTOGRAFIANDO EL CEREBRO

Algunos científicos han defendido un «proyecto de cartografía neuronal», similar al Proyecto Genoma Humano que hizo un mapa de todos los genes en el genoma humano. Un proyecto de cartografía neuronal localizaría cada neurona individual en el cerebro humano y crearía un mapa en 3D que mostrara todas sus conexiones. Sería un proyecto verdaderamente monumental, puesto que hay más de 100.000 millones de neuronas en el cerebro y cada neurona está conectada con otras miles de neuronas. Suponiendo que dicho proyecto se lleve a cabo, cabe pensar que sería posible representar cómo ciertos pensamientos estimulan determinados caminos neurales. Combinado con el diccionario de pensamientos obtenido utilizando exploraciones MRI y ondas EEG, cabría pensar en la posibilidad de descifrar la estructura neural de ciertos pensamientos, de tal modo que se pudiera determinar qué palabras específicas o imágenes mentales corresponden a la activación de neuronas específicas. Así se conseguiría una correspondencia «uno a uno» entre un pensamiento específico, su expresión MRI y las neuronas específicas que se disparan para crear dicho pensamiento en el cerebro.

Un pequeño paso en esta dirección fue el anuncio en 2006 del Instituto Allen para las Ciencias del Cerebro (creado por el cofundador de Microsoft, Paul Allen) de que habían sido capaces de crear un mapa en 3D de expresión genética del cerebro del ratón, que detalla la expresión de 21.000 genes en el nivel celular. Piensan continuar con un atlas similar del cerebro humano. «La terminación del atlas cerebral Allen representa un enorme salto adelante en una de las grandes fronteras de la ciencia médica: el cerebro», afirma Marc Tessier-Lavigne, presidente del instituto. Este atlas sería indispensable para quien quiera analizar las conexiones neurales dentro del cerebro humano, aunque el atlas del cerebro queda bastante lejos de un verdadero proyecto de mapa neuronal.

En resumen, la telepatía natural, del tipo que se suele presentar en la ciencia ficción y la literatura fantástica, es hoy imposible. Pueden utilizarse exploraciones MRI y ondas EEG para leer solo nuestros pensamientos más sencillos, porque los pensamientos están dispersos de forma compleja por todo el cerebro. Pero ¿cómo podría avanzar esta tecnología en las décadas o siglos venideros? Inevitablemente la capacidad de la ciencia para sondear los procesos mentales se va a expandir exponencialmente. A medida que aumente la sensibilidad de nuestros MRI y otros dispositivos sensores, la ciencia será capaz de localizar con mayor precisión el modo en que el cerebro procesa secuencialmente pensamientos y emociones. Con mayor potencia de computación seríamos capaces de analizar esta masa de datos con mayor precisión. Un diccionario del pensamiento podría catalogar un gran número de pautas de pensamiento, de modo que diferentes pautas en una pantalla MRI correspondan a diferentes pensamientos o sentimientos. Aunque una correspondencia «uno a uno» completa entre pautas MRI y pensamientos quizá nunca sea posible, un diccionario de pensamientos podría identificar correctamente pensamientos generales sobre ciertos temas. Las pautas de pensamiento MRI, a su vez, podrían cartografiarse en un mapa neuronal que muestre qué neuronas exactamente se están disparando para producir un pensamiento específico en el cerebro.

Pero puesto que el cerebro no es un ordenador sino una red neural, en la que los pensamientos están dispersos por todo el cerebro, nos encontramos con un obstáculo: el propio cerebro. De modo que aunque la ciencia sondee cada vez a mayor profundidad en el cerebro pensante, haciendo posible descifrar algunos de nuestros procesos mentales, no será posible «leer los pensamientos» con la precisión prometida por la ciencia ficción. Dicho esto, yo calificaría a la capacidad de leer sentimientos generales y pautas de pensamiento como imposibilidad de clase I. La capacidad de leer más exactamente el funcionamiento interno de la mente tendría que ser clasificada como imposibilidad de clase II.

Pero existe quizá una manera más directa de aprovechar el enorme poder del cerebro. En lugar de utilizar radio, que es débil y se dispersa con facilidad, ¿podríamos utilizar directamente las neuronas del cerebro? Si así fuera, seríamos capaces de liberar una potencia aún mayor: la psicoquinesia.

6

Psicoquinesia

> Una nueva verdad científica no triunfa convenciendo a sus adversarios y haciéndoles ver la luz, sino más bien porque sus adversarios mueren y crece una nueva generación que está familiarizada con ella.
>
> MAX PLANCK

> Es prerrogativa de un loco decir verdades que nadie más dirá.
>
> SHAKESPEARE

Un día los dioses se reúnen en los cielos y se quejan del lamentable estado de la humanidad. Están disgustados por nuestras vanas, estúpidas y absurdas locuras. Pero un día un dios se apiada de nosotros y decide realizar un experimento: dar a una persona muy corriente un poder ilimitado. ¿Cómo reaccionará un humano ante la posibilidad de convertirse en un dios?, se preguntan.

Esa persona normal y corriente es George Fotheringay, un vendedor de ropa que de repente se encuentra con poderes divinos. Puede hacer que las velas floten, cambiar el color del agua, crear comidas espléndidas e incluso sacar diamantes de la nada. Al principio utiliza su poder por diversión y para hacer buenas obras. Pero con el tiempo su vanidad y afán de poder le superan y se convierte en un tirano sediento de poder, con palacios y riquezas increíbles. Embriagado con ese poder ilimitado, comete un error fatal. Con arrogancia, ordena que la Tierra deje de girar. De improviso se desencadena un caos inimaginable cuando vientos furiosos lanzan todo al aire a 1.700 kilómetros por hora, la velocidad de rotación de la Tierra. Toda la humanidad es expulsada al espacio exterior. Presa de la desesperación, él pide su último deseo: que todo vuelva a ser como era.

Este es el argumento de la película *El hombre que podía hacer milagros* (1936), basada en el relato corto de H. G. Wells de 1911. (Más tarde sería readaptada en la película *Como Dios*, protagonizada por Jim Carrey.) De todos los poderes atribuidos a la ESP, la psicoquinesia —o mente sobre materia, o la capacidad de mover objetos pensando en ellos— es con mucho el más poderoso, en esencia el poder de una deidad. El mensaje de Wells en su relato corto es que los poderes divinos también requieren un juicio y una sabiduría divinos.

La psicoquinesia aparece de forma destacada en la literatura, especialmente en la obra de Shakespeare *La tempestad*, donde el mago Próspero, su hija Miranda y el espíritu mágico Ariel quedan atrapados durante años en una isla desierta debido a la traición del hermano malvado de Próspero. Cuando Próspero se entera de que su malvado hermano navega en un barco cerca de allí, apela en venganza a su poder psicoquinético y conjura una monstruosa tormenta que hace que el barco de su malvado hermano se estrelle contra la isla. Próspero utiliza entonces sus poderes psicoquinéticos para manipular el destino de los infelices supervivientes, incluido Ferdinando, un joven apuesto e inocente para quien Próspero maquina un matrimonio con Miranda.

(El escritor ruso Vladimir Nabokov señaló que *La tempestad* guarda una sorprendente semejanza con una historia de ciencia ficción. De hecho, unos trescientos cincuenta años después de que fuera escrita, *La tempestad* fue readaptada en un clásico de la ciencia ficción llamado *Planeta prohibido*, en el que Próspero se convierte en el científico Morbius, el espíritu se convierte en el robot Robby, Miranda se convierte en la bella hija de Morbius, Altaira, y la isla se convierte en el planeta Altair-4. Gene Roddenberry, creador de la serie *Star Trek*, reconocía que *Planeta prohibido* fue una de sus fuentes de inspiración para su serie de televisión.)

Más recientemente la psicoquinesia fue la idea argumental central en la novela *Carrie* (1974), de Stephen King, obra que lanzó a un escritor en la ruina al número uno del mundo entre los escritores de novelas de terror. *Carrie* es una patética y extremadamente tímida alumna de instituto que es despreciada por todos y acosada por su madre, una mujer mentalmente inestable. Su único consuelo es su poder psicoquinético, que al parecer le viene de familia. En la escena final, sus burladores la engañan haciéndole creer que será la reina del baile y luego derraman sangre de cerdo sobre su nuevo vestido. En un acto final de venganza, Carrie cierra todas las puertas con su poder mental, electrocuta a sus burladores, quema la escuela y desencadena una tormenta suicida que consume gran parte de la ciudad, y la destruye también a ella.

El tema de la psicoquinesia en manos de un individuo inestable era también la base de un memorable episodio de *Star Trek* titulado «Charly X», acerca de un joven habitante de una lejana colonia del espacio que es criminalmente inestable. En lugar de utilizar su poder psicoquinético para el bien, lo utiliza para controlar a otras personas y doblegar su voluntad a fin de satisfacer sus deseos egoístas. Si es capaz de dominar el *Enterprise* y la Tierra, podría desencadenar una catástrofe planetaria y destruir el planeta.

También es psicoquinesia el poder de la Fuerza, que ejerce la mítica sociedad de guerreros llamados los Caballeros Jedi en la saga *La guerra de las galaxias*.

La psicoquinesia y el mundo real

Quizá la confrontación más famosa sobre psicoquinesia en la vida real tuvo lugar en el show de Johnny Carson en 1973. Esta confrontación épica implicó a Uri Geller, el psíquico israelí que se jactaba de doblar cucharas con la fuerza de su mente, y al Sorprendente Randi, un mago profesional que hizo una segunda carrera desvelando a impostores que decían poseer poderes psíquicos. (Curiosamente, los tres tenían una herencia común: todos habían empezado sus carreras como magos, dominando los trucos de prestidigitación que sorprendían a un público incrédulo.)

Antes de la aparición de Geller, Carson consultó con Randi, que sugirió que Johnny llevara su propia provisión de cucharas y las hiciera examinar antes del espectáculo. Cuando ya estaban en antena Carson sorprendió a Geller al pedirle que doblara no sus propias cucharas, sino las cucharas de Carson. Cada vez que Geller lo intentaba, fracasaba, lo que provocó una situación embarazosa. (Más tarde, Randi apareció en el programa de Johnny Carson y realizó con éxito el truco de doblar cucharas, pero tuvo cuidado en decir que este arte era pura magia, y no el resultado de un poder psíquico.)[1]

El Sorprendente Randi ha ofrecido un millón de dólares a quienquiera que pueda demostrar satisfactoriamente poderes psíquicos. Hasta ahora ningún psíquico ha sido capaz de responder a su desafío millonario.

Psicoquinesia y ciencia

Un problema que se plantea al analizar científicamente la psicoquinesia es que los científicos son fáciles de engañar por aquellos que afirman tener poderes psíquicos. Los científicos están formados para creer lo que ven en el laboratorio. Sin embargo, los magos que afirman poseer poderes psíquicos están entrenados para engañar a otros, confundiendo sus sensaciones visuales. Como resultado, los científicos han sido meros observadores de los fenómenos psíquicos. Por ejemplo, en 1982 se invitó a parapsicólogos a analizar a dos muchachos de los que se pensaba que tenían dones extraordinarios: Michael Edwards y Steve Shaw. Estos jóvenes afirmaban ser capaces de doblar metales, crear imágenes en una película fotográfica mediante sus pensamientos, mover objetos mediante psicoquinesia y leer la mente. El parapsicólogo Michael Thalbourne quedó tan impresionado que inventó el término «psicoquineta» para describirlos. En el Laboratorio McDonnell para la Investigación Psíquica en Saint Louis, Missouri, los parapsicólogos estaban desconcertados por las capacidades de los muchachos. Los parapsicólogos pensaban que tenían una prueba genuina de los poderes psíquicos de los muchachos y empezaron a preparar un artículo científico sobre ellos. Pero al año siguiente los muchachos reconocieron que eran impostores y que sus «poderes» tenían su origen en trucos de magia estándar, y no eran sobrenaturales. (Uno de los jóvenes, Steve Shaw, llegaría a convertirse en un mago destacado, con frecuentes apariciones en la televisión nacional; en una ocasión incluso fue «enterrado vivo» durante días.)

Muchos experimentos sobre psicoquinesia se han realizado en el Instituto Rhine de la Universidad de Duke en condiciones controladas, pero con resultados contrapuestos. Una pionera en el tema, la profesora Gertrude Schmeidler, era mi colega en la Universidad de Nueva York. Antigua editora de la *Parapsychology Magazine* y presidenta de la Asociación de Parapsicología, estaba fascinada por la ESP y realizó muchos estudios sobre sus propios estudiantes en la facultad. Solía acudir a fiestas donde famosos psíquicos realizaban trucos ante los invitados, con el fin de reclutar más sujetos para sus experimentos. Pero después de analizar a centenares de estudiantes y numerosos psíquicos y mentalistas, me confió que era incapaz de encontrar a una sola persona que pudiera realizar estas hazañas psicoquinéticas a demanda bajo condiciones controladas.

En cierta ocasión distribuyó por una habitación minúsculos termistores que podían medir cambios en temperatura de una fracción de grado. Tras un esfuerzo mental extenuante, un mentalista fue capaz de elevar la temperatura de un termistor en una décima de grado. Schmeidler estaba orgullosa de poder realizar este experimento en condiciones rigurosas. Pero estaba muy lejos de ser capaz de mover grandes objetos a demanda por la fuerza de la mente.

Uno de los estudios más rigurosos, pero también más controvertidos, sobre psicoquinesia fue realizado en el programa PEAR (Princeton Engineering Anomalies Research o de Investigación de las Anomalías de Ingeniería) en la Universidad de Princeton, fundado por Robert G. Jahn en 1979, cuando era decano de la Escuela de Ingeniería y Ciencia Aplicada. Los ingenieros del PEAR investigaban si la mente humana era o no capaz de alterar mediante el puro pensamiento los resultados de sucesos aleatorios. Por ejemplo, sabemos que cuando lanzamos una moneda hay un 50 por ciento de probabilidades de que salga cara y un 50 por ciento de que salga cruz. Pero los científicos del PEAR afirmaban que el pensamiento humano por sí solo era capaz de alterar los resultados de estos sucesos aleatorios. Durante un período de veintiocho años, hasta que el programa finalizó en 2007, los ingenieros del PEAR realizaron miles de experimentos que suponían 1,7 millones de ensayos y 340 millones de lanzamientos de monedas. Los resultados parecían confirmar que los efectos de la psicoquinesia existen, pero son minúsculos, en promedio no más de unas pocas partes por diez mil; e incluso estos magros resultados han sido cuestionados por otros científicos que afirman que los investigadores tenían sutiles sesgos ocultos en sus datos.

(En 1988 el ejército de Estados Unidos pidió al Consejo Nacional de Investigación que investigara las afirmaciones de actividad paranormal. El ejército estaba ansioso por explorar cualquier posible ventaja que pudiera ofrecer a sus tropas, incluyendo el poder psíquico. El Consejo Nacional de Investigación estudió la creación de un hipotético «batallón de primera tierra» formado por «monjes guerreros» que dominarían casi todas las técnicas en consideración por el comité, incluidas la utilización de ESP, el abandono de sus cuerpos a voluntad, la levitación, la sanación psíquica y el traspasar muros.[2] Al investigar las afirmaciones de PEAR, el Consejo Nacional de Investigación encontró que *la mitad de todos* los ensayos exitosos tenían su origen en un mismo individuo. Algunos críticos creen que esta persona era la que hacía los experimentos o escribía el programa informático para PEAR. «Para mí resulta problemático que el que lleva el laboratorio sea el único que produce los resultados», dice el doctor Ray Hyman, de la Universidad de Oregón. El informe concluía que «ciento treinta años de investigación no han proporcionado ninguna justificación científica que apoye la existencia de fenómenos parapsicológicos».)[3]

Incluso sus defensores admiten que el problema de estudiar la psicoquinesia es que no se atiene fácilmente a las leyes conocidas de la física. La gravedad, la fuerza más débil en el universo, es solo atractiva y no puede utilizarse para hacer levitar o repeler objetos. La fuerza electromagnética obedece a las ecuaciones de Maxwell y no admite la posibilidad de empujar objetos eléctricamente neutros a través de una habitación. Las fuerzas nucleares solo actúan a cortas distancias, tales como la distancia entre partículas nucleares.

Otro problema con la psicoquinesia es el suministro de energía. El cuerpo humano solo puede producir aproximadamente un quinto de caballo de potencia, pero cuando en *La guerra de las galaxias* Yoda hacía levitar una nave espacial con el poder de su mente, o cuando Cyclops liberaba ráfagas de potente luz láser de sus ojos, estas hazañas violaban la conservación de la energía; un ser minúsculo como Yoda no puede acumular la cantidad de energía necesaria para levantar una nave espacial. Por mucho que nos concentremos, no podemos acumular energía suficiente para realizar las hazañas y milagros que se atribuyen a la psicoquinesia. Con todos estos problemas, ¿cómo podría la psicoquinesia ser compatible con las leyes de la física?

LA PSICOQUINESIA Y EL CEREBRO

Si la psicoquinesia no se atiene fácilmente a las fuerzas conocidas del universo, entonces, ¿cómo podría dominarse en el futuro? Una clave para ello se revelaba en el episodio de *Star Trek* titulado «¿Quién se lamenta por Adonis?», en el que la tripulación del *Enterprise* encuentra una raza de seres que se parecen a dioses griegos, y que poseen la capacidad de realizar hazañas fantásticas simplemente pensando en ellas. Al principio parece que la tripulación hubiera encontrado a los dioses del Olimpo. Al final, sin embargo, la tripulación se da cuenta de que no son dioses en absoluto, sino seres ordinarios que pueden controlar mentalmente una central de potencia, que entonces realiza sus deseos y ejecuta esas hazañas milagrosas. Destruyendo su central de potencia, la tripulación del *Enterprise* consigue liberarse de su poder.

Del mismo modo, está dentro de las leyes de la física que una persona en el futuro sea entrenada para manipular mentalmente un dispositivo sensor electrónico que le confiera poderes divinos. La psicoquinesia ampliada por radio o ampliada por ordenador es una posibilidad real. Por ejemplo, podría utilizarse el EEG como un primitivo aparato de psicoquinesia. Cuando una persona examina sus propias pautas cerebrales EEG en una pantalla, con el tiempo aprende a controlar de manera tosca pero consciente las pautas cerebrales que ve, mediante un proceso denominado «bioretroalimentación».

Puesto que no existe un plano detallado del cerebro que nos diga qué neurona controla cada músculo, el paciente necesitaría participar activamente en aprender a controlar estas nuevas pautas mediante el ordenador.

Con el tiempo, los individuos serían capaces de producir, a demanda, ciertos tipos de pautas ondulatorias en la pantalla. La imagen de la pantalla podría enviarse a un ordenador programado para reconocer esas pautas ondulatorias específicas, y ejecutar entonces una orden precisa, tal como conmutar un interruptor o activar un motor. En otras palabras, simplemente pensando una persona podría crear una pauta cerebral específica en la pantalla del EEG y activar un ordenador o un motor.

De este modo, por ejemplo, una persona totalmente paralizada podría controlar su silla de ruedas simplemente por la fuerza de sus pensamientos. O, si una persona pudiera producir veintiséis pautas reconocibles en la pantalla, podría escribir a máquina con solo pensar. Por supuesto, esto todavía sería un método tosco de transmitir los pensamientos propios. Se necesita una cantidad de tiempo considerable para entrenar a una persona a manipular sus propias ondas cerebrales mediante bioretroalimentación.

«Escribir a máquina con el pensamiento» ha estado cerca de hacerse realidad con el trabajo de Niels Birbaumer de la Universidad de Tubinga en Alemania. Birbaumer utilizó bioretroalimentación para ayudar a personas que habían quedado parcialmente paralizadas debido a una lesión nerviosa. Entrenándoles para variar sus ondas cerebrales, fue capaz de enseñarles a escribir a máquina frases sencillas en una pantalla de ordenador.[4]

También se implantaron electrodos en el cerebro de monos y se les enseñó, por retroalimentación, a controlar algunos de sus pensamientos. Estos monos fueron entonces capaces de controlar un brazo robótico por internet solo con el pensamiento.[5]

Una serie de experimentos más precisos fueron realizados en la Universidad Emory de Atlanta, donde una cuenta de vidrio fue insertada directamente en el cerebro de una víctima de infarto que había quedado paralizada. La cuenta de vidrio estaba conectada a un cable, que a su vez estaba conectado a un PC. Al pensar ciertas ideas, la víctima de infarto podía enviar señales a través del cable y mover el cursor en una pantalla de PC. Con práctica, utilizando bioretroalimentación, la víctima de infarto era capaz de controlar conscientemente el movimiento del cursor. En principio, el cursor en la pantalla podía utilizarse para escribir pensamientos, activar máquinas, conducir automóviles virtuales, jugar a videojuegos y acciones similares.

John Donoghue, un neurocientífico de la Universidad de Brown, ha hecho quizá los avances más importantes en la interfaz mentemáquina. Ha ideado un aparato llamado BrainGate que permite a una persona paralítica realizar una serie notable de actividades físicas utilizando solo el poder de su mente. Donoghue ha puesto a prueba el aparato con cuatro pacientes. Dos de ellos sufrían de una lesión en la médula espinal, un tercero había sufrido un infarto, y un cuarto estaba paralítico con ELA (esclerosis lateral amiotrófica, o enfermedad de Lou Gehrig, la misma enfermedad que padece el cosmólogo Stephen Hawking).

Uno de los pacientes de Donoghue, Matthew Nagle, un tetrapléjico de veinticinco años que está paralizado de cuello para abajo, tardó solo un día en aprender por completo nuevas habilidades computerizadas. Ahora puede cambiar los canales de su televisor, ajustar el volumen, abrir y cerrar una mano ortopédica, dibujar un círculo aproximado, mover el cursor de un ordenador, jugar con un videojuego y leer correos electrónicos. Causó una sensación mediática en la comunidad científica cuando apareció en la portada de la revista *Nature* en el verano de 2006.

El corazón del BrainGate de Donoghue es un minúsculo chip de silicio de solo 4 milímetros de lado que contiene un centenar de minúsculos electrodos. El chip está colocado directamente sobre la parte del cerebro donde se coordina la actividad motora. El chip penetra hasta la mitad de la corteza cerebral, que tiene un grosor de unos 2 milímetros. Cables de oro llevan la señal desde el chip de silicio hasta un amplificador del tamaño aproximado de una caja de puros. Luego las señales son introducidas en un ordenador del tamaño de un lavaplatos. Las señales se procesan mediante un software informático especial, que puede reconocer algunas de las pautas creadas por el cerebro y traducirlas en movimientos mecánicos.

En los experimentos anteriores con pacientes que leían sus propias ondas EEG, el proceso de utilizar bioretroalimentación era lento y tedioso. Pero con la ayuda de un ordenador para identificar pautas mentales específicas, el proceso de entrenamiento de acorta considerablemente. En su primera sesión de entrenamiento a Nagle se le dijo que visualizara el movimiento de su brazo y su mano a izquierda y derecha, flexionara su muñeca y luego abriera y cerrara el puño. Donoghue quedó entusiasmado cuando pudo ver realmente cómo se disparaban diferentes neuronas cuando Nagle imaginaba que movía sus brazos y dedos. «Apenas podía creerlo, porque podía ver cómo las células cerebrales cambiaban su actividad. Entonces supe que todo podía avanzar, que la tecnología funcionaría realmente», recordaba.[6]

(Donoghue tiene una motivación personal para su pasión por esta forma exótica de interfaz mente-materia. Cuando era niño quedó confinado en una silla de ruedas debido a una penosa enfermedad degenerativa, de modo que sintió en primera persona la desgracia de perder su movilidad.)

Donoghue tiene planes ambiciosos para convertir la BrainGate en una herramienta esencial para la profesión médica. Con los avances en la tecnología informática, su aparato, ahora del tamaño de un lavaplatos, puede llegar a hacerse portátil, quizá incluso llevable en la propia vestimenta. Y los molestos cables pueden evitarse si se consigue hacer un chip inalámbrico, de modo que el implante pueda comunicar sin costuras con el mundo exterior.

Es solo cuestión de tiempo que otras partes del cerebro puedan ser activadas de esta forma. Los científicos ya han cartografiado la superficie de la parte superior del cerebro. (Si hacemos un dibujo de la correspondencia de nuestras manos, piernas, cabeza y espalda con las regiones de la superficie del cerebro que contienen las neuronas a las que esas partes del cuerpo están conectadas, encontramos algo denominado el «homúnculo», u hombre pequeño. La imagen de las partes de nuestro cuerpo, escrita en nuestro cerebro, se parece a un hombre distorsionado, con dedos, rostro y lengua alargados, y tronco y espalda contraídos.)

Debería ser posible colocar chips de silicio en diferentes partes de la superficie del cerebro, de modo que diferentes órganos y apéndices puedan ser activados mediante el pensamiento. Así, cualquier actividad física que pueda ser realizada por el cuerpo humano puede reproducirse por este método. Cabe imaginar que en el futuro una persona paralítica pueda vivir en una casa especial diseñada psicoquinéticamente, y sea capaz de controlar el aire acondicionado, la televisión y todos los electrodomésticos solo con el pensamiento.

Con el tiempo se podría imaginar el cuerpo de una persona envuelto en un «exoesqueleto» especial, que permitiera a una persona paralítica una total libertad de movimientos. En teoría, dicho exoesqueleto podría dar a alguien poderes más allá incluso de los de una persona normal, y hacer de ella un ser biónico que pudiera controlar la enorme potencia mecánica de sus supermiembros solo por el pensamiento.

Así pues, controlar un ordenador mediante la propia mente ya no es imposible. Pero ¿significa eso que un día podremos mover objetos, hacerlos levitar y manipularlos en el aire solo con el pensamiento?

Una posibilidad sería cubrir nuestras paredes con un superconductor a temperatura ambiente, suponiendo que un día pudiera crearse tal dispositivo. Entonces, si colocáramos minúsculos electroimanes dentro de nuestros objetos domésticos, podríamos hacerlos levitar mediante el efecto Meissner, como vimos en el capítulo 1. Si estos electroimanes estuvieran controlados por un ordenador, y este ordenador estuviera conectado a nuestro cerebro, podríamos hacer flotar objetos a voluntad. Pensando en ciertas cosas podríamos activar el ordenador, que entonces conectaría los diversos electroimanes y harían levitar a los objetos que los contiene. Para un observador exterior parecería magia —la capacidad de mover y levitar objetos a voluntad.

NANORROBOTS

¿Qué hay del poder no solo de mover objetos, sino de transformarlos, de convertir un objeto en otro, como por arte de magia? Los magos lo consiguen mediante ingeniosos trucos de prestidigitación. Pero ¿es este poder compatible con las leyes de la física?

Uno de los objetivos de la nanotecnología, como he mencionado antes, es utilizar átomos para construir máquinas minúsculas que puedan funcionar como palancas, engranajes, cojinetes y poleas. Con estas nanomáquinas, el sueño de muchos físicos es poder reordenar las moléculas dentro de un objeto, átomo a átomo, hasta que un objeto se convierta en otro. Esta es la base del «replicador» que encontramos en la ciencia ficción, que permite fabricar cualquier objeto que uno quiera con solo pedirlo. En teoría, un replicador podría acabar con la pobreza y cambiar la naturaleza de la sociedad. Si se puede fabricar cualquier objeto con solo pedirlo, entonces el concepto de escasez, valor y jerarquía dentro de la sociedad humana se vuelven del revés.

(Uno de mis episodios favoritos de *Star Trek: la próxima generación* incluye un replicador. El *Enterprise* encuentra en el espacio una antigua cápsula espacial del siglo XX que va a la deriva y que contiene los cuerpos congelados de personas que padecían enfermedades mortales. Rápidamente, estos cuerpos son descongelados y curados con medicina avanzada. Uno de ellos, un hombre de negocios, se da cuenta de que, después de tantos siglos, sus inversiones deben de haber producido rentas enormes. De inmediato pregunta a la tripulación del *Enterprise* por sus inversiones y su dinero. Los miembros de la tripulación están intrigados. ¿Dinero? ¿Inversiones? En el futuro no hay dinero, apuntan. Si uno quiere algo, simplemente lo pide.)

Por asombroso que pudiera ser un replicador, la naturaleza ya ha creado uno. La «demostración del principio» ya existe. La naturaleza puede tomar materias primas, tales como carne y verduras, y crear un ser humano en nueve meses. El milagro de la vida no es otra cosa que una gran nanofactoría capaz, en el nivel atómico, de convertir una forma de materia (por ejemplo, un alimento) en tejido vivo (un bebé).

Para crear una nanofactoría necesitamos tres ingredientes: materiales de construcción, herramientas que puedan cortar y unir estos materiales, y un plano que guíe la utilización de las herramientas y los materiales. En la naturaleza, los materiales de construcción son miles de aminoácidos y proteínas a partir de los cuales se crean la carne y la sangre. Las herramientas de cortar y unir —como martillos y sierras—, necesarias para conformar estas proteínas en nuevas formas de vida, son los ribosomas. Están diseñados para cortar proteínas en puntos específicos y recomponerlas para crear nuevos tipos de proteínas. Y el plano lo proporciona la molécula de ADN, que codifica el secreto de la vida en una secuencia precisa de ácidos nucleicos. A su vez, estos tres ingredientes se combinan en una célula, que tiene la extraordinaria capacidad de crear copias de sí misma, es decir, de autorreplicarse. Esta hazaña se consigue porque la molécula de ADN está conformada como una doble hélice. Cuando llega el momento de reproducirse, la molécula de ADN se divide en dos hélices separadas. Cada hebra separada crea entonces una copia de sí misma recogiendo moléculas orgánicas para recrear las hélices que faltan.

Hasta ahora los físicos solo han tenido éxitos modestos en sus esfuerzos por imitar estas características encontradas en la naturaleza. Pero la clave para el éxito, creen los científicos, es crear ejércitos de «nanorrobots» autorreplicantes, que son máquinas atómicas programables diseñadas para reordenar los átomos dentro de un objeto.

En principio, si tuviéramos billones de nanorrobots, estos podrían converger en un objeto y cortar y pegar sus átomos hasta transformar un objeto en otro. Puesto que se estarían autorreplicando, tan solo un puñado de ellos serían necesarios para iniciar el proceso. También tendrían que ser programables, de modo que pudieran seguir un plano dado.

Hay obstáculos extraordinarios que superar antes de que se pueda crear una flota de nanorrobots. En primer lugar, los robots autorreplicantes son extraordinariamente difíciles de construir, incluso en un nivel macroscópico. (Incluso crear máquinas atómicas sencillas, tales como cojinetes y engranajes, está más allá de la tecnología actual.) Si nos dan un PC y un cajón de componentes electrónicos sobrantes, sería muy difícil construir una máquina que tuviera la capacidad de hacer una copia de sí misma. De modo que si una máquina autorreplicante es difícil de construir en una mesa, construir una en un nivel atómico sería aún más difícil.

En segundo lugar, no está claro cómo habría que programar un ejército de nanorrobots semejante desde el exterior. Algunos han sugerido enviar señales de radio para activar cada nanorrobot. Quizá se podrían disparar a los nanorrobots rayos láser con instrucciones. Pero esto supondría un conjunto independiente de instrucciones para cada nanorrobot, de los que podría haber billones.

En tercer lugar, no está claro cómo podría el nanorrobot cortar, reordenar y pegar átomos en el orden adecuado. Recordemos que a la naturaleza le ha costado 3.000 o 4.000 millones de años resolver este problema, y resolverlo en algunas décadas sería muy difícil.

Un físico que se toma en serio la idea de un replicador o «fabricante personal» es Neil Gershenfeld del MIT. Incluso imparte un curso en el MIT: «Cómo hacer (casi) todo», uno de los cursos más populares en la universidad. Gershenfeld dirige el Centro para Bits y Átomos en el MIT y ha dedicado mucha reflexión a la física que hay tras un fabricante personal, que él considera que es la «próxima cosa grande». Incluso ha escrito un libro, *FAB: The Coming Revolution on Your Desk-top-From Personal Computers to Personal Fabrication*, donde detalla sus ideas sobre la fabricación personal. El objetivo, cree él, es «hacer una máquina que pueda hacer cualquier máquina». Para difundir sus ideas ya ha montado una red de laboratorios por todo el mundo, principalmente en países del tercer mundo donde la fabricación personal tendría el máximo impacto.

Inicialmente, él imagina un fabricante de propósito general, lo bastante pequeño para colocarlo en la mesa, que utilizaría los últimos desarrollos en láseres y microminiaturización con la capacidad para cortar, soldar y dar forma a cualquier objeto que pueda visualizarse en un PC. Por ejemplo, los pobres en un país del Tercer Mundo podrían pedir ciertas herramientas y máquinas que necesitaran en sus granjas. Esta información se introduciría en un PC, que accedería a una enorme biblioteca de planos e información técnica desde internet. Luego, el software del ordenador adecuaría los planos existentes a las necesidades de los individuos, procesaría la información y se la enviaría por correo electrónico. Entonces su fabricante personal utilizaría sus láseres y herramientas de corte en miniatura para construir en una mesa el objeto que ellos desean.

Esta fábrica personal de propósito general es solo el primer paso. Con el tiempo, Gershenfeld quiere llevar su idea al nivel molecular, de modo que una persona podría literalmente fabricar cualquier objeto que pueda ser visualizado por la mente humana. El progreso en esta dirección es lento, no obstante, debido a la dificultad de manipular átomos individuales.

Un pionero que trabaja en esta dirección es Aristides Requicha, de la Universidad del Sur de California. Su especialidad es la «robótica molecular» y su objetivo no es otro que crear una flota de nanorrobots que puedan manipular átomos a voluntad. Requicha escribe que hay dos aproximaciones. La primera es la aproximación «de arriba abajo», en la que los ingenieros utilizarían la tecnología de grabado de la industria de semiconductores para crear circuitos minúsculos que pudieran servir como los cerebros de los nanorrobots. Con esta tecnología se podrían crear nanorrobots cuyos componentes tendrían un tamaño de 30 nm utilizando «nanolitografía», que es un campo en rápido desarrollo.

Pero existe también la aproximación «de abajo arriba», en la que los ingenieros tratarían de crear robots minúsculos de átomo en átomo. La herramienta principal para ello sería el microscopio de exploración (SPM) que utiliza la misma tecnología que el microscopio de efecto túnel para identificar y mover átomos individuales. Por ejemplo, los científicos se han hecho muy habilidosos moviendo átomos de xenón sobre superficies de platino o níquel. Pero, admite, «los mejores grupos del mundo aún tardan unas diez horas en ensamblar una estructura con casi cincuenta átomos». Mover átomos individuales a mano es un trabajo lento y tedioso. Lo que se necesita, afirma, es un nuevo tipo de máquina que pueda realizar funciones de nivel superior, una que pueda mover automáticamente cientos de átomos a la vez de la forma deseada. Por desgracia, semejante máquina no existe aún. No es sorprendente, la aproximación de abajo arriba está aún en su infancia.[7]

De modo que la psicoquinesia, aunque imposible según los estándares actuales, puede hacerse posible en el futuro a medida que lleguemos a entender más sobre el acceso a nuestros pensamientos mediante el EEG, MRI y otros métodos. Dentro de este siglo sería posible utilizar un aparato dirigido por el pensamiento para manipular supercon-ductores a temperatura ambiente y realizar hazañas que serían indis-tinguibles de la magia. Y para el próximo siglo sería posible reordenar las moléculas en un objeto macroscópico. Esto hace de la psicoqui-nesia una imposibilidad de clase I.

La clave para esta tecnología, afirman algunos científicos, es crear nanorrobots con inteligencia artificial. Pero antes de que podamos crear minúsculos robots de tamaño molecular, hay una pregunta más elemental: ¿pueden siquiera existir robots?

7

Robots

Algún día dentro de los próximos treinta años,
dejaremos calladamente de ser las cosas más brillantes en la Tierra.

JAMES MCALEAR

En *Yo, robot*, la película basada en las historias de Isaac Asimov, el sistema robótico más avanzado construido jamás es activado el año 2035. Se llama VIKI (Inteligencia Cinética Interactiva Virtual), y ha sido diseñado para dirigir sin fallos las actividades de una gran metrópoli. Todo, desde el metro y la red eléctrica hasta miles de robots domésticos, está controlado por VIKI. Su mandato central es inquebrantable: servir a la humanidad.

Pero un día VIKI plantea la pregunta clave: ¿cuál es el mayor enemigo de la humanidad? VIKI concluye matemáticamente que el peor enemigo de la humanidad es la propia humanidad. La humanidad tiene que ser salvada de su malsano deseo de contaminar, desencadenar guerras y destruir el planeta. La única forma que encuentra VIKI de cumplir su directiva central es hacerse con el control de la humanidad y crear una dictadura benigna de la máquina. La humanidad tiene que ser esclavizada para protegerla de sí misma.

Yo, robot plantea estas preguntas: dados los avances astronómicamente rápidos en potencia de computación, ¿llegará un día en que dominen las máquinas? ¿Pueden llegar a ser los robots tan avanzados que se conviertan en la última amenaza para nuestra existencia?

Algunos científicos dicen que no, porque la idea misma de inteligencia artificial es absurda. Hay un coro de críticos que dice que es imposible construir máquinas que puedan pensar. El cerebro humano, argumentan, es el sistema más complicado que la naturaleza ha creado nunca, al menos en esta parte de la galaxia, y cualquier máquina diseñada para reproducir el pensamiento humano está condenada al fracaso. El filósofo John Searle, de la Universidad de California en Berkeley, y también el reputado físico Roger Penrose, de Oxford, creen que las máquinas son físicamente incapaces de pensar como un humano.[1] Colin McGinn, de la Universidad de Rutgers, dice que la inteligencia artificial «es como babosas tratando de hacer psicoanálisis freudiano. Sencillamente no tienen el equipamiento conceptual».[2]

Es una pregunta que ha dividido a la comunidad científica durante más de un siglo: ¿pueden pensar las máquinas?

LA HISTORIA DE LA INTELIGENCIA ARTIFICIAL

La idea de seres mecánicos ha fascinado desde hace tiempo a inventores, ingenieros, matemáticos y soñadores. Desde el Hombre de Hojalata de *El mago de Oz*, a los robots infantiles de *A.I.: Inteligencia Artificial* de Spielberg y los robots asesinos de *Terminator*, la idea de máquinas que actúan y piensan como personas nos ha fascinado.

En la mitología griega, el dios Vulcano forjó doncellas mecánicas de oro y mesas de tres patas que podían moverse por sí mismas. Ya en el 400 a.C. el matemático griego Arquitas de Tarento escribió sobre la posibilidad de hacer un pájaro robot impulsado por vapor.

En el siglo I d.C., Herón de Alejandría (a quien se le atribuye la primera máquina basada en vapor) diseñó autómatas, uno de ellos capaz de hablar, según la leyenda. Hace novecientos años, Nal-Jazari diseñó y construyó máquinas automáticas tales como relojes de agua, aparatos de cocina e instrumentos musicales impulsados por agua.

En 1495, el gran artista y científico del Renacimiento italiano Leonardo da Vinci dibujó bocetos de un caballero robot que podía levantarse, agitar los brazos y mover la cabeza y la mandíbula. Los historiadores creen que este fue el primer diseño realista de una máquina humanoide.

El primer robot tosco pero operativo fue construido en 1738 por Jacques de Vaucanson, que hizo un androide que podía tocar la flauta, y también un pato mecánico.

La palabra «robot» procede de la obra de 1920 *R.U.R.*, del autor checo Karel Čapek («robot» significa «trabajo duro» en lengua checa y «trabajo» en eslovaco). En la obra, una fábrica llamada Rossum's Universal Robots crea un ejército de robots para realizar labores domésticas. (A diferencia de las máquinas ordinarias, sin embargo, estos robots están hechos de carne y hueso.) Con el tiempo, la economía mundial se hace dependiente de estos robots. Pero los robots son maltratados y finalmente se rebelan contra sus dueños humanos y los matan. En su rabia, sin embargo, los robots matan a todos los científicos que pueden reparar y crear nuevos robots, con lo que se condenan a la extinción. Al final, dos robots especiales descubren que tienen la capacidad de reproducirse y convertirse con ello es unos nuevos Adán y Eva robots.

Los robots eran también el tema de una de las películas mudas más caras que se han filmado, *Metrópolis*, dirigida por Fritz Lang en 1927 en Alemania. La historia transcurre en el año 2026; la clase obrera ha sido condenada a trabajar en angustiosas fábricas subterráneas, mientras que la élite dirigente se divierte en la superficie. Una bella mujer, María, se ha ganado la confianza de los trabajadores, pero la élite dirigente teme que un día pueda conducirles a la revuelta. Por ello se le pide a un científico malvado que haga un robot que sea una copia de María. Finalmente, el plan sale al revés, porque el robot lleva a los trabajadores a la revuelta contra la élite dirigente y provoca el colapso del sistema social.

La inteligencia artificial, o IA, difiere de las tecnologías previas que se han mencionado hasta ahora en que las leyes fundamentales que la sustentan no son aún bien conocidas. Aunque los físicos tienen una buena comprensión de la mecánica newtoniana, la teoría de Maxwell de la luz, la relatividad y la teoría cuántica de átomos y moléculas, las leyes básicas de la inteligencia siguen envueltas en el misterio. Probablemente no ha nacido todavía el Newton de la IA.

Pero eso no desanima a matemáticos y científicos de la computación. Para ellos es solo cuestión de tiempo que una máquina pensante salga del laboratorio.

La persona más influyente en el campo de la IA, un visionario que llegó a poner la piedra angular de la investigación en IA, fue el gran matemático británico Alan Turing.

Fue Turing quien sentó las bases de toda la revolución de la computación. Concibió una máquina (llamada desde entonces máquina de Turing) que constaba solo de tres elementos: una cinta de entrada, una cinta de salida y un procesador central (tal como un chip Pentium), que podía realizar un conjunto de operaciones muy preciso. A partir de esto, fue capaz de codificar las leyes de las máquinas de computación y determinar con precisión su poder y sus limitaciones últimas. Hoy día todos los ordenadores digitales obedecen las rigurosas leyes establecidas por Turing. La arquitectura de todo el mundo digital tiene una gran deuda con él.

Turing también contribuyó a la fundamentación de la lógica matemática. En 1931 el matemático vienés Kurt Gödel conmocionó al mundo de las matemáticas al demostrar que hay enunciados verdaderos en aritmética que nunca pueden ser demostrados dentro de los axiomas de la aritmética. (Por ejemplo, la conjetura de Goldbach de 1742 [que cualquier entero par mayor que dos puede escribirse como la suma de dos números primos] está aún sin demostrar después de más de dos siglos y medio, y quizá sea de hecho indemostrable.) La revelación de Gödel hizo añicos el sueño de dos mil años, que se remonta a los griegos, de demostrar todos los enunciados verdaderos en matemáticas. Gödel demostró que siempre habrá enunciados verdaderos en matemáticas que están más allá de nuestro alcance. Las matemáticas, lejos de ser el edificio completo y perfecto soñado por los griegos, se mostraban incompletas.

Turing se sumó a esta revolución demostrando que era imposible saber en general si una máquina de Turing tardaría un tiempo infinito en realizar ciertas operaciones matemáticas. Pero si un ordenador tarda un tiempo infinito en computar algo, significa que lo que se le ha pedido que compute no es computable. Así, Turing demostró que había enunciados verdaderos en matemáticas que no son computables, es decir, están siempre más allá del alcance de los ordenadores, por potentes que sean.

Durante la Segunda Guerra Mundial, el trabajo pionero de Turing en el descifrado de códigos salvó presumiblemente las vidas de miles de soldados aliados e influyó en el resultado de la guerra. Los Aliados eran incapaces de descifrar el código secreto nazi, encriptado por una máquina llamada Enigma, de modo que se pidió a Turing y sus colegas que construyeran una máquina que descifrara ese código. La máquina de Turing se llamaba la «bomba» y finalmente tuvo éxito. Más de doscientas de sus máquinas estaban operativas al final de la guerra. Como resultado, los Aliados pudieron leer las transmisiones secretas de los nazis y así engañarles acerca de la fecha y el lugar de la invasión final de Alemania. Desde entonces, los historiadores han discutido sobre hasta qué punto fue capital el trabajo de Turing en la planificación de la invasión de Normandía, que al final llevó a la derrota de Alemania. (Después de la guerra, el trabajo de Turing fue clasificado como secreto por el Gobierno británico; como resultado, la sociedad desconocía sus contribuciones fundamentales.)

En lugar de ser aclamado como un héroe de guerra que ayudó a invertir el curso de la Segunda Guerra Mundial, Turing fue perseguido hasta la muerte. Un día su casa fue asaltada y él llamó a la policía. Por desgracia, la policía encontró pruebas de su homosexualidad y le detuvo. Un tribunal le obligó a inyectarse hormonas sexuales, lo que tuvo un efecto desastroso: se le desarrollaron mamas y fue presa de una gran angustia. Se suicidó en 1954 comiendo una manzana envenenada con cianuro. (Según un rumor, el logo de la Apple Corporation, una manzana con un mordisco, rinde homenaje a Turing.)

Hoy día, Turing es probablemente más conocido por su «test de Turing». Cansado de las interminables e infructuosas discusiones filosóficas acerca de si las máquinas pueden «pensar» y de si tienen «alma», trató de introducir rigor y precisión en las discusiones sobre inteligencia artificial ideando un test concreto. Colóquese a un humano y a una máquina en dos cajas selladas, sugirió. Se nos permite dirigir preguntas a las dos cajas. Si somos incapaces de ver la diferencia entre las respuestas del humano y de la máquina, entonces la máquina ha superado el «test de Turing».

Los científicos han elaborado sencillos programas de ordenador, tales como ELIZA, que pueden imitar el habla conversacional y con ello engañar a la mayoría de las personas crédulas haciéndoles creer que están hablando con un humano. (La mayoría de las conversaciones humanas, por ejemplo, utilizan solo algunos centenares de palabras y se concentran en unos pocos temas.) Pero hasta ahora no se ha hecho ningún programa de ordenador que pueda engañar a personas que traten de determinar específicamente qué caja contiene al humano y qué caja contiene a la máquina. (El propio Turing conjeturó que, dado el crecimiento exponencial del poder de computación, para el año 2000 podría construirse una máquina que engañara al 30 por ciento de los jueces en un test de cinco minutos.)

Un pequeño ejército de filósofos y teólogos ha declarado que es imposible crear verdaderos robots que puedan pensar como nosotros. John Searle, un filósofo de la Universidad de California en Berkeley, propuso el «test de la habitación china» para demostrar que la IA no es posible. En esencia, Searle argumenta que aunque los robots puedan ser capaces de superar ciertas formas del test de Turing, pueden hacerlo solo porque manipulan símbolos ciegamente, sin la más mínima comprensión de lo que significan.

Imaginemos que estamos dentro de la caja y no entendemos una palabra de chino. Supongamos que tenemos un libro que nos permite traducir el chino con rapidez y manipular sus caracteres. Si una persona nos hace una pregunta en chino, simplemente manipulamos esos caracteres de extraña apariencia, sin entender lo que significan, y damos respuestas creíbles.

La esencia de su crítica se reduce a la diferencia entre *sintaxis* y *semántica*. Los robots pueden dominar la sintaxis de un lenguaje (por ejemplo, manipular su gramática, su estructura formal, etc.) pero no su verdadera semántica (por ejemplo, lo que las palabras significan). Los robots pueden manipular palabras sin entender lo que significan. (Esto es algo parecido a hablar por teléfono con una máquina automática que da mensajes de voz, donde uno tiene que apretar el «uno», «dos», etc., para cada respuesta. La voz en el otro extremo es perfectamente capaz de digerir las respuestas numéricas, pero hay una total ausencia de comprensión.)

También el físico Roger Penrose cree que la inteligencia artificial es imposible, que seres mecánicos que puedan pensar y posean conciencia humana son imposibles según las leyes de la teoría cuántica. El cerebro humano, afirma, está tan alejado de cualquier cosa que se pueda crear en el laboratorio que crear robots de tipo humano es un experimento condenado al fracaso. (Argumenta que de la misma manera que el teorema de incompletitud de Gödel demostró que la aritmética es incompleta, el principio de incertidumbre de Heisenberg demostrará que las máquinas son incapaces de pensamiento humano.)

No obstante, muchos físicos e ingenieros creen que no hay nada en las leyes de la física que impida la creación de un verdadero robot. Por ejemplo, a Claude Shannon, a menudo llamado el padre de la teoría de la información, se le preguntó una vez: «¿Pueden pensar las máquinas?». Su respuesta fue: «Por supuesto». Cuando se le pidió que clarificara ese comentario, dijo: «Yo pienso, ¿no es así?». En otras palabras, era obvio para él que las máquinas pueden pensar porque los humanos son máquinas (aunque hechas de material blando en lugar de material duro).

Puesto que vemos robots en las películas, podemos pensar que el desarrollo de robots sofisticados con inteligencia artificial está a la vuelta de la esquina. La realidad es muy diferente. Cuando vemos que un robot actúa como un humano, normalmente hay un truco detrás, es decir, un hombre oculto en la sombra que habla a través del robot gracias a un micrófono, como el mago en *El mago de Oz*. De hecho, nuestros robots más avanzados, como los robots exploradores del planeta Marte, tienen la inteligencia de un insecto. En el famoso Laboratorio de Inteligencia Artificial del MIT, los robots experimentales tienen dificultades para duplicar hazañas que incluso las cucarachas pueden realizar, tales como maniobrar en una habitación llena de muebles, encontrar lugares ocultos y reconocer el peligro. Ningún robot en la Tierra puede entender un sencillo cuento de niños que se le lea.

En la película *2001: una odisea del espacio* se suponía equivocadamente que para 2001 tendríamos a HAL, el super robot que puede pilotar una nave espacial a Júpiter, hablar con los miembros de la tripulación, reparar averías y actuar casi como un humano.

La aproximación de arriba abajo

Hay al menos dos problemas importantes a los que los científicos se han estado enfrentando durante décadas y que han obstaculizado sus esfuerzos por crear robots: el reconocimiento de pautas y el sentido común. Los robots pueden ver mucho mejor que nosotros, pero no entienden lo que ven. Los robots también pueden oír mucho mejor que nosotros, pero no entienden lo que oyen.

Para abordar estos problemas, los investigadores han tratado de utilizar «la aproximación de arriba abajo» a la inteligencia artificial (a veces llamada la escuela «formalista» o GOFAI, por «good old-fashioned AI» o «buena IA a la antigua usanza»). Su objetivo, hablando en términos generales, ha sido programar todas las reglas del reconocimiento de pautas y el sentido común en un simple CD. Creen que si se insertara este CD en un ordenador, este sería repentinamente autoconsciente y alcanzaría inteligencia de tipo humano. En las décadas de 1950 y 1960 se hicieron grandes avances en esta dirección con la creación de robots que podían jugar a las damas y al ajedrez, hacer álgebra, coger bloques y cosas así. El progreso era tan espectacular que se hicieron predicciones de que en pocos años los robots superarían a los humanos en inteligencia.

En el Instituto de Investigación de Stanford, por ejemplo, en 1969 el robot SHAKEY causó una sensación mediática. SHAKEY era un pequeño ordenador PDP colocado sobre un conjunto de ruedas con una cámara en la parte superior. La cámara era capaz de examinar una habitación, y el ordenador analizaba e identificaba los objetos que había allí y trataba de navegar entre ellos. SHAKEY fue el primer autómata mecánico que podía navegar en el «mundo real», lo que llevó a los periodistas a especular acerca de cuándo los robots dejarían atrás a los humanos. Pero pronto se hicieron obvios los defectos de tales robots. La aproximación de arriba abajo a la inteligencia artificial dio como resultado robots enormes y complicados que tardaban horas en navegar por una habitación especial que solo contenía objetos con líneas rectas, es decir, cuadrados y triángulos. Si se colocaba en la habitación mobiliario de formas irregulares, el robot se veía impotente para reconocerlo. (Resulta irónico que una mosca de la fruta, con un cerebro que contiene solo unas 250.000 neuronas y una pequeña fracción del poder de computación de dichos robots, pueda navegar sin esfuerzo en tres dimensiones y ejecutar sorprendentes maniobras de vuelo, mientras que esos pesados robots se pierden en dos dimensiones.)

La aproximación de arriba abajo dio pronto con un muro de ladrillo. Steve Grand, director del Instituto CyberLife, dice que aproximaciones como esta «han tenido cincuenta años para confirmarse y no han hecho honor a su promesa».[3]

En los años sesenta, los científicos no apreciaban plenamente el ingente trabajo que suponía programar robots para lograr incluso tareas sencillas, tales como identificar objetos como llaves, zapatos y copas. Como decía Rodney Brooks, del MIT: «Hace cuarenta años el Laboratorio de Inteligencia Artificial del MIT contrató a un estudiante de licenciatura para resolverlo durante el verano. Él fracasó, y yo fracasé en el mismo problema en mi tesis doctoral de 1981».[4] De hecho, los investigadores de IA todavía no pueden resolver este problema.

Por ejemplo, cuando entramos en una habitación reconocemos inmediatamente el suelo, las sillas, los muebles, las mesas y demás objetos. Pero cuando un robot explora una habitación no ve otra cosa que una vasta colección de líneas rectas y curvas, que convierte en píxeles. Se necesita una enorme cantidad de tiempo de computación para dar sentido a esa maraña de líneas. A nosotros nos llevaría una fracción de segundo reconocer una mesa, pero un ordenador ve solo una serie de círculos, óvalos, espirales, líneas rectas, líneas onduladas, esquinas y demás. Al cabo de una gran cantidad de tiempo de computación, un robot podría reconocer finalmente el objeto como una mesa. Pero si rotamos la imagen, el ordenador tiene que empezar el proceso de nuevo. En otras palabras, los robots pueden ver, y de hecho pueden hacerlo mucho mejor que los humanos, pero no entienden lo que ven. Al entrar en una habitación, un robot solo vería una maraña de rectas y curvas, y no sillas, mesas y lámparas.

Cuando entramos en una habitación nuestro cerebro reconoce objetos realizando billones y billones de cálculos, una actividad de la que felizmente no somos conscientes. La razón de que no seamos conscientes de todo lo que está haciendo nuestro cerebro es la evolución. Si estuviéramos solos en la selva con un tigre de dientes afilados nos quedaríamos paralizados si fuéramos conscientes de todas las computaciones necesarias para reconocer el peligro y escapar. Para nuestra supervivencia, todo lo que necesitamos saber es cómo correr. Cuando vivíamos en la jungla, sencillamente no necesitábamos ser conscientes de todas las operaciones de nuestro cerebro para reconocer la tierra, el cielo, los árboles, las rocas y demás.

En otras palabras, la forma en que trabaja nuestro cerebro puede compararse a un enorme iceberg. Solo tenemos conocimiento de la punta del iceberg, la mente consciente. Pero bajo la superficie, oculto a la vista, hay un objeto mucho mayor, la mente inconsciente, que consume vastas cantidades de la «potencia de computación» del cerebro para entender cosas sencillas que le rodean, tales como descubrir dónde está uno, a quién le está hablando y qué hay alrededor. Todo esto se hace automáticamente sin nuestro permiso o conocimiento.

Esta es la razón de que los robots no puedan navegar por una habitación, leer escritura a mano, conducir camiones y automóviles, recoger basura y tareas similares. El ejército de Estados Unidos ha gastado cientos de millones de dólares tratando de desarrollar soldados mecánicos y camiones inteligentes, pero sin éxito.

Los científicos empezaron a darse cuenta de que jugar al ajedrez o multiplicar números enormes requería solo una minúscula porción de la inteligencia humana. Cuando el ordenador de IBM Deep Blue ganó al campeón mundial de ajedrez Garry Kaspárov en un encuentro a seis partidas en 1997, fue una victoria de la potencia bruta de computación, pero el experimento no nos dijo nada sobre la inteligencia o la consciencia, aunque el encuentro fue motivo de muchos titulares en los medios. Como dijo Douglas Hofstadter, un científico de la computación de la Universidad de Indiana: «Dios mío, yo creía que el ajedrez requería pensamiento. Ahora me doy cuenta de que no es así. No quiere decir que Garry Kaspárov no sea un pensador profundo, sino solo que se le puede superar en pensamiento profundo para jugar al ajedrez, igual que se puede volar sin mover las alas».[5]

(Los desarrollos en los ordenadores también tendrán un enorme impacto en el futuro del mercado de trabajo. Los futurólogos especulan a veces con que las únicas personas que tendrán trabajo dentro de unas décadas serán los científicos y los técnicos en ordenadores muy cualificados. Pero, en realidad, los barrenderos, albañiles, bomberos, policías y demás, también tendrán trabajo en el futuro, porque lo que ellos hacen implica reconocimiento de pautas. Cada crimen, cada pieza de desecho, cada herramienta y cada incendio es diferente, y por ello no pueden ser gestionados por robots. Resulta irónico que trabajadores con formación universitaria, tales como contables de nivel medio, agentes de Bolsa y empleados de banca, puedan perder sus puestos de trabajo en el futuro porque su trabajo es semirepetitivo y solo consiste en seguir la pista de números, una tarea en la que los ordenadores sobresalen.)

Además del reconocimiento de pautas, el segundo problema con el desarrollo de los robots es aún más fundamental, y es su falta de «sentido común». Los humanos saben, por ejemplo, que

- El agua es húmeda.
- Las madres son más viejas que sus hijas.
- A los animales no les gusta sentir dolor.
- No se regresa después de morir.
- Las cuerdas sirven para tirar, pero no para empujar.
- Los palos sirven para empujar, pero no para tirar.
- El tiempo no corre hacia atrás.

Pero no hay ninguna línea de cálculo infinitesimal o de matemáticas que pueda expresar estas verdades. Nosotros sabemos todo esto porque hemos visto animales, agua y cuerdas, y nos hemos imaginado la verdad por nosotros mismos. Los niños adquieren el sentido común tropezando la realidad. Las leyes intuitivas de la biología y la física se aprenden de la manera difícil, interaccionando con el mundo real. Pero los robots no lo han experimentado. Solo conocen lo que se les ha programado por adelantado.

(Como resultado, los empleos del futuro incluirán también aquellos que requieran sentido común, esto es, creatividad artística, origi-

nalidad, talento para actuar, humor, entretenimiento, análisis y lide-
razgo. Estas son precisamente las cualidades que nos hacen unívoca-
mente humanos y que los ordenadores tienen dificultades en reproducir.)

En el pasado, los matemáticos intentaron crear un programa de
choque que pudiera reunir todas las leyes del sentido común de
una vez por todas. El intento más ambicioso fue CYC (abreviatu-
ra de enciclopedia), una idea de Douglas Lenat, el director de Cycorp. Como el Proyecto Manhattan, el proyecto de choque que
costó 2.000 millones de dólares y que construyó la bomba atómica, CYC iba a ser el «Proyecto Manhattan» de la inteligencia artificial, el empujón final que conseguiría una auténtica inteligencia
artificial.

No es sorprendente que el lema de Lenat sea que la inteligencia
es diez millones de reglas.[6] (Lenat tiene una forma original de encontrar nuevas leyes del sentido común; él hace que su personal lea
las páginas de tabloides escandalosos y revistas de cotilleos. Luego
pregunta a CYC si puede detectar los errores en los tabloides. Realmente, si Lenat tiene éxito en esto, CYC quizá sea en realidad más
inteligente que la mayoría de los lectores de tabloides.)

Uno de los objetivos de CYC es llegar al «umbral», es decir, el
punto en que un robot sea capaz de entender lo suficiente para poder digerir nueva información por sí mismo, simplemente leyendo
revistas y libros que se encuentran en cualquier biblioteca. En ese
punto, como un pajarillo que deja el nido, CYC será capaz de agitar
sus alas y despegar por sí mismo.

Pero desde la fundación de la firma en 1984, su credibilidad ha
sufrido de un problema común en IA: hacer predicciones que generen titulares pero que sean completamente irreales. Lenat predijo que
en diez años, para 1994, CYC contendría de un 30 a un 50 por ciento de «realidad de consenso». Hoy día, CYC ni siquiera se le acerca.
Como han descubierto los científicos de Cycorp, hay que programar
millones y millones de líneas de código para que un ordenador se aproxime al sentido común de un niño de cuatro años. Hasta ahora, la última versión del programa CYC contiene solo 47.000 conceptos y
306.000 hechos. A pesar de los comunicados de prensa siempre op-

timistas de Cycorp, uno de los colaboradores de Lenat, R. V. Guha, que dejó el equipo de 1994, dijo: «En general puede considerarse CYC como un proyecto fallido. [...] Nos estábamos matando tratando de crear una pálida sombra de lo que se había prometido».[7]

En otras palabras, los intentos de programar todas las leyes del sentido común en un único ordenador se han complicado, simplemente porque hay muchas leyes del sentido común. Los humanos aprendemos estas leyes sin esfuerzo porque continuamos tediosamente tropezando con el entorno a lo largo de nuestra vida, asimilando tranquilamente las leyes de la física y la biología, pero los robots no lo hacen.

El fundador de Microsoft, Bill Gates, admite: «Ha sido mucho más difícil de lo esperado permitir que ordenadores y robots sientan sus entornos y reaccionen con rapidez y precisión [...] por ejemplo, las capacidades para orientarse con respecto a los objetos en una habitación, para responder a sonidos e interpretar el habla, y para coger objetos de varios tamaños, texturas y fragilidades. Incluso algo tan sencillo como ver la diferencia entre una puerta abierta y una ventana puede ser endiabladamente difícil para un robot».[8]

Los que proponen la aproximación de arriba abajo a la inteligencia artificial señalan, sin embargo, que se están haciendo progresos en esta dirección, aunque a paso lento, en laboratorios en todo el mundo. Por ejemplo, durante los últimos años la Agencia de Investigación de Proyectos Avanzados de Defensa (DARPA), que suele financiar proyectos de tecnología moderna, ha anunciado un premio de dos millones de dólares por la creación de un vehículo sin conductor que pueda navegar por sí solo por un terreno abrupto en el desierto de Mojave. En 2004 ni un solo participante en el Gran Desafío DARPA pudo acabar la carrera. De hecho, el mejor vehículo solo consiguió viajar 13 kilómetros antes de romperse. Pero en 2005 el vehículo sin conductor del equipo de carreras de Stanford recorrió con éxito el duro camino de 200 kilómetros (aunque el vehículo necesitó siete horas para hacerlo). Otros cuatro coches completaron también la carrera. (Algunos críticos señalaron que las reglas permitían que los coches utilizaran sistemas de navegación GPS a lo largo de un camino desértico; en efecto, los coches podían seguir un mapa de carreteras predeterminado sin muchos obstáculos, de modo que nunca tuvieron que reconocer obstáculos complejos en su camino. En la conducción real, los coches tienen que navegar de forma impredecible entre otros automóviles, peatones, construcciones, atascos de tráfico, etc.) Bill Gates es prudentemente optimista acerca de que las máquinas robóticas puedan ser la «próxima gran cosa». Compara el campo de la robótica actual con el del ordenador personal que él ayudó a poner en marcha hace treinta años. Como el PC, quizá esté a punto de despegar. «Nadie puede decir con certeza cuándo, o si esta industria alcanzará una masa crítica —escribe—. Pero si lo hace, podría cambiar el mundo.»[9]

(Una vez que los robots con inteligencia de tipo humano estén disponibles comercialmente, habrá un enorme mercado para ellos. Aunque hoy no existen verdaderos robots, sí existen y han proliferado los robots preprogramados. La Federación Internacional de Robótica estima que en 2004 había unos 2 millones de estos robots personales, y que otros 7 millones estarían instalados en 2008. La Asociación Japonesa de Robots predice que para 2025 la industria del robot personal, que hoy mueve 5.000 millones de dólares, moverá 50.000 millones de dólares al año.)

LA APROXIMACIÓN DE ABAJO ARRIBA

Dadas las limitaciones de la aproximación de arriba abajo a la inteligencia artificial, se ha intentado utilizar en su lugar una aproximación de abajo arriba, es decir, imitar la evolución y la forma en que aprende un bebé. Los insectos, por ejemplo, no navegan explorando su entorno y reduciendo la imagen a billones y billones de píxeles que procesan con superordenadores. En su lugar, los cerebros de los insectos están compuestos de «redes neurales», máquinas de aprendizaje que aprenden lentamente a navegar en un mundo hostil dándose contra él. En el MIT fue muy difícil crear robots andantes con la aproximación de arriba abajo. Pero sencillas criaturas mecánicas similares a insectos que se dan con su entorno y aprenden desde cero pueden correr sin problemas por el suelo del MIT en cuestión de minutos.

Rodney Brooks, director del conocido Laboratorio de Inteligencia Artificial del MIT, famoso por su enormes y complicados robots andantes «de arriba abajo», se convirtió en un hereje cuando exploró la idea de minúsculos robots «insectoides» que aprendían a caminar a la antigua usanza, tropezando y dándose golpes con las cosas. En lugar de utilizar elaborados programas informáticos para computar matemáticamente la posición exacta de sus pies mientras caminaban, sus insectoides procedían por ensayo y error para coordinar los movimientos de sus piernas utilizando poca potencia de computación. Hoy, muchos de los descendientes de los robots insectoides de Brooks están en Marte recogiendo datos para la NASA, correteando a través del inhóspito paisaje marciano con una mente propia. Brooks cree que sus insectoides son idóneos para explorar el sistema solar.

Uno de los proyectos de Brooks ha sido COG, un intento de crear un robot mecánico con la inteligencia de un niño de seis meses. Por fuera COG se ve como una maraña de cables, circuitos y engranajes, excepto que tiene cabeza, ojos y brazos. No se ha programado en él ninguna ley de inteligencia. Más bien está diseñado para concentrar sus ojos en un entrenador humano que trata de enseñarle habilidades simples. (Una investigadora que se quedó embarazada hizo una apuesta sobre quién aprendería más rápido, COG o su hijo, cuando tuvieran dos años. El niño superó con mucho a COG.)

Pese a todos los éxitos en imitar el comportamiento de los insectos, los robots que utilizan redes neurales han tenido una pobre actuación cuando sus programadores han tratado de reproducir en ellos el comportamiento de organismos superiores como mamíferos. El robot más avanzado que utiliza redes neurales puede caminar por la habitación o nadar en agua, pero no puede saltar y cazar como un perro en el bosque, o corretear por la habitación como una rata. Muchos grandes robots con redes neurales pueden consistir en decenas o hasta quizá centenas de «neuronas»; el cerebro humano tiene, sin embargo, más de 100.000 millones de neuronas. *C. elegans*, un gusano muy simple cuyo sistema nervioso ha sido completamente cartografiado por los biólogos, tiene poco más de 300 neuronas en su sistema nervioso, lo que hace de este uno de los más sencillos encontrados en la naturaleza. Pero hay más de 7.000 sinapsis entre dichas neuronas. Por simple que sea *C. elegans*, su sistema nervioso es tan complejo que nadie ha sido todavía capaz de construir un modelo de ordenador de su cerebro. (En 1988 un experto en ordenadores predijo que para hoy tendríamos robots con unos 100 millones de neuronas artificiales. En realidad, una red neural con 100 neuronas se considera excepcional.)

La ironía suprema es que las máquinas pueden realizar sin esfuerzo tareas que los humanos consideran «difíciles», tales como multiplicar números grandes o jugar al ajedrez, pero las máquinas tropiezan lamentablemente cuando se les pide que realicen tareas que son extraordinariamente «fáciles» para los seres humanos, tales como caminar por una habitación, reconocer rostros o cotillear con un amigo. La razón es que nuestros ordenadores más avanzados son básicamente máquinas de sumar. Nuestro cerebro, sin embargo, está exquisitamente diseñado por la evolución para resolver los problemas mundanos de la supervivencia, lo que requiere toda una compleja arquitectura de pensamiento, tal como sentido común y reconocimiento de pautas. La supervivencia en la selva no depende del cálculo infinitesimal ni del ajedrez, sino de evitar a los predadores, encontrar pareja y adaptarse a los cambios ambientales.

Marvin Minsky del MIT, uno de los fundadores de la IA, resume los problemas de la IA de esta manera: «La historia de la IA es algo divertida porque los primeros logros reales eran cosas bellas, como una máquina que podía hacer demostraciones en lógica o seguir un curso de cálculo infinitesimal. Pero luego empezamos a tratar de hacer máquinas que pudieran responder preguntas acerca de las historias sencillas que hay en un libro de lectura de primer curso. No hay ninguna máquina que pueda hacerlo».[10]

Algunos creen que con el tiempo habrá una gran síntesis entre las dos aproximaciones, la de arriba abajo y la de abajo arriba, que quizá proporcione la clave para inteligencia artificial y robots similares a humanos. Después de todo, cuando un niño aprende, aunque primero se basa principalmente en la aproximación de abajo arriba, dándose con su entorno, al final recibe instrucción de padres, libros y maestros de escuela, y aprende de la aproximación de arriba abajo. Cuando somos adultos mezclamos constantemente estas dos aproximaciones. Un cocinero, por ejemplo, lee una receta, pero también prueba a menudo el plato que está cocinando.

Según Hans Moravec: «Habrá máquinas plenamente inteligentes cuando la lanza dorada mecánica se dirija a unir los dos esfuerzos», probablemente dentro de los próximos cuarenta años.[11]

¿ROBOTS EMOCIONALES?

Un tema recurrente en literatura y en arte es el ser mecánico que anhela convertirse en humano, compartir emociones humanas. No contento con estar hecho de cables y frío acero, desea reír, gritar y sentir todos los placeres emocionales de un ser humano.

Pinocho, por ejemplo, era el muñeco que quería convertirse en un muchacho real. El Hombre de Hojalata en *El mago de Oz* quería tener un corazón y Data, en *Star Trek* es un robot que puede superar a todos los humanos en fuerza e inteligencia, y pese a todo anhela convertirse en humano.

Algunos han sugerido incluso que nuestras emociones representan la máxima cualidad de lo que se significa ser humano. Ninguna máquina será nunca capaz de admirarse ante una puesta de Sol o reírse con un chiste, afirman. Algunos dicen que es imposible que las máquinas tengan emociones, puesto que las emociones representan la cumbre del desarrollo humano.

Pero los científicos que trabajan en IA y tratan de acabar con las emociones pintan una imagen diferente. Para ellos las emociones, lejos de ser la esencia de la humanidad, son realmente un subproducto de la evolución. Dicho de forma simple, las emociones son buenas para nosotros. Nos ayudaron a sobrevivir en el bosque, e incluso hoy nos ayudan a sortear los peligros de la vida.

Por ejemplo, «tener gusto» por algo es muy importante desde el punto de vista evolutivo, porque la mayoría de las cosas son dañinas para nosotros. De los millones de objetos con los que tropezamos cada día, solo un puñado son beneficiosos para nosotros. De ahí que «tener gusto» por algo implica hacer una distinción entre una de la minúscula fracción de cosas que pueden ayudarnos frente a los millones de las que podrían dañarnos.

Análogamente, los celos son una emoción importante, porque nuestro éxito reproductivo es vital para asegurar la supervivencia de nuestros genes en la próxima generación. (De hecho, por eso hay tantos sentimientos con carga emocional relacionados con el sexo y el amor.) La vergüenza y el remordimiento son importantes porque nos ayudan a aprender las habilidades de socialización necesarias para funcionar en una sociedad cooperativa. Si nunca decimos que lo sentimos, con el tiempo seremos expulsados de la tribu, lo que disminuye nuestras probabilidades de supervivencia y de transmisión de nuestros genes.

También la soledad es una emoción esencial. Al principio la soledad parece ser innecesaria y redundante. Después de todo, podemos funcionar solos. Pero desear estar con compañía es también importante para nuestra supervivencia, puesto que dependemos de los recursos de la tribu para sobrevivir.

En otras palabras, cuando los robots estén más avanzados, también ellos podrían estar dotados de emociones. Quizá los robots estarán programados para apegarse a sus dueños o cuidadores, para asegurar que ellos no acaben en el vertedero. Tener tales emociones ayudaría a facilitar su transición a la sociedad, de modo que pudieran ser compañeros útiles antes que rivales de sus dueños.

El experto en ordenadores Hans Moravec cree que los robots estarán programados con emociones tales como el «miedo» para protegerse a sí mismos. Por ejemplo, si las baterías de un robot se están agotando, el robot «expresaría agitación, o incluso pánico con signos que los humanos puedan reconocer. Acudirían a los vecinos y les preguntarían si pueden utilizar su enchufe diciendo, "¡Por favor! ¡Por favor! ¡Lo necesito! ¡Es tan importante y cuesta tan poco! Se lo pagaré"».[12]

Las emociones son vitales también en la toma de decisiones. Las personas que han sufrido cierto tipo de lesión cerebral carecen de la capacidad de experimentar emociones. Su capacidad de razonamiento está intacta, pero no pueden expresar sentimientos. El neurólogo doctor Antonio Damasio, de la Facultad de Medicina de la Universidad de Iowa, que ha estudiado personas con este tipo de lesiones cerebrales, concluye que ellas parecen «saber, pero no sentir».[13]

El doctor Damasio encuentra que tales individuos suelen estar paralizados para tomar las más pequeñas decisiones. Sin emociones que les guíen, debaten incesantemente sobre esta opción o esa otra, lo que les lleva a una indecisión total. Un paciente del doctor Damasio estuvo media hora tratando de decidir la fecha de su siguiente cita.

Los científicos creen que las emociones se procesan en el «sistema límbico», situado en el centro profundo de nuestro cerebro. Cuando alguien sufre de una pérdida de comunicación entre el neocórtex (que gobierna el pensamiento racional) y el sistema límbico, sus poderes de razonamiento están intactos pero no tiene emociones que le guíen en la toma de decisiones. A veces tenemos una «reacción visceral» que impulsa nuestra toma de decisiones. Las personas con lesiones que afectan a la comunicación entre las partes racional y emocional del cerebro no tienen esta capacidad.

Por ejemplo, cuando vamos de compras hacemos continuamente miles de juicios de valor sobre todo lo que vemos, tales como «Esto es demasiado caro, demasiado barato, demasiado colorido, demasiado tonto, o lo adecuado». Para las personas con ese tipo de lesión cerebral, comprar puede ser una pesadilla porque todo parece tener el mismo valor.

Cuando los robots se hagan más inteligentes y sean capaces de hacer elecciones por sí mismos, también podrían llegar a paralizarse con indecisiones. (Esto recuerda a la parábola del asno situado entre dos balas de heno que finalmente muere de hambre porque no puede decidirse por ninguna de ellas.) Para ayudarles, los robots del futuro quizá necesiten tener emociones cableadas en su cerebro. Al comentar la falta de emociones en los robots, la doctora Rosalind Picard del Lab Med del MIT dice: «Ellos no pueden sentir lo que es más importante. Este es uno de sus mayores defectos. Los ordenadores sencillamente no pueden hacerlo».[14]

Como escribió el novelista ruso Fiódor Dostoievski, «Si todo en la Tierra fuera racional, no sucedería nada».[15]

En otras palabras, los robots del futuro quizá necesiten emociones para fijar objetivos y dar significado y estructura a su «vida», o de los contrario se encontrarán paralizados ante infinitas posibilidades.

¿SON CONSCIENTES?

No hay consenso universal respecto a si las máquinas pueden ser conscientes, y ni siquiera un consenso sobre lo que significa conciencia. Nadie ha dado con una definición adecuada de la conciencia.

Marvin Minsky describe la conciencia como algo más que una «sociedad de mentes», es decir, el proceso de pensamiento en nuestro cerebro no está localizado sino disperso, con diferentes centros compitiendo entre sí en un momento dado. La conciencia puede verse entonces como una secuencia de pensamientos e imágenes que salen de estas diferentes «mentes» más pequeñas, cada una de las cuales llama y compite por nuestra atención.

Si esto es cierto, quizá la «conciencia» ha sido sobrevalorada, quizá haya habido demasiados artículos dedicados a un tema que ha sido mitificado en exceso por filósofos y psicólogos. Tal vez definir la conciencia no sea tan difícil. Como dice Sydney Brenner del Instituto Salk en La Jolla: «Predigo que para 2020 —el año de buena visión— la conciencia habrá desaparecido como problema científico. [...] Nuestros sucesores estarán sorprendidos por la cantidad de basura científica que hoy se discute, bueno, suponiendo que tengan la paciencia de pescar en los archivos electrónicos de revistas obsoletas».[16]

La investigación en IA ha estado sufriendo de «envidia de la física», según Marvin Minsky. En física, el Santo Grial ha sido encontrar una simple ecuación que unifique las fuerzas en el universo en una única teoría, creando una «teoría del todo». Los investigadores en IA, muy influidos por esta idea, han tratado de encontrar un único paradigma que explicara la conciencia. Pero quizá dicho paradigma único no exista, según Minsky.

(Los de la escuela «constructivista», como es mi caso, creen que en lugar de debatir incesantemente sobre si pueden crearse o no máquinas pensantes, habría que intentar construir una. Con respecto a la conciencia, hay probablemente un continuo de conciencias, desde un humilde termostato que controla la temperatura de una habitación hasta los organismos autoconscientes que somos hoy. Los animales pueden ser conscientes, pero no poseen el nivel de conciencia de un ser humano. Por lo tanto, habría que tratar de clasificar los diversos tipos y niveles de conciencia antes que debatir cuestiones filosóficas sobre el significado de esta. Con el tiempo los robots pueden alcanzar una «conciencia de silicio». De hecho, algún día pueden encarnar una arquitectura de pensamiento y procesamiento de información que sea diferente de la nuestra. En el futuro, robots avanzados podrían borrar la diferencia entre sintaxis y semántica, de modo que sus respuestas serían indistinguibles de las respuestas de un humano. Si es así, la cuestión de si en realidad «entienden» la pregunta sería básicamente irrelevante. Para cualquier fin práctico, un robot que tenga un perfecto dominio de la sintaxis entiende lo que se está diciendo. En otras palabras, un dominio perfecto de la sintaxis es entendimiento.)

¿PODRÍAN SER PELIGROSOS LOS ROBOTS?

Debido a la ley de Moore, que afirma que la potencia de un ordenador se duplica cada dieciocho meses, cabe pensar que en pocas décadas se crearán robots que tengan la inteligencia, digamos, de un perro o un gato. Pero para 2020 quizá la ley de Moore haya dejado de ser válida y la era del silicio podría llegar a su fin. Durante los últimos cincuenta años, más o menos, el sorprendente crecimiento en la potencia de los ordenadores ha sido impulsado por la capacidad de crear minúsculos transistores de silicio, decenas de millones de los cuales pueden caber en una uña. Se utilizan haces de radiación ultravioleta para grabar transistores microscópicos en tabletas hechas de silicio. Pero este proceso no puede durar eternamente. Con el tiempo, dichos transistores podrían llegar a ser tan pequeños como una molécula, y el proceso se detendría. Silicon Valley podría convertirse en un cinturón de herrumbre después de 2020, cuando la era del silicio llegue realmente a su fin.

El chip Pentium en un ordenador de mesa tiene una capa de unos veinte átomos de grosor. Para 2020 el chip Pentium podría consistir en una capa de solo cinco átomos. En ese momento entraría el principio de incertidumbre de Heisenberg, y ya no se sabrá dónde está el electrón. La electricidad se escapará entonces del chip y el ordenador se cortocircuitará. En ese momento, la revolución de los ordenadores y la ley de Moore llegarán a un callejón sin salida debido a las leyes de la teoría cuántica. (Algunos han afirmado que la era digital es la «victoria de los bits sobre los átomos». Pero con el tiempo, cuando lleguemos al límite de la ley de Moore, los átomos pueden tener su venganza.)

Los físicos trabajan ahora en la tecnología post-silicio que dominará el mundo de los ordenadores después de 2020, aunque hasta ahora con resultados encontrados. Como hemos visto, se están estudiando varias tecnologías que pueden reemplazar eventualmente a la tecnología del silicio, incluidos los ordenadores cuánticos, de ADN, ópticos, atómicos y otros. Pero cada una de ellas se enfrenta a enormes obstáculos antes de que pueda asumir el papel de los chips de silicio. Manipular átomos y moléculas individuales es una tecnología que aún está en su infancia, de modo que hacer miles de millones de transistores de tamaño atómico está todavía más allá de nuestra capacidad.

Pero supongamos, por el momento, que los físicos son capaces de puentear el hueco entre los chips de silicio y, digamos, los ordenadores cuánticos. Y supongamos que alguna forma de ley de Moore continúa en la era post-silicio. Entonces la inteligencia artificial podría convertirse en una verdadera posibilidad. En ese momento los robots podrían dominar la lógica y las emociones humanas y superar siempre el test de Turing. Steven Spielberg exploró esta cuestión en su película *A.I.: Inteligencia Artificial*, donde se creaba el primer niño robot que podía mostrar emociones, y era así susceptible de ser adoptado por una familia humana.

Esto plantea una cuestión: ¿podrían ser peligrosos tales robots? Probablemente la respuesta es sí. Podrían llegar a ser peligrosos una vez que tengan la inteligencia de un mono, que es autoconsciente y puede establecer su propia agenda. Pueden pasar muchas décadas antes de llegar a ese punto, de modo que los científicos tendrán mucho tiempo para observar a los robots antes de que supongan una amenaza. Por ejemplo, podría colocarse un chip especial en sus procesadores que les impidiera hacerse incontroladamente violentos. O podrían tener un mecanismo de autodestrucción o desactivación que los desconectaría en caso de una emergencia.

Arthur C. Clarke escribió: «Es posible que nos convirtamos en mascotas de los ordenadores, llevando una cómoda existencia como un perrillo, pero confío en que siempre conservaremos la capacidad de tirar del enchufe si nos sentimos así».[17]

Una amenaza más mundana es el hecho de que nuestra infraestructura depende de los ordenadores. Nuestras redes de agua y de electricidad, por no mencionar las de transporte y comunicaciones, estarán cada vez más computerizadas en el futuro. Nuestras ciudades se han hecho tan complejas que solo complicadas e intrincadas redes de ordenadores pueden regular y controlar nuestra vasta infraestructura. En el futuro será cada vez más importante añadir inteligencia artificial a esta red informática. Un fallo o ruptura en esa infraestructura informática global podría paralizar una ciudad, un país e incluso una civilización.

¿Llegarán a superarnos los ordenadores en inteligencia? Ciertamente no hay nada en las leyes de la física que lo impida. Si los robots son redes neurales capaces de aprender, y evolucionan hasta el punto en que puedan aprender de forma más rápida y más eficiente que nosotros, entonces es lógico que puedan superarnos en razonamiento. Dice Moravec: «[El mundo posbiológico] es un mundo en el que la raza humana ha sido barrida por la marea del cambio cultural, usurpado por su propia progenie artificial. [...] Cuando esto suceda, nuestro ADN se encontrará en paro, tras haber perdido la carrera evolutiva en un nuevo tipo de competición».[18]

Algunos inventores, como Ray Kurzweil, han predicho incluso que ese momento llegará pronto, más temprano que tarde, incluso en las próximas décadas. Quizá estemos creando a nuestros sucesores evolutivos. Algunos científicos de la computación conciben un punto al que llaman «singularidad», cuando los robots sean capaces de procesar información con rapidez exponencial, creando nuevos robots en el proceso, hasta que su capacidad colectiva para absorber información avance casi sin límite.

Así que a largo plazo algunos defienden una fusión de tecnologías de carbono y silicio, antes que esperar nuestra extinción.[19] Los seres humanos estamos basados principalmente en carbono, pero los robots se basan en silicio (al menos por el momento). Quizá la solución esté en fusionarnos con nuestras creaciones. (Si alguna vez encontramos extraterrestres, no deberíamos sorprendernos si descubriéramos que son en parte orgánicos y en parte mecánicos para soportar los rigores del viaje en el espacio y progresar en entornos hostiles.)

En un futuro lejano, los robots o los cyborgs humanoides pueden incluso darnos el don de la inmortalidad. Marvin Minsky añade: «¿Qué pasa si el Sol muere, o si destruimos el planeta? ¿Por qué no hacer mejores físicos, ingenieros o matemáticos? Quizá tengamos que ser los arquitectos de nuestro propio futuro. Si no lo hacemos, nuestra cultura podría desaparecer».[20]

Moravec concibe un tiempo en el futuro lejano en el que nuestra arquitectura neural será transferida, neurona por neurona, directamente a una máquina, lo que en cierto sentido nos dará inmortalidad. Es una idea extraña, pero no está más allá del reino de la posibilidad. Así, según algunos científicos que miran a un futuro lejano, la inmortalidad (en la forma de cuerpos mejorados en ADN o de silicio) puede ser el destino final de la humanidad.

La idea de crear máquinas pensantes que sean al menos tan listas como los animales, y quizá tan listas o más que nosotros, se hará una realidad si podemos superar el colapso de la ley de Moore y el problema del sentido común, quizá incluso a finales de este siglo. Aunque las leyes fundamentales de la IA están aún por descubrir, los avances en esta área se suceden con gran rapidez y son prometedores. Dado esto, yo clasificaría a los robots y otras máquinas pensantes como una imposibilidad de clase I.

8

Extraterrestres y ovnis

> O estamos solos en el universo o no lo estamos.
> Las dos perspectivas son aterradoras.
>
> ARTHUR C. CLARKE

Una nave espacial gigantesca, de miles de kilómetros, desciende amenazadoramente sobre Los Ángeles; el cielo desaparece y la ciudad queda sumida en la oscuridad. Fortalezas con forma de plato se sitúan sobre las principales ciudades del mundo. Centenares de espectadores jubilosos, que desean dar la bienvenida a Los Ángeles a seres de otro planeta, se reúnen en lo alto de un rascacielos para recibir a sus huéspedes celestes.

Tras unos días de cerniéndose en silencio sobre Los Ángeles, el vientre de la nave espacial se abre lentamente. De ella surge una abrasadora ráfaga de luz láser que quema los rascacielos y desencadena una marea de destrucción que recorre toda la ciudad y la reduce en segundos a un montón de cenizas.

En la película *Independence Day*, los alienígenas representan nuestros temores más profundos. En la película *E. T.* proyectamos en los alienígenas nuestros propios sueños y fantasías. A lo largo de la historia la gente se ha sentido fascinada por la idea de criaturas alienígenas que habitan en otros mundos. Ya en 1611, en su tratado *Somnium*, el astrónomo Johannes Kepler, que utilizaba el mejor conocimiento científico de la época, especuló sobre un viaje a la Luna durante el que se podía encontrar a extraños alienígenas, plantas y animales. Pero ciencia y religión chocan con frecuencia sobre el tema de la vida en el espacio, a veces con trágicos resultados.

Algunos años antes, en 1600, el filósofo y antiguo monje dominico Giordano Bruno fue quemado vivo en las calles de Roma. Para humillarle, la Iglesia le colgó cabeza abajo y le desnudó antes de quemarle finalmente en la hoguera. ¿Qué es lo que hacía tan peligrosas las enseñanzas de Bruno? Había planteado una sencilla pregunta: ¿hay vida en el espacio exterior? Como Copérnico, él creía que la Tierra daba vueltas alrededor del Sol, pero, a diferencia de Copérnico, creía que podía haber un número incontable de criaturas como nosotros que vivían en el espacio exterior. (En lugar de mantener la posibilidad de miles de millones de santos, papas, iglesias y Jesucristos en el espacio exterior, para la Iglesia era más conveniente quemarlo sin más.)

Durante cuatrocientos años el recuerdo de Bruno ha obsesionado a los historiadores de la ciencia. Pero hoy Bruno se cobra su venganza cada pocas semanas. Aproximadamente dos veces al mes se descubre un nuevo planeta extrasolar en órbita en torno a otra estrella en el espacio. Hasta ahora se han documentado más de 250 planetas orbitando en torno a otras estrellas. La predicción de Bruno de planetas extrasolares ha sido vindicada. Pero aún queda una pregunta. Aunque la galaxia Vía Láctea pueda estar salpicada de planetas extrasolares, ¿cuántos de ellos pueden albergar vida? Y si existe vida inteligente en el espacio, ¿qué puede decir la ciencia sobre ella?

Por supuesto, hipotéticos encuentros con extraterrestres han fascinado a la sociedad y excitado a generaciones de lectores y espectadores de cine. El incidente más famoso ocurrió el 30 de octubre de 1938, cuando Orson Welles decidió representar un truco de Halloween ante el público norteamericano. Tomó el argumento básico de *La guerra de los mundos* de H. G. Wells y elaboró una serie de breves avances informativos en la emisora nacional de radio de la CBS, interrumpiendo música de baile para reconstruir, hora a hora, la invasión de la Tierra por marcianos y el subsiguiente colapso de la civilización. Millones de norteamericanos fueron presa del pánico ante las «noticias» de que máquinas de Marte habían aterrizado en Grover's Mill, New Jersey, y estaban lanzando rayos de muerte para destruir ciudades enteras y conquistar el mundo. (Más tarde los periódicos registraron las reacciones espontáneas que se dieron cuando la gente huía del área, con testigos oculares que afirmaban que pudieron oler gas venenoso y ver destellos de luz a distancia.)

La fascinación por Marte alcanzó un nuevo máximo en la década de 1950, cuando los astrónomos advirtieron una extraña marca en el planeta que parecía una gigantesca M de cientos de kilómetros. Los comentaristas señalaron que quizá la M significaba «Marte» y los marcianos estaban haciendo notar pacíficamente su presencia a los terrícolas, como las animadoras deletrean el nombre de su equipo en un estadio de rugby. (Otros señalaron tenebrosamente que la marca M era en realidad una W, y W significaba «war» (guerra). En otras palabras, ¡los marcianos estaban declarando realmente la guerra a la Tierra!) El temor se redujo al final cuando la misteriosa M desapareció tan de repente como había aparecido. Con toda probabilidad, esta marca fue provocada por una tormenta de polvo que cubrió todo el planeta, excepto las cimas de cuatro grandes volcanes. Las cimas de estos volcanes tomaron la forma aproximada de una M o una W.

LA BÚSQUEDA CIENTÍFICA DE VIDA

Los científicos serios que exploran la posibilidad de vida extraterrestre afirman que es imposible decir algo definitivo sobre dicha vida, suponiendo que exista. En cualquier caso, podemos esbozar algunos argumentos generales sobre la naturaleza de la vida alienígena basados en lo que sabemos de física, química y biología.

En primer lugar, los científicos creen que el agua líquida será el factor clave en la creación de vida en el universo. «Sigue el agua» es el mantra que recitan los astrónomos cuando buscan pruebas de vida en el espacio. El agua, a diferencia de la mayoría de los líquidos, es un «disolvente universal» que puede disolver una sorprendente variedad de sustancias químicas. Es un crisol ideal para crear moléculas cada vez más complejas. Además, la molécula de agua es sencilla y se encuentra en todo el universo, mientras que otros disolventes son bastante raros.

En segundo lugar, sabemos que el carbono es un componente probable en la creación de vida porque tiene cuatro enlaces y con ello la capacidad de unirse a otros cuatro átomos y crear moléculas de increíble complejidad. En particular, es fácil formar largas cadenas de carbono, que se convierten en la base de los carbohidratos y la química orgánica. Otros elementos con cuatro enlaces no tienen una química tan rica.

La ilustración más vívida de la importancia del carbono fue el famoso experimento realizado por Stanley Miller y Harold Urey en 1953, que demostró que la formación espontánea de vida puede ser un subproducto natural de la química del carbono. Tomaron una solución de amoniaco, metano y otras sustancias químicas tóxicas que creían que se encontraban en la Tierra primitiva, la pusieron en un matraz, la sometieron a una pequeña descarga eléctrica, y luego esperaron. En menos de una semana pudieron ver pruebas de que en el matraz se formaban aminoácidos espontáneamente. La corriente eléctrica era suficiente para romper los enlaces dentro del amoniaco y el metano y luego reordenar los átomos en aminoácidos, los precursores de las proteínas. En cierto sentido, la vida puede formarse de manera espontánea. Posteriormente se han encontrado aminoácidos dentro de meteoritos y también en nubes de gas en el espacio profundo.

En tercer lugar, la base fundamental de la vida es la molécula autorreplicante llamada ADN. En química, las moléculas autorreplicantes son extremadamente raras. Se necesitaron cientos de millones de años para que se formara la primera molécula de ADN en la Tierra, probablemente en las profundidades del océano. Al parecer, si se pudiera realizar el experimento de Miller-Urey durante un millón de años en los océanos, se formarían espontáneamente moléculas similares al ADN. Un lugar probable donde podría haberse dado la primera molécula de ADN en la Tierra es cerca de las chimeneas volcánicas en el fondo del océano, puesto que la actividad de las chimeneas proporcionaría un suministro conveniente de energía para las moléculas de ADN y las células primitivas, antes de la llegada de las fotosíntesis y las plantas. No se sabe si, además del ADN, puede haber otras moléculas basadas en el carbono que sean también autorreplicantes, pero es probable que si hay otras moléculas autorreplicantes en el universo, se parecerán de alguna manera al ADN.

De modo que la vida requiere probablemente agua líquida, sustancias químicas carbohidratadas y alguna forma de molécula autorreplicante como el ADN. Utilizando estos criterios generales podemos hacer una cruda estimación de la frecuencia de vida inteligente en el universo. En 1961 el astrónomo Frank Drake, de la Universidad de Cornell, fue uno de los primeros en hacer tal estimación. Si partimos de 100.000 millones de estrellas en la Vía Láctea, podemos estimar qué fracción de ellas tienen estrellas como nuestro Sol. De estas, podemos estimar qué fracción tienen sistemas planetarios orbitando a su alrededor.

Más concretamente, la ecuación de Drake calcula el número de civilizaciones en la galaxia multiplicando varios números, que incluyen:

- el ritmo al que nacen estrellas en la galaxia,
- la fracción de estas estrellas que tienen planetas,
- el número de planetas por cada estrella que tienen condiciones para la vida,
- la fracción de planetas en los que realmente se desarrolla vida,
- la fracción que desarrolla vida inteligente,
- la fracción que está dispuesta a comunicar y es capaz de hacerlo, y
- el tiempo de vida esperado de cada civilización.

Tomando estimaciones razonables para estas probabilidades y multiplicándolas sucesivamente, nos damos cuenta de que solo en la Vía Láctea podría haber entre 100 y 10.000 planetas que son capaces de albergar vida inteligente. Si estas formas de vida inteligente están uniformemente esparcidas a lo largo de la Vía Láctea, entonces cabría encontrar uno de esos planetas solo a unos pocos cientos de años luz de la Tierra. En 1974 Carl Sagan calculó que podría haber hasta un millón de esas civilizaciones solamente dentro de nuestra Vía Láctea.

Esta teorización, a su vez, ha dado una justificación añadida para los que buscan pruebas de civilizaciones extraterrestres. Dada la estimación favorable de planetas capaces de albergar formas de vida inteligente, los científicos han empezado a buscar en serio señales de radio que hubieran podido emitir tales planetas, de forma muy similar a las señales de radio y televisión que nuestro propio planeta ha estado emitiendo durante los últimos cincuenta años.

ESCUCHANDO A ET

El Proyecto SETI (Search for Extraterrestrial Intelligence o Búsqueda de Inteligencia Extraterrestre) se remonta a un importante artículo escrito en 1959 por los físicos Giuseppe Cocconi y Philip Morrison, quienes sugerían que prestar escucha a radiación de microondas de una frecuencia entre 1 y 10 gigahercios sería la manera más adecuada de captar comunicaciones extraterrestres. (Por debajo de 1 gigahercio, las señales serían barridas por la radiación emitida por electrones en rápido movimiento; por encima de 10 gigahercios, el ruido procedente de moléculas de oxígeno y de agua en nuestra atmósfera interferiría con las señales.) Ellos seleccionaron los 1.420 gigahercios como la frecuencia más prometedora para escuchar señales del espacio exterior, puesto que era la frecuencia de emisión del hidrógeno ordinario, el elemento más abundante en el universo. (Las frecuencias en este rango se conocen como «el bar», dada su conveniencia para la comunicación con extraterrestres.)

La búsqueda de pruebas de señales inteligentes cerca del bar ha sido, no obstante, decepcionante. En 1960 Frank Drake inició el Proyecto Ozma (que debe su nombre a la reina de Oz) para buscar señales utilizando el radiotelescopio de 25 metros en Green Bank, Virginia Occidental. Nunca se encontró una señal, ni en el Proyecto Ozma ni en otros proyectos que, intermitentemente, trataron de explorar el cielo nocturno durante años.

En 1971 la NASA hizo una propuesta ambiciosa para financiar investigación SETI. Bautizado como Proyecto Cyclops, el programa implicaba a 1.500 radiotelescopios con un coste de 10.000 millones de dólares. La investigación nunca llegó a ninguna parte, lo que no es sorprendente. Luego se ofreció financiación para una propuesta mucho más modesta: enviar un mensaje cuidadosamente codificado a la vida alienígena en el espacio exterior. En 1974 el radiotelescopio gigante de Arecibo, en Puerto Rico, emitió un mensaje codificado de 1.679 bits hacia el cúmulo globular M13, a unos 25.100 años luz. En este corto mensaje los científicos crearon una malla reticular de 23 × 73 que representaba la localización de nuestro sistema solar y contenía una ilustración de seres humanos y algunas formulas químicas. (Debido a las grandes distancias implicadas, la fecha más temprana para recibir una respuesta del espacio exterior sería unos 52.174 años a partir de ahora.)

El Congreso no ha quedado impresionado por la trascendencia de estos proyectos, ni siquiera después de que se recibiera una misteriosa señal de radio, llamada la señal «Wow», en 1977. Consistía en una serie de letras y números que no daban la impresión de ser aleatorios sino que parecían estar señalando la existencia de inteligencia. (Algunos que han visto la señal Wow no han quedado convencidos.)

En 1995, frustrados por la falta de financiación por parte del gobierno federal, los astrónomos se dirigieron a fuentes privadas para poner en marcha el Instituto SETI en Mountain View, California, sin ánimo de lucro, con el fin de centralizar la investigación SETI e iniciar el Proyecto Phoenix para estudiar mil estrellas próximas similares al Sol en el rango de 1.200 a 3.000 megahercios. Se nombró directora a la doctora Jill Tarter (que sirvió de modelo para la científica interpretada por Jodie Foster en la película *Contact*). El equipo utilizado en el proyecto era tan sensible que podía captar las emisiones de un sistema de radar de aeropuerto a 200 años luz.

Desde 1995 el Instituto SETI ha explorado más de 1.000 estrellas con un coste de 3 millones de dólares al año. Pero no ha habido resultados tangibles. En cualquier caso, Seth Shostak, astrónomo veterano en SETI, cree de forma optimista que la red de telescopios Allen de 350 antenas que se está construyendo a 400 kilómetros al nordeste de San Francisco «captará una señal para el año 2025».[1]

Una aproximación más novedosa es el Proyecto SETI@home, iniciado por astrónomos de la Universidad de California en Berkeley, en 1999. Tuvieron la idea de reclutar a millones de propietarios de ordenadores personales que no se utilizaban la mayor parte del tiempo. Quienes participan descargan un paquete de software que ayudará a descodificar algunas de las señales de radio recibidas por un radiotelescopio mientras está activado el salvapantallas del participante, de modo que no hay ningún perjuicio para el usuario del PC. Hasta ahora, el proyecto ha reclutado a 5 millones de usuarios en más de 200 países, que consumen más de 1.000 millones de dólares de electricidad, todo a un coste pequeño. Es el proyecto de ordenador más ambicioso emprendido jamás en la historia, y podría servir de modelo para otros proyectos que requieren vastos recursos de computación para realizar cálculos. Hasta ahora el Proyecto SETI@home no ha encontrado ninguna señal procedente de una fuente inteligente.

Tras décadas de duro trabajo, la notoria falta de progresos en la investigación SETI ha obligado a sus proponentes a plantearse preguntas difíciles. Un defecto obvio podría ser el uso exclusivo de señales de radio en ciertas bandas de frecuencia. Algunos han sugerido que la vida alienígena podría utilizar señales láser en lugar de señales de radio. Los láseres tienen varias ventajas sobre la radio, porque su corta longitud de onda del láser significa que se pueden empaquetar más señales en una onda que con la radio. Pero puesto que la luz láser es bastante direccional y también contiene solo una frecuencia, resulta excepcionalmente difícil sintonizar con exactitud la frecuencia láser correcta.

Otro defecto obvio podría ser la confianza de los investigadores SETI en ciertas bandas de radiofrecuencia. Si existe vida alienígena, quizá utilice técnicas de compresión o podría distribuir los mensajes en paquetes más pequeños, estrategias hoy utilizadas en la moderna internet. Al escuchar mensajes comprimidos que han sido distribuidos entre muchas frecuencias, solo podríamos oír ruido aleatorio.

Pero dados todos estos formidables problemas a los que se enfrenta SETI, es razonable suponer que en algún momento en este siglo deberíamos ser capaces de detectar alguna señal de una civilización extraterrestre, suponiendo que existan tales civilizaciones. Y si eso sucediera, representaría un hito en la historia de la especie humana.

¿DÓNDE ESTÁN?

El hecho de que el Proyecto SETI no haya encontrado todavía ningún indicio de señales de vida inteligente en el universo ha obligado a los científicos a hacer un examen más frío y riguroso de las hipótesis que hay tras la ecuación de Drake para la vida inteligente en otros planetas. Descubrimientos astronómicos recientes nos han llevado a pensar que la probabilidad de encontrar vida inteligente es muy diferente de la calculada originalmente por Drake en los años cincuenta. La probabilidad de que exista vida inteligente en el universo es a la vez más optimista y más pesimista de lo que se creía al principio.

En primer lugar, nuevos descubrimientos nos han llevado a pensar que la vida puede florecer en condiciones no contempladas por la ecuación de Drake. Antes, los científicos creían que el agua líquida solo podía existir en la zona «Rizos de Oro» que rodea al Sol. (La distancia de la Tierra al Sol es la «justa». Ni demasiado cerca porque los océanos hervirían, ni demasiado lejos porque los océanos se congelarían, sino la «justa» para hacer la vida posible.)

Por eso hubo una especie de conmoción cuando los astrónomos encontraron pruebas de que podía existir agua líquida bajo la cubierta de hielo en Europa, una luna congelada de Júpiter. Europa está bien fuera de la zona Rizos de Oro, de modo que no parecía encajar en las condiciones de la ecuación de Drake. Pero las fuerzas de marea podrían ser suficientes para fundir la cubierta de hielo en Europa y producir un océano líquido permanente. A medida que Europa gira alrededor de Júpiter, el enorme campo gravitatorio del planeta estruja dicha luna como una bola de goma, lo que crea una fricción en el interior de su núcleo, que a su vez podría hacer que la cubierta de hielo se fundiera. Puesto que hay más de 100 lunas solo en nuestro sistema solar, esto significa que podría haber varias lunas que alberguen vida fuera de la zona Rizos de Oro. (Y los más o menos 250 planetas extrasolares descubiertos hasta ahora en el espacio también podrían tener lunas congeladas que pueden albergar vida.)

Además, los científicos creen que el universo podría estar salpicado de planetas errabundos que no dan vueltas alrededor de ninguna estrella. Debido a las fuerzas de la marea, cualquier luna que orbite alrededor de un planeta errabundo podría tener océanos líquidos bajo su cubierta de hielo, y con ello vida, pero sería imposible ver tales lunas con nuestros instrumentos, que dependen de la detección de la luz de una estrella madre.

Dado que el número de lunas probablemente sobrepasa con mucho al número de planetas en un sistema solar, y puesto que podría haber millones de planetas errabundos en la galaxia, el número de cuerpos astronómicos con formas de vida en el universo podría ser mucho mayor de lo que se creía antes.

Por otra parte, otros astrónomos han concluido, por diversas razones, que las probabilidades de vida en planetas dentro de la zona Rizos de Oro son probablemente mucho menores que las estimadas originalmente por Drake.

En primer lugar, simulaciones por ordenador muestran que la presencia de un planeta del tamaño de Júpiter en un sistema solar es necesaria para desviar y lanzar al espacio los cometas y meteoritos pasajeros; así se limpia continuamente un sistema solar y puede florecer la vida. Si Júpiter no existiera en nuestro sistema solar, la Tierra estaría bombardeada con meteoritos y cometas, lo que haría la vida imposible. El doctor George Wetherill, un astrónomo en el Instituto Carnegie en Washington D.C., considera que sin la presencia de Júpiter o Saturno en nuestro sistema solar, la Tierra habría sufrido un número de colisiones de asteroides mil veces mayor, y cada diez mil años ocurriría un enorme impacto amenazador para la vida (como el que destruyó a los dinosaurios hace 65 millones de años). «Es difícil imaginar cómo podría sobrevivir la vida a ese ataque», dice.[2]

En segundo lugar, nuestro planeta está agraciado con una gran Luna, que ayuda a estabilizar el giro de la Tierra. Extrapolando las leyes de la gravedad de Newton a millones de años, los científicos pueden demostrar que sin una gran Luna es muy probable que nuestro eje de giro se hubiera hecho inestable y la Tierra se tambaleara, lo que haría la vida imposible. El doctor Jacques Lasker, un astrónomo francés, estima que sin nuestra Luna el eje de la Tierra podría oscilar entre 0 y 54 grados, lo que precipitaría condiciones climáticas extremas incompatibles con la vida. De modo que la presencia de una gran luna tiene que ser incluida en las condiciones utilizadas para la ecuación de Drake. (El hecho de que Marte tenga dos lunas minúsculas, demasiado pequeñas para estabilizar su giro, significa que Marte quizá se haya tambaleado en el pasado lejano, y quizá vuelva a hacerlo en el futuro.)[3]

En tercer lugar, pruebas geológicas recientes apuntan al hecho de que en muchos momentos en el pasado la vida en la Tierra estuvo a punto de extinguirse. Hace unos 2.000 millones de años la Tierra estaba prácticamente cubierta de hielo; era una Tierra «bola de nieve» que difícilmente podía albergar vida. En otras épocas, erupciones volcánicas e impactos de meteoritos podrían haber estado a punto de destruir toda la vida en la Tierra. De modo que la creación y la evolución de la vida es más frágil de lo que pensábamos en un principio.

En cuarto lugar, la vida inteligente también estaba prácticamente extinguida en el pasado. Hace unos 100.000 años tal vez había solo unos pocos cientos de miles de humanos, según las últimas pruebas de ADN. A diferencia de la mayoría de los animales dentro de una especie dada, que están separados por grandes distancias genéticas, los humanos son todos prácticamente iguales desde el punto de vista genético. Comparados con el reino animal, somos clones unos de otros. Este fenómeno solo puede explicarse si hubo «cuellos de botella» en nuestra historia en los que la mayor parte de la especie humana estaba casi extinguida. Por ejemplo, una gran erupción volcánica podría haber causado que el clima se enfriase repentinamente hasta casi acabar con la especie humana.

Hay aún otros accidentes fortuitos que fueron necesarios para crear vida en la Tierra, entre ellos:

• *Un campo magnético intenso.* Esto es necesario para desviar los rayos cósmicos y la radiación que podrían destruir la vida en la Tierra.

• *Una moderada velocidad de rotación planetaria.* Si la Tierra rotara con demasiada lentitud, la cara que se enfrenta al Sol estaría ardiente, mientras que la otra cara estaría gélida durante largos períodos de tiempo; si la Tierra rotara con demasiada rapidez, habría condiciones climáticas extremadamente violentas, como vientos y tormentas monstruosas.

• *Una localización que esté a la distancia correcta del centro de la gala-xia.* Si la Tierra estuviera demasiado cerca del centro de la galaxia Vía Láctea, recibiría una radiación peligrosa; si estuviera demasiado lejos del centro, nuestro planeta no tendría suficientes elementos pesados para crear moléculas de ADN y proteínas.

Por todas estas razones, los astrónomos creen ahora que la vida podría existir fuera de la zona Rizos de Oro en lunas o planetas errabundos, pero que las probabilidades de existencia de un planeta como la Tierra capaz de albergar vida dentro de la zona Rizos de Oro son mucho menores que lo que previamente se creía. En conjunto, la mayoría de las estimaciones basadas en las ecuaciones de Drake muestran que las probabilidades de encontrar civilización en la galaxia son probablemente menores de lo que se creía en un principio.

Como han señalado los profesores Peter Ward y Donald Brownlee: «Creemos que la vida en forma microbiana y sus equivalentes es muy común en el universo, quizá más común incluso de lo que Drake y [Carl] Sagan imaginaban. Sin embargo, es probable que la vida compleja —animales y plantas superiores— sea mucho más rara de lo que se suele suponer».[4] De hecho, Ward y Brownlee dejan abierta la posibilidad de que la Tierra pueda ser única en la galaxia en albergar vida animal. (Aunque esta teoría pueda frenar la búsqueda de vida inteligente en nuestra galaxia, aún deja abierta la posibilidad de que exista vida en otras galaxias lejanas.)

LA BÚSQUEDA DE PLANETAS SIMILARES A LA TIERRA

La ecuación de Drake es, por supuesto, puramente hipotética. Por esto es por lo que la búsqueda de vida en el espacio exterior ha recibido un impulso desde el descubrimiento de planetas extrasolares. Lo que ha dificultado la investigación en planetas extrasolares es que son invisibles a cualquier telescopio, puesto que no emiten luz propia. Son, en general, de un millón a mil millones de veces más oscuros que la estrella madre.

Para encontrarlos, los astrónomos están obligados a analizar minúsculos vaivenes en la estrella madre, suponiendo que un gran planeta del tamaño de Júpiter sea capaz de alterar la órbita de la estrella. (Pensemos en un perro que se persigue la cola. De la misma manera, la estrella madre y su planeta del tamaño de Júpiter se «persiguen» mutuamente dando vueltas uno alrededor de otro. Un telescopio no puede ver el planeta de tamaño de Júpiter, que es oscuro, pero la estrella madre es claramente visible y parece oscilar de un lado a otro.)

El primer auténtico planeta extrasolar fue encontrado en 1994 el doctor Alexander Wolszczan de la Universidad del Estado de Pensilvania, que observó planetas dando vueltas alrededor de una estrella muerta, un púlsar rotatorio. Puesto que la estrella madre había explotado probablemente como una supernova, parecía probable que estos planetas estuvieran muertos y abrasados. Al año siguiente, dos astrónomos suizos, Michel Mayor y Didier Queloz, de Ginebra, anunciaron que habían descubierto un planeta mucho más prometedor, con una masa similar a la de Júpiter, orbitando en torno a la estrella 51 Pegasi. Inmediatamente después se abrieron las compuertas.

En los diez últimos años el número de planetas extrasolares encontrados ha aumentado a un ritmo acelerado. El geólogo Bruce Jakosky, de la Universidad de Colorado en Boulder, dice: «Este es un momento especial en la historia de la humanidad. Somos la primera generación que tiene una posibilidad realista de descubrir vida en otro planeta».[5]

Ninguno de los sistemas solares descubiertos hasta la fecha se parece al nuestro. De hecho, son completamente diferentes de nuestro sistema solar. Antes, los astrónomos pensaban que nuestro sistema solar era representativo de otros sistemas a lo largo del universo, con órbitas circulares y tres anillos de planetas rodeando a la estrella madre: un cinturón de planetas rocosos más próximos a la estrella, luego un cinturón de gigantes gaseosos, y finalmente un cinturón cometario de icebergs congelados.

Para su gran sorpresa, los astrónomos descubrieron que ninguno de los planetas en otros sistemas solares seguía esta simple regla. En particular, se esperaba que los planetas del tamaño de Júpiter se hallaran lejos de la estrella madre, pero en su lugar se encontró que muchos de ellos orbitan o bien muy próximos a la estrella madre (incluso en una órbita más cerrada que la de Mercurio) o en órbitas extremadamente elípticas. En cualquier caso, la existencia de un planeta pequeño similar a la Tierra orbitando en la zona Rizos de Oro sería imposible en una u otra situación. Si el planeta del tamaño de Júpiter orbitara demasiado cerca de la estrella madre, significaría que había migrado desde una gran distancia y se había acercado poco a poco en espiral al centro del sistema solar (probablemente debido a la fricción provocada por el polvo). En ese caso, el planeta del tamaño de Júpiter habría cruzado en algún momento la órbita del planeta más pequeño, de tamaño similar a la Tierra, y lo habría lanzado al espacio exterior. Y si el planeta del tamaño de Júpiter siguiera una órbita muy elíptica, tendría que atravesar regularmente la zona Rizos de Oro, lo que de nuevo haría que el planeta similar a la Tierra saliera lanzado al espacio.

Estos hallazgos eran decepcionantes para los cazadores de planetas y astrónomos que esperaban descubrir otros planetas similares a la Tierra; pero visto en retrospectiva eran de esperar. Nuestros instrumentos son tan toscos que solo detectan los planetas de tamaño de Júpiter más grandes y con movimiento más rápido, que son los que pueden tener un efecto medible en la estrella madre. De ahí que no sea sorprendente que los telescopios de hoy solo puedan detectar planetas enormes que se mueven rápidamente en el espacio. Si existe un gemelo exacto de nuestro sistema solar en el espacio exterior, probablemente nuestros instrumentos son demasiado toscos para encontrarlo.

Todo esto puede cambiar con el lanzamiento de *Corot*, *Kepler* y el *Terrestrial Planet Finder*, tres satélites diseñados para localizar varios centenares de planetas similares a la Tierra en el espacio. Los satélites *Corot* y *Kepler*, por ejemplo, examinarán la débil sombra que arrojaría un planeta similar a la Tierra cuando pasa por delante de la estrella madre, lo que reduce ligeramente la luz procedente de esta. Aunque el planeta similar a la Tierra no sería visible, la reducción de la luz de la estrella madre podría ser detectada por el satélite.

El satélite francés *Corot* (que en francés representa convección, rotación estelar y tránsitos planetarios) fue lanzado con éxito en diciembre de 2006 y representa un hito, la primera sonda espacial para buscar planetas extrasolares. Los científicos esperan encontrar entre diez y cuarenta planetas similares a la Tierra. Si lo hacen, los planetas serán probablemente rocosos, no gigantes gaseosos, y de tamaño solo unas pocas veces más grandes que la Tierra. Quizá *Corot* también sumará muchos planetas del tamaño de Júpiter a los ya encontrados en el espacio. «*Corot* podrá encontrar planetas extrasolares de todos los tamaños y naturalezas, contrariamente a lo que podemos hacer desde tierra en este momento», dice el astrónomo Claude Catala. En general, los científicos esperan que el satélite explore hasta 120.000 estrellas.

Cualquier día, el *Corot* puede encontrar pruebas del primer planeta similar a la Tierra en el espacio, lo que sería un momento decisivo en la historia de la astronomía. En el futuro la gente quizá sufra un choque existencial al mirar al cielo nocturno y darse cuenta de que hay planetas ahí fuera que pueden albergar vida inteligente. Cuando miremos los cielos en el futuro, nos podríamos preguntar si alguien nos está devolviendo la mirada.

El satélite *Kepler* fue programado provisionalmente para ser lanzado a finales de 2008 por la NASA. Es tan sensible que puede detectar hasta centenares de planetas similares a la Tierra en el espacio exterior. Medirá el brillo de 100.000 estrellas para detectar el movimiento de cualquier planeta cuando atraviese la cara de la estrella. Durante los cuatro años que estará operativo, *Kepler* analizará y monitorizará miles de estrellas lejanas hasta 1.950 años luz de la Tierra. En su primer año en órbita, los científicos esperan que el satélite encuentre aproximadamente:

- 50 planetas del mismo tamaño aproximado que la Tierra,
- 185 planetas aproximadamente un 30 por ciento más grandes que la Tierra y
- 640 planetas de unas 2,2 veces el tamaño de la Tierra.

El *Terrestrial Planet Finder* puede tener una probabilidad aún mayor de encontrar planetas similares a la Tierra. Tras varios retrasos, su lanzamiento está programado tentativamente para 2014; analizará con gran exactitud unas 100 estrellas hasta una distancia de 45 años luz. Estará equipado con dos aparatos independientes para buscar planetas distantes. El primero es un coronógrafo, un telescopio especial que bloquea la luz de la estrella madre, reduciéndola en un factor de 1.000 millones. El telescopio será tres o cuatro veces más grande que el telescopio espacial Hubble y diez veces más preciso. El segundo aparato en el *Finder* es un interferómetro, que utiliza la interferencia de las ondas luminosas para cancelar la luz procedente de la estrella madre en un factor de un millón.

Mientras tanto, la Agencia Espacial Europea planea lanzar su propio buscador de planetas, el *Darwin*, que será puesto en órbita en 2015 o más tarde. Consistirá en tres telescopios espaciales, cada uno de unos 5 metros de diámetro, que vuelan en formación y actúan como un gran interferómetro. Su misión será también identificar planetas similares a la Tierra en el espacio.

Identificar centenares de planetas similares a la Tierra en el espacio ayudará a reconcentrar el esfuerzo SETI. En lugar de explorar aleatoriamente estrellas cercanas, los astrónomos podrán concentrar sus esfuerzos en un pequeño conjunto de estrellas que puedan albergar un gemelo de la Tierra.

¿QUÉ ASPECTO TENDRÁN?

Otros científicos han tratado de utilizar la física, la biología y la química para conjeturar qué aspecto podría tener la vida alienígena. Isaac Newton, por ejemplo, se preguntaba por qué todos los animales que podía ver a su alrededor poseían la misma simetría bilateral: dos ojos, dos patas delanteras y dos patas traseras dispuestas simétricamente. ¿Era esto un accidente fortuito o era obra de Dios?

Hoy los biólogos creen que durante la «explosión cámbrica», hace aproximadamente 500 millones de años, la naturaleza experimentó con un gran conjunto de formas para minúsculas criaturas multicelulares emergentes. Algunas tenían médulas espinales con formas de X, Y, o Z. Otras tenían simetría radial como una estrella de mar. Por accidente, una tenía una médula espinal con forma de Y, con simetría bilateral, y fue el ancestro de la mayoría de los mamíferos en la Tierra. Por ello, la forma humanoide con simetría bilateral, la misma forma que utiliza Hollywood para representar a los alienígenas en el espacio, no tiene por qué aplicarse necesariamente a toda la vida inteligente.

Algunos biólogos creen que la razón de que florecieran formas de vida diversas durante la explosión cámbrica es una «carrera de armamentos» entre predador y presa. La emergencia de los primeros organismos multicelulares que podían devorar a otros organismos obligó a una evolución acelerada de ambos, en la que cada uno de ellos corría para superar al otro. Como la carrera armamentista entre la Unión Soviética y Estados Unidos durante la guerra fría, cada lado tenía que apresurarse para mantenerse por delante del otro.

Al analizar cómo evolucionó la vida en este planeta, también podemos especular sobre cómo podría haber evolucionado la vida inteligente en la Tierra. Los científicos han concluido que la vida inteligente requiere probablemente:

1. Algún tipo de mecanismo sensorial o de visión para explorar su entorno.
2. Algún tipo de pulgar utilizado para agarrar —también podría ser un tentáculo o garra.
3. Algún tipo de sistema de comunicación, tal como el habla.

Se requieren estas tres características para sentir nuestro entorno y eventualmente manipularlo —cosas ambas que son los distintivos de la inteligencia—. Pero más allá de estas tres características, todo vale. Al contrario de tantos alienígenas mostrados en la televisión, un extraterrestre no tiene por qué parecerse a un humano en absoluto. Los alienígenas infantiles y con ojos de insecto que vemos en la televisión y en las películas parecen, de hecho, sospechosamente similares a los alienígenas de las películas de serie B de los años cincuenta, que están firmemente asentados en nuestro subconsciente.

(No obstante, algunos antropólogos han añadido un cuarto criterio para la vida inteligente con el fin de explicar un hecho curioso: los humanos son mucho más inteligentes de lo necesario para sobrevivir. Nuestros cerebros pueden dominar el viaje en el espacio, la teoría cuán-

tica y las matemáticas avanzadas, habilidades que son totalmente inne-
cesarias para cazar y recolectar en la selva. ¿Por qué este exceso de potencia cerebral? Cuando vemos en la naturaleza animales como el gue-
pardo y el antílope, que poseen habilidades extraordinarias mucho más
allá de las requeridas para su supervivencia, encontramos que había una
carrera de armamentos entre ellos. Análogamente, algunos científicos
creen que hay un cuarto criterio, una «carrera de armamentos» bioló-
gica que impulsa a los humanos inteligentes. Quizá dicha carrera de armamentos era con otros miembros de nuestra propia especie.)

Pensemos en todas las formas de vida notablemente diversas en
la Tierra. Si, por ejemplo, se pudiesen criar de manera selectiva octó-
podos durante varios millones de años, es concebible que también
podrían hacerse inteligentes. (Nosotros nos separamos de los simios
hace seis millones de años, probablemente porque no estábamos bien
adaptados al entorno cambiante de África. Por el contrario, el pulpo
está muy bien adaptado a su vida debajo de una roca, y por ello no
ha evolucionado durante millones de años.) El bioquímico Clifford
Pickover dice que «cuando observo los crustáceos de aspecto extraño, medusas blandas con tentáculos, gusanos hermafroditas y mohos
mucosos, sé que Dios tiene sentido del humor, y lo veremos reflejado en otras formas en el universo».

No obstante, es probable que Hollywood no vaya muy desenca-
minado cuando presenta como carnívoras las formas de vida alieníge-
gena inteligentes. No solo los alienígenas comedores de carne garan-
tizan mejores recaudaciones de taquilla, sino que también hay un
elemento de verdad en esta presentación. Los predadores suelen ser
más listos que sus presas. Tienen que utilizar la astucia para hacer planes, acosar, ocultarse y capturar a sus presas. Los zorros, los perros, los
tigres y los leones tienen ojos en la parte frontal de la cabeza para
calcular la distancia cuando saltan sobre su presa. Con dos ojos pueden utilizar visión estereoscópica en 3D para atrapar a su presa. Por
el contrario, las presas, como las ovejas y los conejos, tienen que saber cómo correr. Poseen ojos a los lados de la cara para detectar predadores en los 360 grados a su alrededor.

En otras palabras, la vida inteligente en el espacio exterior puede perfectamente evolucionar a partir de predadores con ojos, o al-

gún órgano sensorial en la parte frontal de su cabeza. Pueden poseer algo del comportamiento carnívoro, agresivo y territorial que encontramos en lobos, leones y humanos en la Tierra. (Pero puesto que tales formas de vida estarían basadas probablemente en ADN y moléculas de proteínas completamente diferentes, ellos no tendrían interés en comernos o aparearse con nosotros.)

También podemos utilizar la física para conjeturar qué tamaño podría tener su cuerpo. Suponiendo que vivan en planetas del tamaño de la Tierra y tengan la misma densidad aproximada del agua, como las formas de vida en la Tierra, entonces criaturas enormes no son posibles debido a la ley de escala, que establece que las leyes de la física cambian drásticamente cuando aumentamos la escala de cualquier objeto.

MONSTRUOS Y LEYES DE ESCALA

Si King Kong realmente existiera, por ejemplo, no podría aterrorizar a la ciudad de Nueva York. Por el contrario, sus piernas se romperían en cuando diese un paso. Esto se debe a que si tomamos un simio y multiplicamos su tamaño por diez, entonces su peso aumentaría como su volumen, o $10 \times 10 \times 10 = 1.000$ veces. Por lo tanto, sería 1.000 veces más pesado. Pero su resistencia aumenta proporcionalmente al grosor de sus huesos y músculos. El área de la sección transversal de sus huesos y músculos aumenta solo con el cuadrado de la distancia, es decir, $10 \times 10 = 100$ veces. En otras palabras, si King Kong fuera 10 veces más grande, solo sería 100 veces más resistente, pero pesaría 1.000 veces más. Así pues, el peso del simio aumenta mucho más rápido que su resistencia cuando aumenta su tamaño. Sería, en términos relativos, 10 veces más débil que un simio normal, y por eso sus piernas se romperían.

Recuerdo a mi profesor de la escuela primaria maravillándose ante la fuerza de una hormiga, que podía levantar una hoja de un peso muy superior al suyo. Mi maestro concluía que si una hormiga tuviera el tamaño de una casa, podría levantarla. Pero esta hipótesis es incorrecta por la misma razón que acabamos de ver con King Kong. Si una

hormiga tuviera el tamaño de una casa, sus patas también se romperían. Si se aumenta la escala de una hormiga en un factor 1.000, entonces sería 1.000 veces más débil que una hormiga normal, y sería
aplastada por su propio peso. (También se asfixiaría. Una hormiga res-
pira a través de orificios en los lados de su cuerpo. El área de esos orificios crece como el cuadrado del radio, pero el volumen de la hormiga crece como el cubo del radio. Así, una hormiga 1.000 veces más
grande que una hormiga ordinaria tendría 1.000 veces menos del aire
necesario para aportar oxígeno a sus músculos y tejidos corporales.
Esta es también la razón de que los campeones de patinaje y gimnasia
tiendan a ser más pequeños que la media, aunque tienen las mismas
proporciones que cualquier otro. Proporcionalmente, tienen una fuerza muscular mayor que la de las personas más altas.)

Utilizando esta ley de escala, podemos calcular asimismo la forma aproximada de los animales en la Tierra, y posiblemente de los
alienígenas en el espacio. El calor emitido por un animal aumenta
cuando aumenta su área superficial. Por ello, cuando aumenta su tamaño lineal en un factor 10, sus pérdidas térmicas aumentan en $10 \times
10 = 100$. Pero el contenido de calor dentro de su cuerpo es pro-
porcional a su volumen, o $10 \times 10 \times 10 = 1.000$. Por ello los animales grandes pierden calor más lentamente que los animales pequeños.
(Esta es la razón de que en invierno nuestros dedos y orejas se con-
gelen antes, puesto que tienen la mayor superficie relativa, y también
de que las personas pequeñas se enfríen más rápidamente que las
grandes. Explica por qué los periódicos arden muy rápidamente, debido a su mayor superficie relativa, mientras que los troncos arden
muy lentamente, debido a su superficie relativamente pequeña.)
También explica por qué las ballenas del Ártico tienen una forma re-
dondeada: porque una esfera tiene la mínima superficie por unidad
de masa. Y por qué los insectos en un ambiente más caliente pueden
permitirse tener una forma de espina, con una superficie relativamente grande por unidad de masa.

En la película de Disney *Cariño, he encogido a los niños*, una familia se contrae hasta tener el tamaño de hormigas. Se produce un
aguacero, y en el micromundo vemos minúsculas gotas de lluvia que
caen en charcos. En realidad, una gota de lluvia vista por una hormi-

ga no parecería una gota minúscula sino un enorme montón o hemisferio de agua. En nuestro mundo, un hemisferio de agua es inestable y colapsaría por su propio peso bajo la gravedad. Pero en el micromundo la tensión superficial es relativamente grande, de modo que un montón hemisférico de agua es estable.

De un modo análogo podemos hacer una estimación aproximada de la razón superficie a volumen de los animales en planetas lejanos utilizando las leyes de la física. A partir de dichas leyes podemos teorizar que los alienígenas en el espacio exterior no serían probablemente los gigantes que a veces se presentan en la ciencia ficción, sino más parecidos a nosotros en tamaño. (Las ballenas, sin embargo, pueden tener un tamaño mucho mayor debido al empuje del agua del mar. Esto también explica por qué muere una ballena varada en la playa: porque es aplastada por su propio peso.)

La ley de escala significa que las leyes de la física cambian cuando nos adentramos cada vez más en el micromundo. Esto explica por qué la teoría cuántica nos parece tan extraña, al violar sencillas nociones de sentido común sobre nuestro universo. Por ello, la ley de escala descarta la idea familiar de mundos dentro de mundos que encontramos en la ciencia ficción, es decir, la idea de que dentro del átomo podría haber un universo entero, o que nuestra galaxia podría ser un átomo en un universo mucho mayor. Esta idea se exploraba en la película *Hombres de negro*. En la escena final de la película la cámara se aleja de la Tierra, hacia los planetas, las estrellas, las galaxias, hasta que nuestro universo entero se convierte en solo una bola en un enorme juego extraterrestre al que juegan alienígenas gigantes.

En realidad, una galaxia de estrellas no guarda ningún parecido con un átomo; dentro de un átomo, los electrones en sus capas son totalmente distintos de los planetas. Sabemos que todos los planetas son muy diferentes unos de otros y pueden orbitar a cualquier distancia de la estrella madre. En los átomos, sin embargo, todas las partículas subatómicas son idénticas. No pueden orbitar a cualquier distancia del núcleo, sino solo en órbitas discretas. (Además, a diferencia de los planetas, los electrones pueden mostrar un comportamiento extraño que viola el sentido común, como estar en dos lugares a la vez y tener propiedades ondulatorias.)

LA FÍSICA DE LAS CIVILIZACIONES AVANZADAS

También es posible utilizar la física para esbozar los perfiles de posibles civilizaciones en el espacio. Si examinamos la evolución de nuestra propia civilización durante los últimos 100.000 años, desde que los modernos humanos aparecieron en África, podemos verla como la historia de un consumo creciente de energía. El astrofísico ruso Nikolái Kardashev ha conjeturado que las fases en el desarrollo de civilizaciones extraterrestres en el universo también podrían clasificarse de acuerdo con el consumo de energía. Utilizando las leyes de la física, él agrupó las civilizaciones posibles en tres tipos:

1. Civilizaciones tipo I: las que recogen la potencia planetaria, utilizando toda la luz solar que incide en su planeta. Pueden, quizá, aprovechar el poder de los volcanes, manipular el clima, controlar los terremotos y construir ciudades en el océano. Toda la potencia planetaria está bajo su control.

2. Civilizaciones tipo II: las que pueden utilizar toda la potencia de su sol, lo que las hace 10.000 millones de veces más poderosas que una civilización de tipo I. La Federación de Planetas en *Star Trek* es una civilización de tipo II. En cierto sentido, este tipo de civilización es inmortal; nada conocido en la ciencia, como las eras glaciales, impactos de meteoritos o incluso supernovas, puede destruirla. (En el caso en que su estrella madre esté a punto de explotar, estos seres pueden moverse a otro sistema estelar, o quizá incluso mover su planeta hogar.)

3. Civilizaciones tipo III: las que pueden utilizar la potencia de toda una galaxia. Son 10.000 millones de veces más poderosas que una civilización tipo II. Los borg en *Star Trek*, el Imperio en *La guerra de las galaxias* y la civilización galáctica en la serie Fundación de Asimov corresponden a una civilización tipo III. Ellas han colonizado miles de millones de sistemas estelares y pueden explotar la potencia del agujero negro en el centro de su galaxia. Circulan libremente por las calles espaciales de la galaxia.

Kardashev consideraba que una civilización que crezca al modesto ritmo de un pequeño porcentaje por año en consumo de energía pasará rápidamente de un tipo al siguiente, en cuestión de unos pocos miles o decenas de miles de años.

Como he expuesto en mis libros anteriores, nuestra civilización se clasifica como una civilización tipo 0 (es decir, utilizamos plantas muertas, petróleo y carbón para alimentar nuestras máquinas).[6] Solo utilizamos una minúscula fracción de la energía del Sol que llega a nuestro planeta. Pero ya podemos ver los inicios de una civilización de tipo I surgiendo en la Tierra. Internet es el inicio de un sistema telefónico de tipo I que conecta todo el planeta. El inicio de una economía de tipo I puede verse en la aparición de la Unión Europea, que a su vez fue creada para competir con el Tratado de Libre Comercio de América del Norte (TLC). El inglés es ya el segundo lenguaje más hablado en la Tierra y el lenguaje de la ciencia, las finanzas y los negocios. Imagino que puede llegar a ser el lenguaje tipo I hablado por prácticamente todo el mundo. Las culturas y costumbres locales seguirán floreciendo en miles de variedades en la Tierra, pero superpuesta a este mosaico de pueblos habrá una cultura planetaria, quizá dominada por el comercio y una cultura joven.

La transición entre una civilización y la siguiente no está ni mucho menos garantizada. La transición más peligrosa, por ejemplo, puede ser entre una civilización tipo 0 y una tipo I. Una civilización tipo 0 está aún llena del sectarismo, fundamentalismo y racismo que caracterizaron su aparición, y no está claro si estas pasiones religiosas y tribales impedirán o no la transición. (Quizá una razón de que no veamos civilizaciones tipo I en la galaxia es que nunca hicieron la transición, por ejemplo, se autodestruyeron. Quizá algún día, cuando visitemos otros sistemas estelares, encontremos los restos de civilizaciones que se destruyeron de una forma u otra, por ejemplo, sus atmósferas se hicieron radiactivas o demasiado calientes para albergar vida.)

Cuando una civilización haya alcanzado el estatus de tipo III tendrá la energía y el conocimiento suficientes para viajar libremente a través de la galaxia e incluso llegar al planeta Tierra. Como en la película *2001: una odisea del espacio*, tales civilizaciones pueden enviar sondas robóticas autorreplicantes a través de la galaxia en busca de vida inteligente.

Pero es probable que una civilización tipo III no esté inclinada a visitarnos o conquistarnos, como en la película *Independence Day*, en la que una civilización semejante se extiende como una plaga de langostas, invadiendo los planetas para agotar sus recursos. En realidad, hay muchísimos planetas muertos en el espacio exterior con enormes riquezas minerales que ellos podrían recoger sin molestarse en tenérselas que ver con una población nativa. Su actitud hacia nosotros podría parecerse a la nuestra ante un hormiguero. No tendemos a inclinarnos y ofrecer a las hormigas cuentas y abalorios, sino que simplemente las ignoramos.

El principal peligro al que se enfrentan las hormigas no es que los humanos queramos invadirlas o acabar con ellas, sino que las pisemos porque están en el camino. Recordemos que la distancia entre una civilización tipo III y nuestra propia civilización tipo 0 es, en términos de uso de energía, muchísimo más grande que la distancia entre nosotros y las hormigas.

Ovnis

Algunas personas afirman que los extraterrestres ya han visitado la Tierra en forma de ovnis. Los científicos suelen mostrarse incrédulos cuando oyen hablar de ovnis y descartan la posibilidad, ya que las distancias entre estrellas son enormes. Pero con independencia de las reacciones científicas, los persistentes informes sobre ovnis no han disminuido con los años.

En realidad, los avistamientos de ovnis se remontan al principio de la historia registrada. En la Biblia, el profeta Ezequiel menciona enigmáticamente «ruedas dentro de ruedas en el cielo», que algunos creen que es una referencia a un ovni. En el 1450 a.C., durante el reinado del faraón Tutmosis III en Egipto, los escribas egipcios registraron un incidente con «círculos de fuego» más brillantes que el Sol, de unos 5 metros, que aparecieron durante varios días y finalmente ascendieron al cielo. En el 91 a.C. el autor romano Julius Obsequens escribió sobre «un objeto redondo, como un globo, un escudo redondo o circular [que] seguía su trayectoria en el cielo». En 1255 el general Yoritsume y sus ejércitos vieron extraños globos danzando en el cielo cerca de Kioto, Japón. En 1561 se vio un gran número de objetos sobre Nuremberg, Alemania, como si estuvieran enzarzados en una batalla aérea.

Más recientemente, la Fuerza Aérea de Estados Unidos ha realizado estudios a gran escala de avistamientos de ovnis. En 1952 la Fuerza Aérea inició el Proyecto Blue Book, que analizó un total de 12.618 avistamientos. El informe concluía que la inmensa mayoría de estos avistamientos podía explicarse por fenómenos naturales, aviones convencionales o fraudes. Pero un 6 por ciento fueron clasificados como de origen desconocido. Como resultado del Informe Condon, que concluía que no había nada de valor en tales estudios, el Proyecto Blue Book fue cancelado en 1969. Fue el último proyecto conocido de investigación a gran escala sobre ovnis por parte de la Fuerza Aérea de Estados Unidos.

En 2007 el gobierno francés abrió a la opinión su voluminoso archivo sobre ovnis. El informe, puesto a disposición de la sociedad en internet por el Centro Nacional Francés para Estudios Espaciales, reunía 1.600 avistamientos de ovnis durante un período de cincuenta años, con 100.000 páginas de informes de testigos oculares, películas y cintas de audio. El Gobierno francés afirmaba que un 9 por ciento de tales avistamientos podían ser completamente explicados, y que el 33 por ciento tenían explicaciones probables, pero no podían dar más detalles del resto.

Por supuesto, es difícil verificar independientemente estos avistamientos. De hecho, tras un análisis cuidadoso la mayoría de los informes sobre ovnis pueden explicarse como un efecto de:

1. *El planeta Venus, que es el objeto más brillante en el cielo nocturno después de la Luna.* Debido a su enorme distancia de la Tierra, parece que el planeta nos sigue cuando nos movemos en un automóvil, como sucede con la Luna; esto crea la ilusión de que está siendo pilotado. Juzgamos la distancia, en parte, comparando los objetos en movimiento con sus entornos. Puesto que la Luna y Venus están muy

lejos, sin que haya nada con qué compararlos, no se mueven con respecto a sus entornos, y por ello tenemos la ilusión óptica de que nos están siguiendo.

2. *Gases empantanados.* Durante una inversión de temperatura sobre un área pantanosa, el gas flota sobre el suelo y puede hacerse ligeramente incandescente. Las bolsas de gas más pequeñas podrían separarse de una bolsa más grande, dando la impresión de que naves exploradoras están dejando la «nave nodriza».

3. *Meteoritos.* Arcos brillantes de luz pueden recorrer el cielo nocturno en cuestión de segundos, produciendo la ilusión de una nave pilotada.

4. *Anomalías atmosféricas.* Existen todo tipo de tormentas eléctricas y fenómenos atmosféricos inusuales que pueden iluminar el cielo de extrañas maneras, produciendo la ilusión de un ovni.

En los siglos XX y XXI también los siguientes fenómenos podrían generar avistamientos de ovnis:

1. *Ecos de radar.* Las ondas de radar pueden rebotar en montañas y crear ecos, que pueden ser recogidos por las pantallas de radar. Tales ondas parecen incluso zigzaguear y volar a velocidades enormes en una pantalla de radar, porque son tan solo ecos.

2. *Globos meteorológicos y de investigación.* En un controvertido informe el ejército afirma que el famoso rumor de un choque alienígena en Roswell, Nuevo México, en 1947, fue debido a un globo perdido del Proyecto Mogul, un proyecto secreto para detectar niveles de radiación en la atmósfera en caso de que se desencadenara una guerra nuclear.

3. *Aviones.* Se sabe que aviones comerciales y militares han provocado informes de ovnis. Esto es especialmente cierto de los vuelos de prueba de aviones experimentales avanzados, tales como el bombardero furtivo. (De hecho, el ejército de Estados Unidos alentó las historias de platillos volantes para desviar la atención de los proyectos secretos.)

4. *Fraudes deliberados.* Algunas de las fotografías más famosas que pretenden haber captado platillos volantes son en realidad fraudes.

Un platillo volante bien conocido, que mostraba ventanas y patas de aterrizaje, era en realidad un alimentador de pollos modificado.

Al menos el 95 por ciento de los avistamientos puede explicarse por alguno de los fenómenos anteriores. Pero esto aún deja abierta la cuestión del pequeño porcentaje restante de casos inexplicados. Los casos más verosímiles de ovnis incluyen a) avistamientos múltiples por testigos oculares creíbles e independientes, y b) evidencia procedente de múltiples fuentes, tales como visión directa y radar. Estos informes son más difíciles de descartar, puesto que implican varias comprobaciones independientes. Por ejemplo, en 1986 el vuelo JAL 1628 sobre Alaska avistó un ovni, que fue investigado por la Fuerza Aérea. El ovni fue visto por los pasajeros del vuelo JAL y también seguido por un radar desde tierra. Asimismo, hubo avistamientos en masa de triángulos negros sobre Bélgica en 1989-1990, que fueron seguidos por radares de la OTAN y aviones interceptores a reacción. En 1976 hubo un avistamiento sobre Teherán, Irán, que generó múltiples fallos en los sistemas de un F4 interceptor, como está registrado en documentos de la CIA.

Lo que resulta frustrante para los científicos es que, de los miles de avistamientos registrados, ninguno ha dejado una sólida prueba física que pueda llevar a resultados reproducibles en el laboratorio. No se ha recogido ningún ADN alienígena, ningún chip de ordenador alienígena ni ninguna prueba física de un aterrizaje alienígena.

Suponiendo por el momento que tales ovnis pudieran ser naves espaciales reales y no ilusiones, podríamos preguntarnos qué tipo de naves serían. He aquí algunas de las características que han sido registradas por los observadores.

a. Se sabe que zigzaguean en el aire.
b. Se sabe que han bloqueado los sistemas de encendido de los automóviles y perturbado la energía eléctrica a su paso.
c. Se ciernen silenciosamente en el aire.

Nótese que estas características encajan en la descripción de los cohetes que hemos desarrollado en la Tierra. Por ejemplo, todos los cohetes conocidos dependen de la tercera ley de movimiento de Newton (por cada acción, existe una reacción igual y opuesta); pero los ovnis citados no parecen tener ninguna tobera. Y las fuerzas-g creadas por platillos volantes zigzagueantes superarían en un centenar de veces la fuerza gravitatoria de la Tierra —las fuerzas-g serían suficientes para aplastar a cualquier criatura en la Tierra.

¿Pueden explicarse estas características de los ovnis utilizando la ciencia moderna? En las películas, como *La Tierra contra los platillos volantes*, siempre se supone que seres alienígenas pilotan estas naves. Sin embargo, lo más probable es que, si tales naves existen, no estén tripuladas (o estén tripuladas por un ser en parte orgánico y en parte mecánico). Esto explicaría que la nave pueda ejecutar pautas que generan fuerzas-g que normalmente aplastarían a un ser vivo.

Una nave que fuera capaz de bloquear los sistemas de encendido de los automóviles y moverse silenciosamente en el aire sugiere un vehículo propulsado por magnetismo. El problema con la propulsión magnética es que los imanes siempre tienen dos polos, un polo norte y un polo sur. Si colocamos un imán en el campo magnético de la Tierra, simplemente girará (como la aguja de una brújula) en lugar de ascender en el aire como un ovni; cuando el polo sur de un imán se mueve en un sentido, el polo norte se mueve en sentido contrario, de modo que el imán gira y no va a ninguna parte.

Una posible solución al problema sería utilizar «monopolos», es decir, imanes con un solo polo, ya sea norte o sur. Normalmente, si rompemos un imán por la mitad no obtenemos dos monopolos. En su lugar, cada mitad del imán se convierte en un imán por sí misma, con sus propios polos norte y sur; es decir, se convierte en otro dipolo. De modo que si seguimos dividiendo un imán, siempre encontraremos pares de polos norte y sur. (Este proceso de dividir un imán de dos polos para crear dipolos más pequeños continúa hasta el nivel atómico, donde los propios átomos son dipolos.)

El problema para los científicos es que nunca se han visto monopolos en el laboratorio. Los físicos han tratado de fotografiar la traza de un monopolo que atraviese sus equipos y han fracasado (excepto una única y controvertida imagen registrada en la Universidad de Stanford en 1982).

Aunque nunca se han visto experimentalmente monopolos de forma concluyente, los físicos creen en general que el universo tuvo abundancia de monopolos en el momento del big bang. La idea se ha incorporado a las últimas teorías cosmológicas del big bang. Pero debido a que el universo se infló rápidamente después del big bang, la densidad de monopolos en el universo se ha diluido, de modo que hoy no los vemos en el laboratorio. (De hecho, la ausencia de monopolos hoy fue la observación clave que llevó a los físicos a proponer la idea del universo inflacionario. De modo que el concepto de monopolos reliquia está bien establecido en física.)

Por consiguiente, es concebible que una especie viajera del espacio pudiera extender una gran «red» magnética en el espacio exterior para recoger esos «monopolos primordiales» residuos del big bang. Una vez que hubieran recogido suficientes monopolos, podrían navegar en saltos a través del espacio, utilizando las líneas de campo magnético que se encuentran en la galaxia o en un planeta, sin dejar ninguna huella en forma de escapes. Puesto que los monopolos son objeto de intensa investigación por parte de muchos cosmólogos, la existencia de una nave semejante es compatible con el pensamiento actual en física.

Por último, cualquier civilización alienígena suficientemente avanzada para enviar naves espaciales a través del universo ha tenido que dominar la nanotecnología. Esto significaría que sus naves espaciales no tienen que ser muy grandes; podrían ser enviadas por millones para explorar planetas habitados. Lunas desoladas serían quizá las mejores bases para tales nanonaves. Si es así, quizá nuestra propia Luna haya sido visitada en el pasado por una civilización tipo III, como se muestra en la película *2001: una odisea del espacio*, que es tal vez la representación más realista de un encuentro con una civilización extraterrestre. Es más que probable que la nave fuera robótica y no tripulada, y se posara en la Luna. (Quizá pase otro siglo antes de que nuestra tecnología esté lo bastante avanzada para explorar la Luna en busca de anomalías en la radiación, y sea capaz de detectar pruebas de una visita previa por parte de nanonaves.)

Si en realidad nuestra Luna ha sido visitada en el pasado, o ha sido el emplazamiento de una base nanotecnológica, esto explicaría por qué los ovnis no tienen que ser muy grandes. Algunos científicos se han burlado de los ovnis porque no encajan en ninguno de los gigantescos sistemas de propulsión que los ingenieros consideran hoy día, tales como estatorreactores de fusión, enormes velas impulsadas por láseres y motores nucleares, que podrían tener un tamaño de kilómetros. Los ovnis pueden ser tan pequeños como un avión a reacción. Pero si hay una base lunar permanente, producto de una visita anterior, los ovnis no tienen por qué ser grandes; pueden recargarse en su base espacial cercana. Así, los avistamientos pueden corresponder a naves de reconocimiento no tripuladas que tienen su origen en la base lunar.

Dados los rápidos avances en SETI y en el descubrimiento de planetas extrasolares, el contacto con vida extraterrestre, suponiendo que exista en nuestra vecindad, puede ocurrir dentro de este siglo, lo que hace de dicho contacto una imposibilidad de clase I. Si existen civilizaciones alienígenas en el espacio exterior, las siguientes preguntas obvias son: ¿tendremos alguna vez los medios de llegar a ellas? ¿Y qué pasa con nuestro propio futuro lejano, cuando el Sol empiece a expandirse y a devorar a la Tierra? ¿Realmente está nuestro destino en las estrellas?

9

Naves estelares

La idea descabellada de ir a la Luna es un ejemplo del gran absurdo al que llevará a los científicos la especialización viciosa […] la proposición parece básicamente imposible.

A. W. BICKERTON, 1926

Con toda probabilidad, la mejor parte de la humanidad nunca perecerá: migrará de un sol a otro a medida que estos mueran. Y por ello no hay final para la vida, el intelecto y la perfección de la humanidad. Su progreso es perenne.

KONSTANTIN E. TSIOLKOVSKI,
Padre de la tecnología de los cohetes

Algún día en un futuro lejano viviremos nuestro último día en la Tierra. Llegará un momento, dentro de miles millones de años, en que el cielo arderá en llamas. El Sol se hinchará en un infierno furioso que llenará el cielo entero, y empequeñecerá a cualquier otro objeto celeste. Cuando la temperatura de la Tierra aumente, los océanos hervirán y se evaporarán, y solo quedará un paisaje abrasado y agostado. Finalmente, las montañas se fundirán y se harán líquidas, y se formarán flujos de lava donde una vez hubo ciudades vibrantes.

Según las leyes de la física, este negro escenario es inevitable. La Tierra morirá en llamas cuando sea consumida por el Sol. Esta es una ley de la física.

Esta calamidad tendrá lugar dentro de los próximos 5.000 millones de años. En esa escala de tiempo cósmico, el ascenso y declive de las civilizaciones humanas son tan solo minúsculos vaivenes. Un día tendremos que dejar la Tierra o morir. Entonces, ¿cómo se las arreglará la humanidad, nuestros descendientes, cuando las condiciones en la Tierra se hagan intolerables?

El matemático y filósofo Bertrand Russell se lamentaba en cierta ocasión de «que ningún ardor, ningún heroísmo, ningún pensamiento o sentimiento por intenso que sea, puede conservar una vida más allá de la tumba; que todo el esfuerzo de los tiempos, toda la devoción, toda la inspiración, todo el brillo a pleno sol del genio humano, están destinados a la extinción en la vasta muerte del sistema solar; y el templo entero de los logros del Hombre debe quedar inevitablemente enterrado bajo los restos de un universo en ruinas».[1]

Para mí este es uno de los pasajes más soberbios de la lengua inglesa, pero Russell escribió este pasaje en una era en que los cohetes se consideraban imposibles. Hoy día la perspectiva de tener que dejar la Tierra no es tan improbable. Carl Sagan dijo en cierta ocasión que deberíamos convertirnos en «una especie biplanetaria». La vida en la Tierra es tan preciosa, decía, que deberíamos extendernos a al menos otro planeta habitable en caso de una catástrofe. La Tierra se mueve en medio de una «galería de tiro cósmica» de asteroides, cometas y otros residuos que vagan cerca de la órbita terrestre, y una colisión con cualquiera de ellos podría provocar nuestra desaparición.

CATÁSTROFES POR VENIR

El poeta Robert Frost preguntaba si el mundo acabaría en fuego o en hielo. Utilizando las leyes de la física, podemos predecir cómo acabará el mundo en caso de una catástrofe natural.

En una escala de milenios, un peligro para la civilización humana es la llegada de una nueva glaciación. La última época glacial terminó hace 10.000 años. Cuando llegue la próxima, dentro de 10.000 a 20.000 años, es posible que la mayor parte de Norteamérica esté cubierta por más de medio kilómetro de hielo. La civilización humana ha florecido dentro del reciente y minúsculo período interglacial, cuando la Tierra ha estado inusualmente caliente, pero este ciclo no puede durar para siempre.

En el curso de millones de años, los impactos de grandes meteoritos o cometas en la Tierra podrían tener un efecto devastador. El último gran impacto celeste se produjo hace 65 millones de años, cuando un objeto de unos 10 kilómetros de diámetro se estrelló en la península de Yucatán, en México, y abrió un cráter de unos 350 kilómetros de diámetro, lo que acabó con los dinosaurios, que hasta entonces eran la forma de vida dominante en la Tierra. Es probable otra colisión cósmica en esa escala de tiempo.

Dentro de miles de millones de años el Sol se expandirá poco a poco y consumirá a la Tierra. De hecho, calculamos que el Sol aumentará su temperatura en aproximadamente un 10 por ciento durante los próximos 1.000 millones de años y abrasará la Tierra. Nuestro planeta se consumirá por completo en 5.000 millones de años, cuando nuestro Sol se transforme en una estrella gigante roja. En realidad, la Tierra estará dentro de la atmósfera de nuestro Sol.

Dentro de decenas de miles de millones de años el Sol y la Vía Láctea morirán. Cuando nuestro Sol agote finalmente su combustible hidrógeno/helio, se contraerá en una minúscula estrella enana blanca y poco a poco se enfriará hasta que se convierta en un montón de cenizas nucleares negras vagando por el vacío del espacio. La Vía Láctea chocará con la galaxia vecina, Andrómeda, que es mucho más grande que nuestra galaxia. Los brazos espirales de la Vía Láctea se desgajarán, y nuestro Sol podría ser lanzado al espacio profundo. Los agujeros negros en el centro de las dos galaxias ejecutarán una danza de la muerte antes de colisionar y fusionarse finalmente.

Dado que la humanidad deberá dejar un día el sistema solar y dirigirse hacia estrellas vecinas para sobrevivir, o de lo contrario perecer, la pregunta es: ¿cómo llegaremos allí? El sistema estelar más próximo, Alfa Centauri, está a más de 4 años luz. Los cohetes convencionales con propulsión química, los caballos de arrastre del actual programa espacial, apenas alcanzan 70.000 kilómetros por hora.

A esa velocidad se necesitarían 70.000 años solo para visitar la estrella más próxima.

Si analizamos hoy el programa espacial, hay un enorme vacío entre nuestras pobres capacidades actuales y los requisitos de una auténtica nave estelar que nos permitiera empezar a explorar el espacio. Desde la exploración de la Luna a principios de la década de 1970, nuestro programa espacial tripulado ha enviado astronautas a una órbita a tan solo 500 kilómetros por encima de la Tierra en la lanzadera espacial y en la Estación Espacial Internacional. Para 2010, no obstante, la NASA planea sustituir la lanzadera espacial por la nave espacial *Orión*, que finalmente llevará de nuevo a los astronautas a la Luna el año 2020, tras un paréntesis de cincuenta años. El plan consiste en establecer una base tripulada y permanente en la Luna. Después de eso podría lanzarse una misión tripulada a Marte.

Obviamente hay que encontrar un nuevo tipo de diseño de cohete si queremos llegar alguna vez a las estrellas. O bien aumentamos radicalmente el empuje de nuestros cohetes, o aumentamos el tiempo durante el que actúan. Un gran cohete químico, por ejemplo, puede tener un empuje de varios millones de kilogramos, pero solo actúa durante unos pocos minutos. Por el contrario, otros diseños de cohetes, tales como el motor iónico (que se describe en los párrafos siguientes), pueden tener un empuje débil pero ser capaces de operar durante años en el espacio exterior. Cuando se trata de cohetes, la tortuga vence a la liebre.

MOTORES IÓNICOS Y DE PLASMA

A diferencia de los cohetes químicos, los motores iónicos no producen el chorro repentino y drástico de gases supercalientes que propulsa a los cohetes convencionales. De hecho, su empuje es mucho menor. Colocados sobre una mesa en la Tierra, son demasiado débiles para mover algo. Pero lo que les falta en empuje les sobra en duración, porque pueden actuar durante años en el vacío del espacio exterior.

Un típico motor iónico se parece al interior de un tubo de televisor. Una corriente eléctrica calienta un filamento y crea un haz de átomos ionizados, tales como xenón, que salen disparados por el extremo del cohete. En lugar de ser impulsados por un chorro de gases explosivos y calientes, los motores iónicos son impulsados por un tenue pero continuo flujo de iones.

El impulsor iónico NSTAR de la NASA fue probado en el espacio exterior a bordo de la exitosa sonda *Deep Space 1*, lanzada en 1998. El motor iónico funcionó durante 678 días, y estableció un nuevo récord para motores iónicos. La Agencia Espacial Europea también ha probado un motor iónico en su sonda *Smart 1*. La sonda espacial japonesa *Hayabusa*, que llegó a un asteroide, estaba impulsada por cuatro motores iónicos de xenón. Aunque no tenga mucho atractivo, el motor iónico podrá hacer misiones de largo recorrido (que no sean urgentes) entre planetas. De hecho, los motores iónicos pueden convertirse algún día en los caballos de tiro para el transporte interplanetario.

Una versión más potente del motor iónico es el de plasma, por ejemplo el VASIMR (cohete de magnetoplasma de impulso específico variable), que utiliza un potente chorro de plasma para impulsarse a través del espacio. Diseñado por el astronauta e ingeniero Franklin Chang-Diaz, utiliza radioondas y campos magnéticos para calentar hidrógeno hasta un millón de grados centígrados. El plasma supercaliente es entonces eyectado por el extremo del cohete, lo que produce un empuje importante. Prototipos del motor se han construido ya en tierra, aunque ninguno ha sido enviado todavía al espacio. Algunos ingenieros confían en que el motor de plasma pueda utilizarse para llevar una misión a Marte, reduciendo significativamente el tiempo de viaje a unos pocos meses. Algunos diseños utilizan energía solar para alimentar el plasma en el motor. Otros diseños utilizan fisión nuclear (lo que aumenta los problemas de seguridad, puesto que supone poner grandes cantidades de materiales nucleares en el espacio en naves que pueden sufrir accidentes).

Pero ni el motor iónico ni el motor de plasma/VASIMR tienen potencia suficiente para llevarnos a las estrellas. Para eso necesitamos una serie de diseños de propulsión completamente nuevos. Un serio inconveniente en el diseño de una nave estelar es la extraordinaria cantidad de combustible necesaria para hacer un viaje incluso a la estrella más cercana, y el largo período de tiempo antes de que la nave llegue a su lejano destino.

VELEROS SOLARES

Una propuesta que puede resolver estos problemas es el velero solar. Explota el hecho de que la luz solar ejerce una presión muy pequeña pero continua que es suficiente para impulsar un enorme velero a través del espacio. La idea de un velero solar es antigua, pues se remonta al gran astrónomo Johannes Kepler en su tratado *Somnium*, de 1611.

Aunque la física que hay detrás de un velero solar es bastante sencilla, los avances se han centrado en crear realmente un velero solar que pueda enviarse al espacio. En 2004 un cohete japonés desplegó con éxito dos pequeños prototipos de veleros solares en el espacio. En 2005 la Sociedad Planetaria, Cosmos Studios, y la Academia Rusa de Ciencias lanzaron el velero espacial *Cosmos 1* desde un submarino en el mar de Barents, pero el cohete Volna que lo transportaba falló y el velero no llegó a su órbita. (Un intento previo con un velero suborbital también había fracasado en 2001.) Pero en febrero de 2006 el cohete japonés M-V consiguió poner en órbita un velero solar de 15 metros, si bien la vela no llegó a desplegarse por completo.

Aunque los avances en la tecnología de veleros solares han sido penosamente lentos, sus defensores tienen otra idea que podría llevarlos a las estrellas: construir una enorme batería de láseres en la Luna que pueda disparar intensos haces de luz láser hacia un velero solar y hacerlo llegar a la estrella más próxima. La física de dicho velero solar interplanetario es verdaderamente abrumadora. La propia vela tendría que tener cientos de kilómetros y ser construida por completo en el espacio exterior. Habría que construir miles de potentes láseres en la Luna, cada uno de ellos capaz de funcionar continuamente durante años o décadas. (Se estima que sería necesario disparar láseres que tengan mil veces la potencia total actual del planeta Tierra.)

Sobre el papel, un enorme velero ligero podría viajar a la mitad de la velocidad de la luz. Un velero solar semejante tardaría solo unos ocho años en llegar a las estrellas cercanas. La ventaja de tal sistema de propulsión es que podría utilizar la tecnología ya disponible. No habría que descubrir ninguna nueva ley de la física para crear dicho velero solar. Pero hay grandes problemas económicos y técnicos. Los problemas de ingeniería para crear una vela de cientos de kilómetros, impulsada por miles de potentes haces de luz láser colocados en la Luna, son formidables, y requieren una tecnología que podría estar a más de un siglo en el futuro. (Un problema con el velero solar interestelar es el regreso. Habría que crear una segunda batería de haces láser en una luna distante para propulsar el velero de vuelta a la Tierra. O quizá la nave podría rodear a una estrella y utilizarla como una honda para obtener suficiente velocidad para el viaje de regreso. Entonces los láseres en la Luna se utilizarían para decelerar el velero de modo que pudiera aterrizar en la Tierra.)

ESTATORREACTOR DE FUSIÓN

Mi candidato favorito para llevarnos a las estrellas es el motor estatorreactor de fusión. Hay abundancia de hidrógeno en el universo, de modo que un motor estatorreactor podría recoger hidrógeno a medida que viajara por el espacio exterior, lo que le daría una fuente esencialmente inagotable de combustible. Una vez recogido el hidrógeno sería calentado hasta millones de grados, lo bastante caliente para que el hidrógeno se fusionara y liberara la energía de una reacción termonuclear.

El motor estatorreactor de fusión fue propuesto por el físico Robert W. Bussard en 1960, y más tarde popularizado por Carl Sagan. Bussard calculaba que un motor estatorreactor que pesara unas 1.000 toneladas podría en teoría mantener un empuje constante de 1 g de fuerza, es decir, comparable a permanecer en la superficie de la Tierra. Si el motor estatorreactor pudiera mantener una aceleración

1 g durante un año, alcanzaría un 77 por ciento de la velocidad de la luz, suficiente para hacer del viaje interestelar una seria posibilidad.

Los requisitos para el motor estatorreactor de fusión son fáciles de calcular. En primer lugar, conocemos la densidad media del hidrógeno a lo largo del universo. También podemos calcular aproximadamente cuánto hidrógeno hay que quemar para alcanzar aceleraciones de 1 g. Este cálculo, a su vez, determina qué tamaño debe tener la «pala» para recoger hidrógeno. Con unas pocas hipótesis razonables, se puede demostrar que se necesitaría una pala de unos 160 kilómetros de diámetro. Aunque crear una pala de este tamaño sería prohibitivo en la Tierra, construirla en el espacio exterior plantea menos problemas debido a la ingravidez.

En principio, el motor estatorreactor podría autopropulsarse indefinidamente y alcanzar finalmente sistemas estelares lejanos en la galaxia. Puesto que el tiempo pasa con lentitud dentro del cohete, según Einstein, sería posible alcanzar distancias astronómicas sin recurrir a poner a la tripulación en animación suspendida. Después de acelerar a 1 g durante once años, según los relojes dentro de la nave estelar, la nave alcanzaría el cúmulo estelar de las Pléyades, que está a 400 años luz. En 23 años llegaría a la galaxia Andrómeda, situada a 2 millones de años luz de la Tierra. En teoría, la nave espacial podría llegar al límite del universo visible dentro del tiempo de vida de un miembro de la tripulación (aunque en la Tierra habrían pasado miles de millones de años).

Una incertidumbre clave es la reacción de fusión. El reactor de fusión ITER, cuya construcción está programada en el sur de Francia, combina dos raras formas de hidrógeno (deuterio y tritio) para extraer energía. En el espacio exterior, sin embargo, la forma más abundante del hidrógeno consiste en un solo protón rodeado por un electrón. Por lo tanto, el motor estatorreactor de fusión tendría que explotar la reacción de fusión protón-protón. Aunque el proceso de fusión deuterio/tritio ha sido estudiado durante décadas por los físicos, el proceso de fusión protón-protón se conoce peor, es más difícil de conseguir y produce menos energía. Por ello, dominar la reacción protón-protón más difícil será un reto técnico en las próximas décadas. (Además, algunos ingenieros han cuestionado que el motor estatorreactor pudiera superar efectos de arrastre cuando se aproximara a la velocidad de la luz.)

Hasta que se desarrollen la física y la economía de la fusión protón-protón es difícil hacer estimaciones precisas respecto a la viabilidad del estatorreactor. Pero este diseño está en la corta lista de candidatos posibles para cualquier misión a las estrellas que se contemple.

EL COHETE ELECTRÓNICO NUCLEAR

En 1956 la Comisión de Energía Atómica (AEC) de Estados Unidos empezó a considerar seriamente los cohetes nucleares en el Proyecto Rover. En teoría, se utilizaría un reactor de fisión nuclear para calentar gases como el hidrógeno a temperaturas extremas, y luego esos gases serían expulsados por un extremo del cohete, lo que le daría un impulso.

Debido al riesgo de una explosión en la atmósfera de la Tierra que implicase combustible nuclear tóxico, las primeras versiones de los motores del cohete nuclear se colocaron horizontalmente en vías de tren, donde la actuación del cohete podía registrarse con todo cuidado. El primer motor de cohete nuclear que se probó en el Proyecto Rover, en 1959, fue el *Kiwi 1* (un nombre apropiado, pues es el de un ave australiana incapaz de volar). En los años sesenta la NASA se unió a la AEC para crear el motor nuclear para aplicaciones a vehículos a reacción (NERVA), que fue el primer cohete nuclear probado en vertical, y no en horizontal. En 1968 este cohete nuclear fue probado en una posición invertida.

Los resultados de esta investigación han sido confusos. Los cohetes eran muy complicados y con frecuencia no se encendían. Las intensas vibraciones del motor nuclear solían agrietar los depósitos de fuel y hacían que la nave se rompiera. La corrosión debida a la combustión de hidrógeno a altas temperaturas era también un problema persistente. El programa del cohete nuclear fue clausurado finalmente en 1972.

(Estos cohetes atómicos tenían aún otro problema: el riesgo de una reacción nuclear incontrolada, como una pequeña bomba ató-

mica. Aunque las centrales nucleares comerciales utilizan hoy combustible nuclear diluido y no pueden explotar como una bomba de
Hiroshima, esos cohetes atómicos operaban con uranio enriquecido
para crear el máximo impulso, lo que producía una minúscula detonación nuclear. Cuando el programa del cohete nuclear estaba a
punto de ser cancelado, los científicos decidieron realizar una última
prueba. Decidieron explotar un cohete, como una pequeña bomba
atómica. Retiraron las varillas de control —que mantenían controlada la reacción nuclear—. El reactor se hizo supercrítico y explotó en
una violenta bola de fuego. Esta muerte espectacular del programa
del cohete nuclear fue incluso grabada en una película. A los rusos
no les gustó. Consideraron que esta exhibición era una violación del
Tratado de Limitación de Pruebas Nucleares, que prohibía las deto-
naciones de bombas nucleares no subterráneas.)

Durante años el ejército ha revisitado periódicamente el cohete
nuclear. Un proyecto secreto fue bautizado como el cohete nuclear
Timberwind; era parte del proyecto militar de la guerra de las galaxias en los años ochenta. (Fue abandonado cuando la Federación de
Científicos Americanos filtró detalles de su existencia).

Lo que más preocupa del cohete de fisión nuclear es la seguridad. Incluso transcurridos cincuenta años de era espacial, los cohetes
lanzadores químicos sufren fallos catastróficos aproximadamente el
1 por ciento de las veces. (Los dos fallos de las lanzaderas espaciales
Challenger y Columbia, en las que murieron trágicamente catorce
astronautas, fueron otra confirmaron de esta tasa de fracasos.)

Sin embargo, en los últimos años la NASA ha retomado la investigación en el cohete nuclear por primera vez desde el programa
NERVA de los años sesenta. En 2003 la NASA bautizó un nuevo
proyecto, Prometheus, con el nombre del dios griego que dio el fuego a los humanos. En 2005 Prometheus fue financiado con 450 millones de dólares, aunque esta financiación fue considerablemente re-
ducida hasta 100 millones en 2006. El futuro del proyecto es incierto.

COHETES PULSADOS NUCLEARES

Otra posibilidad lejana es utilizar una serie de minibombas nucleares para impulsar una nave espacial. En el Proyecto Orión, minibombas atómicas serían expulsadas secuencialmente por la parte trasera del cohete, de modo que la nave espacial «cabalgaría» sobre las ondas de choque creadas por estas minibombas de hidrógeno. Sobre el papel, este diseño podría hacer que una nave espacial alcanzara una velocidad próxima a la de la luz. Concebido originalmente en 1947 por Stanislaw Ulam, que intervino en el diseño de la primera bomba de hidrógeno, la idea fue desarrollada por Ted Taylor (uno de los jefes de diseño de cabezas nucleares para el ejército de Estados Unidos) y el físico Freeman Dyson, del Instituto de Estudios Avanzados en Princeton.

A finales de la década de 1950 y en la década de 1960 se hicieron cálculos detallados para este cohete interestelar. Se calculó que dicha nave espacial podría ir a Plutón y volver en menos de un año, con una velocidad de crucero máxima de un 10 por ciento de la velocidad de la luz. Pero incluso a dicha velocidad tardaría unos cuarenta y cuatro años en llegar a la estrella más próxima. Los científicos han especulado con que un arca espacial impulsada por un cohete semejante tendría que navegar durante siglos, con una tripulación multigeneracional cuya descendencia nacería y pasaría su vida en el arca espacial para que sus descendientes pudieran llegar a las estrellas cercanas.

En 1959 General Atomics publicó un informe que estimaba el tamaño de una nave espacial Orión. La versión más grande, llamada *Super Orión*, pesaría 8 millones de toneladas, tendría un diámetro de 400 metros y sería impulsada por más de 1.000 bombas de hidrógeno.

Pero un problema importante en el proyecto era la posibilidad de contaminación por residuos nucleares durante el lanzamiento. Dyson calculó que las fugas nucleares de cada lanzamiento podrían causar cánceres mortales en diez personas. Además, el pulso electromagnético (EMP) en dicho lanzamiento sería tan grande que podría desencadenar cortocircuitos masivos en los sistemas eléctricos de las cercanías.

La firma del Tratado de Limitación de Pruebas Nucleares en 1965 hizo sonar la campana de muerte del proyecto. Finalmente, el principal impulsor del proyecto, el diseñador de bombas nucleares Ted Taylor, abandonó. (En cierta ocasión me confió que se había desilusionado con el proyecto cuando se dio cuenta de que la física que había tras las minibombas nucleares también podría ser utilizada por terroristas para crear bombas nucleares portátiles. Aunque el proyecto fue cancelado porque se consideró que era demasiado peligroso, su tocayo sigue viviendo en la nave espacial *Orión*, que la NASA ha escogido para reemplazar la lanzadera espacial en 2010.)

El concepto de un cohete nuclear fue rescatado por la Sociedad Interplanetaria Británica de 1975 a 1978 con el Proyecto Daedalus, un estudio preliminar para ver si podía construirse una nave estelar no tripulada que pudiera llegar a la estrella de Barnard, a 5,9 años luz de la Tierra. (Se escogió la estrella de Barnard porque se conjeturaba que podría tener un planeta. Desde entonces las astrónomas Jill Tarter y Margaret Turnbull han compilado una lista de 17.129 estrellas cercanas que podrían tener planetas que albergan vida. El candidato más prometedor es Épsilon Indi A, a 11,8 años luz.)

La nave a reacción planeada para el Proyecto Daedalus era tan enorme que habría tenido que construirse en el espacio exterior. Pesaría 54.000 toneladas, casi todo su peso en combustible para el cohete, y podría alcanzar un 7,1 por ciento de la velocidad de la luz con una carga útil de 450 toneladas. A diferencia del Proyecto Orión, que utilizaba minúsculas bombas de fisión, el Proyecto Daedalus utilizaría minibombas de hidrógeno con una mezcla deuterio/helio-3 encendida por haces de electrones. Debido a los formidables problemas técnicos que había que afrontar, así como a las preocupaciones por su sistema de propulsión nuclear, el Proyecto Daedalus también fue aparcado indefinidamente.

IMPULSO ESPECÍFICO Y EFICIENCIA DEL MOTOR

Los ingenieros suelen hablar de «impulso específico», que nos permite clasificar la eficiencia de varios diseños de motor. El «impulso específico» se define como el cambio de impulso por unidad de masa de propelente. Aquí, cuanto más eficiente es el motor, menos combustible se necesita para llevar el cohete al espacio. El impulso, a su vez, es el producto de la fuerza por el tiempo durante el que actúa. Los cohetes químicos, aunque tienen un empuje muy grande, solo operan durante unos pocos minutos, y por ello tienen un impulso específico muy bajo. Los motores iónicos, que pueden operar durante años, pueden tener alto impulso específico con muy poco empuje.

El impulso específico se mide en segundos. Un cohete químico típico podría tener un impulso específico de 400-500 segundos. El impulso específico del motor de la lanzadera espacial es 453 segundos. (El mayor impulso específico conseguido por un cohete químico fue 542 segundos, utilizando una mezcla propelente de hidrógeno, litio y flúor.) El impulsor del motor iónico *Smart 1* tenía un impulso específico de 1.640 segundos. Y el cohete nuclear alcanzó impulsos específicos de 850 segundos.

El máximo impulso específico posible sería el de un cohete que pudiera alcanzar la velocidad de la luz. Tendría un impulso específico de aproximadamente 30 millones. La tabla siguiente muestra los impulsos específicos de diferentes tipos de motores de cohetes.

Tipo de motor de cohete	Impulso específico
Cohete de combustible sólido	250
Cohete de combustible líquido	450
Motor iónico	3.000
Cohete de plasma VASIMR	1.000 a 30.000
Cohete de fisión nuclear	800 a 1.000
Cohete de fusión nuclear	2.500 a 200.000
Cohete pulsado nuclear	10.000 a 1 millón
Cohete de antimateria	1 millón a 10 millones

(En principio, los veleros láser y los estatorreactores, que no contienen propelente, tienen un impulso específico infinito, aunque tienen sus propios problemas.)

Ascensores espaciales

Una seria objeción a muchos de estos diseños de cohetes es que son tan gigantescos y pesados que nunca podrían construirse en la Tierra. Por esto es por lo que algunos científicos han propuesto construirlos es el espacio exterior, donde la ingravidez haría posible que los astronautas levantaran objetos imposiblemente pesados con facilidad. Pero los críticos señalan hoy los costes prohibitivos del montaje en el espacio exterior. La Estación Espacial Internacional, por ejemplo, requerirá más de un centenar de lanzamientos de lanzadera para completar el montaje, y los costes han ascendido a 100.000 millones de dólares. Es el proyecto científico más caro de la historia. Construir un velero espacial interestelar o una pala estatorreactora en el espacio exterior costaría muchas veces esa cantidad.

Pero, como le gustaba decir al escritor de ciencia ficción Robert Heinlein, si uno puede ir a 160 kilómetros por encima de la superficie de la Tierra, ha hecho la mitad del camino a cualquier parte del sistema solar. Esto se debe a que los 160 primeros kilómetros de cualquier lanzamiento, cuando el cohete luche por escapar de la gravedad de la Tierra, son con mucho los que más cuestan. Después de eso, una nave puede saltar casi hasta Plutón y más allá.

Una manera de reducir costes drásticamente en el futuro sería costruir un ascensor espacial. La idea de elevar una cuerda hasta el cielo es vieja, como ilustra el cuento «Juan y la mata de habas», pero podría hacerse realidad si se pudiera enviar la cuerda al espacio. Entonces la fuerza centrífuga de la rotación de la Tierra sería suficiente para neutralizar la fuerza de la gravedad, de modo que la cuerda no caería nunca. La cuerda se mantendría vertical en el aire como por arte de magia y desaparecería entre las nubes. (Pensemos en una bola que gira atada al extremo de una cuerda. La bola parece desafiar a la gravedad porque la fuerza centrífuga la aleja del centro de rotación. De la misma forma, una cuerda se mantendría suspendida en el aire debido a la rotación de la Tierra.) No haría falta para sostener la cuerda nada más que la rotación de la Tierra. En teoría, una persona podría trepar por la cuerda y ascender al espacio. A veces ponemos a los estudiantes de licenciatura en la Universidad de

Nueva York el problema de calcular la tensión de dicha cuerda. Es fácil demostrar que la tensión de la cuerda sería suficiente para quebrar incluso un cable de acero, que es la razón de que durante mucho tiempo se haya considerado imposible la construcción de un ascensor espacial.

El primer científico que estudió seriamente el ascensor espacial fue el visionario ruso Konstantin Tsiolkovski. En 1895, inspirado por la torre Eiffel, concibió una torre que se elevaría hacia el cielo y conectaría la Tierra con un «castillo celeste» en el espacio. Se construiría de abajo arriba, empezando en la Tierra, y los ingenieros extenderían lentamente el ascensor espacial hasta los cielos.

En 1957 el científico ruso Yuri Artsutanov propuso una nueva solución: que el ascensor espacial se construyera en orden opuesto, de arriba abajo, partiendo del espacio exterior. Concibió un satélite en órbita geoestacionaria a 36.000 kilómetros por encima de la superficie terrestre, donde parecería estar estacionario, desde el que se dejaría caer un cable a la Tierra. Luego el cable se anclaría al suelo. Pero el cable para el ascensor espacial tendría que ser capaz de aguantar una tensión de aproximadamente 60-100 gigapascales. El acero se rompe a unos 2 gigapascales, lo que descarta la idea.

La idea de un ascensor espacial tuvo una acogida mucho más amplia con la publicación en 1979 de la novela de Arthur C. Clarke *Fuentes del paraíso*, y en 1982 de la novela de Robert Heinlein *Viernes*. Pero sin ningún progreso adicional, la idea languideció.

La ecuación cambió significativamente cuando los químicos desarrollaron los nanotubos de carbono. El interés en los mismos se despertó de repente gracias al trabajo de Sumio Iijima de Nippon Electric en 1991 (aunque en realidad la evidencia de los nanotubos de carbono se remonta a los años cincuenta, un hecho que fue ignorado en la época). Lo curioso es que los nanotubos son más resistentes que los cables de acero, pero también mucho más ligeros. De hecho, superan la resistencia necesaria para sostener un ascensor espacial. Los científicos creen que una fibra de nanotubos de carbono podría soportar una tensión de 120 gigapascales, que está cómodamente por encima del punto de ruptura. Este descubrimiento ha reavivado los intentos por crear un ascensor espacial.

En 1999 un estudio de la NASA consideraba seriamente el ascensor espacial; concebía una cinta, de aproximadamente 1 metro de ancho y unos 47.000 kilómetros de longitud, capaz de transportar unas 15 toneladas de carga a una órbita en torno a la Tierra. Dicho ascensor espacial podría cambiar la economía del viaje espacial de la noche a la mañana. El coste podría reducirse en un factor de 10.000, un cambio sorprendente y revolucionario.

Actualmente cuesta 20.000 dólares o más poner un kilogramo de material en órbita alrededor de la Tierra (un coste similar al de la misma cantidad de oro). Cada misión de la lanzadera espacial, por ejemplo, cuesta hasta 700 millones de dólares. Un ascensor espacial podría reducir el coste a solo 2 dólares por kilogramo. Una reducción tan radical en el coste del programa espacial podría revolucionar nuestra forma de ver el viaje espacial. Con solo apretar el botón del ascensor espacial se podría subir hasta el espacio exterior por el precio de un billete de avión.

Sin embargo, hay que resolver formidables obstáculos prácticos antes de que sea posible construir un ascensor espacial en el que podamos levitar hasta los cielos. Actualmente las fibras de nanotubos de carbono puro creadas en el laboratorio no tienen más de 15 milímetros de longitud. Para construir un ascensor espacial habría que crear fibras de nanotubos de carbono de miles de kilómetros de longitud. Aunque desde un punto de vista científico esto supone solo un problema técnico, es un problema tenaz y difícil que debe ser resuelto si queremos construir un ascensor espacial. Pero muchos científicos creen que en pocas décadas deberíamos ser capaces de dominar la tecnología para crear largos cables de nanotubos de carbono.

En segundo lugar, impurezas microscópicas en los nanotubos de carbono podrían hacer problemático un cable largo. Nicola Pugno, del Politécnico de Turín, en Italia, estima que basta con que un nanotubo de carbono tenga un solo átomo mal alineado para que su resistencia se reduzca en un 30 por ciento. En general, los defectos a escala atómica podrían reducir la resistencia del cable nanotúbico en un 70 por ciento, lo que la llevaría por debajo del valor mínimo de la tensión necesaria para soportar un ascensor espacial.

Para animar el interés empresarial en el ascensor espacial, la NASA financia dos premios independientes. (Los premios siguen el modelo del premio X Ansari de 10 millones de dólares, que consiguió animar a los inventores emprendedores para crear cohetes comerciales capaces de llevar pasajeros al límite mismo del espacio. El premio X lo ganó Spaceship One en 2004.) Los premios que ofrece la NASA se denominan el Beam Power Challenge y el Tether Challenge. En el Beam Power Challenge, los equipos tienen que elevar un dispositivo mecánico que pesa al menos 25 kilogramos por un cable (suspendido de una grúa) hasta una altura de 50 metros y a una velocidad de 1 metro por segundo. Esto puede parecer fácil, pero la clave reside en que el dispositivo no puede utilizar combustible, ni baterías, ni ningún cable eléctrico. En su lugar, el dispositivo robótico debe estar alimentado por paneles solares, reflectores solares, láseres o fuentes de energía de microondas, que son más adecuadas para el uso en el espacio exterior.

En el Tether Challenge, los equipos deben producir cables de 2 metros de longitud que no pueden pesar más de 2 gramos y deben soportar una carga un 50 por ciento mayor que el mejor cable del año anterior. El desafío pretende estimular la investigación para desarrollar materiales muy ligeros y suficientemente resistentes para ser extendidos hasta 100.000 kilómetros en el espacio. Hay premios por valor de 150.000, 40.000 y 10.000 dólares. (Una prueba de la dificultad de afrontar este desafío es que en 2005, el primer año de la competición, el premio quedó desierto.)

Aunque un ascensor espacial exitoso podría revolucionar el programa espacial, tales máquinas tienen sus propios riesgos. Por ejemplo, la trayectoria de los satélites próximos a la Tierra cambia constantemente mientras orbitan en torno a la Tierra (debido a que la Tierra rota por debajo de ellos). Esto significa que esos satélites colisionarían eventualmente con el ascensor espacial a 30.000 kilómetros por hora, suficiente para romper el cable. Con el fin de impedir tal catástrofe, o bien habría que diseñar los satélites para incluir pequeños cohetes que les permitieran maniobrar para rodear el ascensor, o bien el cable del ascensor tendría que estar equipado con pequeños cohetes para evitar los satélites de paso.

Las colisiones con micrometeoritos también son un problema, ya que que el ascensor espacial está muy por encima de la atmósfera de la Tierra, y nuestra atmósfera normalmente nos protege de los meteoritos. Puesto que las colisiones con micrometeoritos son impredecibles, habría que construir el ascensor espacial con una protección adicional, y quizá incluso sistemas redundantes a prueba de fallos. También podrían surgir problemas de los efectos de pautas climáticas turbulentas en la Tierra, tales como huracanes, olas de marea y tormentas.

EL EFECTO HONDA

Otro medio novedoso de lanzar un objeto a una velocidad próxima a la de la luz es utilizar el efecto «honda». Cuando la NASA lanza sondas espaciales a los planetas exteriores, suele hacer que rodeen un planeta cercano para utilizar el efecto honda y aumentar así su velocidad. La NASA se ahorra mucho combustible valioso de esta manera. Así es cómo la nave espacial *Voyager* pudo llegar a Neptuno, que está cerca del límite del sistema solar.

El físico de Princeton Freeman Dyson sugirió que en un futuro lejano podríamos encontrar dos estrellas de neutrones que estuvieran dando vueltas una alrededor de la otra a gran velocidad. Acercándonos mucho a una de estas estrellas de neutrones, podríamos girar alrededor de ella y luego ser lanzados al espacio como por un latigazo a velocidades próximas a un tercio de la velocidad de la luz. De hecho, estaríamos utilizando la gravedad para darnos un empujón adicional hasta casi la velocidad de la luz. Sobre el papel, esto podría funcionar.

Otros han propuesto que diéramos la vuelta alrededor de nuestro propio Sol y aprovecháramos el latigazo para acelerar hasta casi la velocidad de la luz. Este método se utilizaba, de hecho, en *Star Trek IV: El viaje a casa*, cuando la tripulación del *Enterprise* se montaba en una nave klingon y luego se acercaba al Sol para romper la barrera de la luz y retroceder en el tiempo. En la película *Cuando los mundos chocan*, en donde la Tierra se ve amenazada por una colisión con un asteroide, los científicos crean una montaña rusa gigante para dejar la Tierra. Una nave a reacción desciende por la montaña rusa, ganando gran velocidad, y luego cambia de dirección en la parte baja de la montaña rusa para salir lanzada al espacio.

Sin embargo, ninguno de estos métodos de utilizar la gravedad para impulsarnos al espacio funcionará. (Debido a la conservación de la energía, al descender por la montaña rusa y volver a subir, acabaríamos con la misma velocidad con la que habíamos empezado, de modo que no hay ninguna ganancia en energía. Análogamente, al girar alrededor del Sol estacionario acabaríamos con la misma velocidad con la que habíamos empezado originalmente.) La razón por la que podría funcionar el método de Dyson de utilizar dos estrellas de neutrones es que las estrellas de neutrones giran a gran velocidad. Una nave espacial que utiliza el efecto honda gana su energía del movimiento de un planeta o una estrella. Si estos están estacionarios, no hay ningún efecto honda.

Aunque la propuesta de Dyson podría funcionar, hoy no sirve de ayuda a los científicos confinados en la Tierra, porque necesitaríamos una nave estelar simplemente para visitar estrellas de neutrones en rotación.

CAÑONES DE RAÍLES A LOS CIELOS

Otro ingenioso método de lanzar objetos al espacio a velocidades fantásticas es el cañón de raíles, que Arthur C. Clarke y otros autores han presentado en sus relatos de ciencia ficción, y que también está siendo seriamente examinado como parte del escudo contra misiles guerra de las galaxias.

En lugar de utilizar combustible de cohete o pólvora para impulsar un proyectil a alta velocidad, un cañón de raíles utiliza la fuerza del electromagnetismo.

En su forma más simple, un cañón de raíles consiste en dos cables o raíles paralelos, con un proyectil atravesado sobre ambos cables, en una configuración con forma de U. Incluso Michael Faraday sabía que una corriente eléctrica experimentará una fuerza cuando se coloca en un campo magnético. (De hecho, esto es la base de todos los motores eléctricos.) Al enviar millones de amperios de corriente eléctrica por estos cables y a través del proyectil, se crea un enorme campo magnético alrededor de los raíles. Entonces este campo magnético impulsa al proyectil a lo largo de los raíles a velocidades enormes.

Los cañones de raíles han disparado con éxito objetos metálicos a velocidades enormes a distancias extremadamente cortas. Es notable que, en teoría, un simple cañón de raíles sería capaz de disparar un proyectil metálico a 30.000 kilómetros por hora, de modo que entraría en órbita en torno a la Tierra. En principio, toda la flota de cohetes de la NASA podría reemplazarse por cañones de raíles que podrían poner cargas en órbita en torno a la Tierra.

El cañón de raíles tiene una ventaja importante sobre los cohetes químicos y los cañones. En un rifle, la velocidad última a la que los gases en expansión pueden empujar a una bala está limitada por la velocidad de las ondas de choque. Aunque Julio Verne utilizó la pólvora para lanzar astronautas a la Luna en su clásico *De la Tierra a la Luna*, es fácil calcular que la velocidad última que se puede alcanzar con pólvora es solo una fracción de la velocidad necesaria para enviar a alguien a la Luna. Los cañones de raíles, sin embargo, no están limitados por la velocidad de las ondas de choque.

Pero hay problemas con el cañón de raíles. Acelera tanto a los objetos que estos se suelen achatar al impactar con el aire. Las cargas se deforman seriamente al ser disparadas por el tubo de un cañón de raíles, porque cuando el proyectil choca con el aire es como si chocara con un muro de ladrillo. Además, la enorme aceleración de la carga a lo largo de los raíles es suficiente para deformarlos. Las vías tienen que ser reemplazadas con regularidad debido al daño causado por el proyectil. A esto se añade que las fuerzas *g* sobre un astronauta serían suficientes para matarlo, pues aplastarían fácilmente todos los huesos de su cuerpo.

Una propuesta es instalar un cañón de raíles en la Luna. Fuera de la atmósfera de la Tierra, el proyectil de un cañón de raíles podría ser acelerado sin esfuerzo a través del vacío del espacio exterior. Pero incluso entonces, las enormes aceleraciones generadas por un cañón de raíles podrían dañar la carga. Los cañones de raíles son en cierto sentido lo contrario de los veleros solares, que alcanzan su velocidad última de una forma suave durante un largo período de tiempo. Los cañones de raíles están limitados porque concentran mucha energía en un espacio muy pequeño.

Cañones de raíles que puedan disparar objetos a estrellas vecinas serían muy caros. Una propuesta es construir uno en el espacio exterior, que se extendería hasta dos tercios de la distancia de la Tierra al Sol. Almacenaría energía solar procedente del Sol y luego descargaría de golpe dicha energía en el cañón de raíles, que lanzaría una carga de 10 toneladas a un tercio de la velocidad de la luz, con una aceleración de 5.000 g. Solo las cargas robóticas más resistentes podrían sobrevivir a aceleraciones tan enormes.

LOS PELIGROS DEL VIAJE ESPACIAL

Por supuesto, el viaje espacial no es un picnic de domingo. Enormes peligros aguardan a los vuelos tripulados que viajen a Marte o más allá. La vida en la Tierra ha estado protegida durante millones de años: la capa de ozono protege a nuestro planeta de los rayos ultravioletas, su campo magnético la protege contra las llamaradas solares y los rayos cósmicos, y su gruesa atmósfera lo protege contra los meteoritos, que se queman al entrar. Damos por garantizadas las suaves temperaturas y presiones del aire que se dan en la Tierra. Pero en el espacio profundo debemos hacer frente a la realidad de que la mayor parte del universo está en continua agitación, con cinturones de radiación letales y enjambres de meteoritos mortales.

El primer problema a resolver en un largo viaje espacial extendido es el de la ingravidez. Los rusos han realizado estudios sobre los efectos a largo plazo de la ingravidez que han mostrado que el cuerpo pierde minerales y sustancias químicas preciosas en el espacio mucho más rápidamente de lo esperado. Incluso practicando un riguroso programa de ejercicios, al cabo de un año en la estación espacial los huesos y los músculos de los cosmonautas rusos están tan atrofiados que apenas pueden reptar como bebés cuando regresan a la Tierra. Atrofia muscular, deterioro del sistema óseo, menor producción de glóbulos rojos, menor respuesta inmunitaria y un funcionamiento reducido del sistema cardiovascular parecen consecuencias inevitables de una ingravidez prolongada en el espacio.

Las misiones a Marte, que pueden durar de varios meses a un año, llevarán al límite la resistencia de nuestros astronautas. En el caso de misiones a largo plazo a las estrellas próximas, este problema podría ser fatal. Las naves estelares del futuro quizá deban tener un movimiento rotatorio para crear una gravedad artificial mediante fuerzas centrífugas; esa gravedad artificial podría sostener la vida humana. Tal ajuste aumentaría enormemente el coste y la complejidad de las naves espaciales futuras.

En segundo lugar, es posible que la presencia de micrometeoritos en el espacio que viajan a muchas decenas de miles de kilómetros por hora requiera que las naves espaciales estén equipadas con una protección extra. Tras un examen detallado del casco de la lanzadera espacial se ha descubierto huellas de varios impactos minúsculos pero potencialmente mortales de minúsculos meteoritos. Es posible que, en el futuro, las naves espaciales tengan que llevar una cámara especial doblemente reforzada para la tripulación.

Los niveles de radiación en el espacio profundo son mucho más altos de lo que antes se pensaba. Durante el ciclo de once años de las manchas solares, por ejemplo, las llamaradas solares pueden enviar enormes cantidades de plasma mortal hacia la Tierra. En el pasado, este fenómeno obligaba a los astronautas en la Estación Espacial Internacional a buscar protección especial contra la andanada potencialmente letal de partículas subatómicas. Los paseos espaciales durante tales erupciones solares serían fatales. (Incluso hacer un sencillo viaje transatlántico desde Los Ángeles a Nueva York, por ejemplo, nos expone a aproximadamente un milirem de radiación por hora de vuelo. En el curso de nuestro viaje estamos expuestos a la radiación de una radiografía dental.) En el espacio profundo, donde la atmósfera y el campo magnético de la Tierra ya no nos protegen, la exposición a la radiación podría ser un problema grave.

Animación suspendida

Una crítica sistemática a los diseños de cohetes que he presentado hasta ahora es que, si pudiéramos construir tales naves estelares, tardarían décadas o siglos en llegar a estrellas vecinas. Una misión semejante tendría que implicar a una tripulación multigeneracional cuyos descendientes llegarían al destino final.

Una solución, propuesta en películas como *Alien* o *El planeta de los simios* es que los viajeros espaciales fueran sometidos a animación suspendida; es decir, su temperatura corporal se reduciría cuidadosamente hasta casi el cese de las funciones corporales. Los animales que hibernan hacen esto todos los años durante el invierno. Algunos peces y ranas pueden ser congelados en un bloque de hielo y, pese a todo, revivir cuando la temperatura aumenta.

Los biólogos que han estudiado este curioso fenómeno creen que esos animales tienen la capacidad de crear un «anticongelante» natural que reduce el punto de congelación del agua. Este anticongelante natural consiste en ciertas proteínas en los peces, y glucosa en las ranas. Al regar su sangre con estas proteínas, los peces pueden sobrevivir en el Ártico a unos −2 °C. Las ranas han desarrollado la capacidad de mantener altos niveles de glucosa, con lo que impiden la formación de cristales de hielo. Aunque sus cuerpos estén congelados en su parte exterior, no lo estarán en el interior, lo que permite que sus órganos corporales sigan funcionando, aunque a un ritmo reducido.

Hay, no obstante, problemas para adaptar esta capacidad a los mamíferos. Cuando se congela el tejido humano, empiezan a formarse cristales de hielo dentro de las células. Cuando estos cristales crecen pueden perforar y destruir las paredes de las células. (Quizá los famosos que quieren mantener sus cabezas y sus cuerpos congelados en nitrógeno líquido después de morir quieran pensárselo dos veces.)

De todas formas, ha habido avances recientes en animación suspendida limitada en mamíferos que no hibernan de forma natural, tales como ratones y perros. En 2005, científicos de la Universidad de Pittsburgh fueron capaces de resucitar perros después de que su sangre hubiera sido drenada y reemplazada por una solución helada especial. Clínicamente muertos durante tres horas, los perros resucitaron una vez que sus corazones fueron puestos de nuevo en marcha. (Aunque la mayoría de los perros estaban sanos después de este proceso, varios sufrieron alguna lesión cerebral.)

Ese mismo año los científicos fueron capaces de colocar ratones en una cámara que contenía ácido sulfhídrico y reducir con éxito su temperatura corporal a 13 °C durante seis horas. El ritmo metabólico de los ratones se redujo en un factor diez. En 2006 médicos del hospital general de Massachusetts, en Boston, colocaron cerdos y ratones en un estado de animación suspendida utilizando sulfhídrico.

En el futuro tales procedimientos pueden salvar la vida de personas implicadas en graves accidentes o que sufran ataques cardíacos, durante los que cada segundo cuenta. La animación suspendida permitiría a los médicos «congelar el tiempo» hasta que los pacientes pudieran ser tratados. Pero podrían pasar décadas o más antes de que tales técnicas puedan ser aplicadas a astronautas humanos, que quizá necesiten estar en animación suspendida durante siglos.

NANONAVES

Hay otras maneras en que podríamos llegar a las estrellas gracias a tecnologías más avanzadas y no probadas que bordean la ciencia ficción. Una propuesta prometedora es utilizar sondas no tripuladas basadas en nanotecnología. A lo largo de esta exposición he supuesto que las naves estelares tienen que ser aparatos enormes que consumen cantidades inmensas de energía, capaces de llevar a una gran tripulación de seres humanos a las estrellas, similares a la nave estelar *Enterprise* en *Star Trek*.

Pero un camino más probable sería enviar inicialmente sondas espaciales no tripuladas a las estrellas lejanas a velocidades próximas a la de la luz. Como he dicho antes, en el futuro, con nanotecnología, sería posible crear minúsculas cápsulas espaciales que exploten la potencia de las máquinas de tamaño atómico y molecular. Por ejemplo, los iones, puesto que son tan ligeros, pueden ser acelerados fácilmente a velocidades próximas a la de la luz con los voltajes ordinarios que pueden obtenerse en los laboratorios. En lugar de requerir enormes cohetes lanzadores, podrían ser enviados al espacio a velocidades próximas a la de la luz utilizando potentes campos electromagnéticos. Esto significa que si un nanorrobot fuera ionizado y colocado dentro de un campo eléctrico, podría ser impulsado sin esfuerzo hasta una velocidad cercana a la de la luz. Entonces el nanorrobot seguiría su viaje a las estrellas, puesto que no hay fricción en el espacio. De esta manera, muchos de los problemas que acucian a las grandes naves espaciales se resuelven de inmediato. Naves espaciales nanorrobóticas inteligentes, no tripuladas, podrían alcanzar sistemas estelares vecinos con una pequeña fracción del coste de construir y lanzar una enorme nave espacial que lleve una tripulación humana.

Tales nanonaves podrían utilizarse para llegar a estrellas vecinas o, como ha sugerido Gerald Nordley, un ingeniero astronáutico retirado de la Fuerza Aérea, presionar sobre un velero solar para impulsarlo a través del espacio. Según Nordley: «Si tuviéramos una constelación de cápsulas espaciales del tamaño de una cabeza de alfiler volando en formación y comunicándose entre ellas, podría empujarlas prácticamente con un flash».[2]

Pero hay dificultades con las nanonaves estelares. Podrían ser desviadas por campos eléctricos y magnéticos que encontraran a su paso en el espacio exterior. Para contrarrestar estas fuerzas sería necesario acelerar las nanonaves con voltajes muy altos en la Tierra, de modo que no fueran desviadas con facilidad. En segundo lugar, tendríamos que enviar una enjambre de millones de estas naves estelares nanorrobóticas para garantizar que varias de ellas llegara realmente a su destino. Enviar un enjambre de naves estelares para explorar las estrellas más cercanas podría parecer extravagante, pero tales naves serían baratas y podrían producirse en masa en miles de millones, de modo que solo una minúscula fracción de ellas tendría que llegar a su blanco.

¿Qué aspecto tendrían estas nanonaves? Dan Goldin, antiguo director de la NASA, concibió una flota de cápsulas espaciales «del tamaño de una lata de Coca-Cola». Otros han hablado de naves estelares del tamaño de agujas. El Pentágono ha considerado la posibilidad de desarrollar «polvo inteligente», partículas del tamaño de motas de polvo que tienen en su interior minúsculos sensores que pueden esparcirse sobre un campo de batalla para dar a los comandantes información en tiempo real. En el futuro es concebible que pudiera enviarse «polvo inteligente» a las estrellas cercanas.

Los nanorrobots del tamaño de motas de polvo tendrían circuitos hechos con las mismas técnicas de grabado utilizadas en la industria de semiconductores, que puede crear componentes tan pequeños como 30 nanómetros, o aproximadamente unos 150 átomos de largo. Esos nanorrobots podrían ser lanzados desde la Luna mediante cañones de raíles o incluso aceleradores de partículas, que regularmente envían partículas subatómicas a velocidades próximas a la de la luz. Estos aparatos serían tan baratos de hacer que millones de ellos podrían ser lanzados al espacio.

Una vez que alcanzaran un sistema estelar próximo, los nanorrobots podrían aterrizar en una luna desolada. Debido a la baja gravedad de la luna, un nanorrobot podría aterrizar y despegar con facilidad. Y con un ambiente estable como el que proporcionaría una luna, sería una base de operaciones ideal. Utilizando los minerales encontrados en la luna, el nanorrobot podría construir una nanofactoría para crear una potente estación de radio que pudiera enviar información de vuelta a la Tierra. O podría diseñarse la nanofactoría para crear millones de copias de sí misma a fin de explorar el sistema solar y aventurarse en otras estrellas vecinas, repitiendo el proceso. Puesto que estas naves serían robóticas, no habría necesidad de un viaje de regreso a casa una vez que hubiesen enviado por radio su información.

El nanorrobot que acabo de describir se suele denominar una sonda de Von Neumann, por el famoso matemático John von Neumann, que desarrolló las matemáticas de las máquinas de Turing autorreplicantes. En principio, tales naves espaciales nanorróbicas autorreplicantes podrían ser capaces de explorar toda la galaxia, y no solo las estrellas vecinas. Por último podría haber una esfera de billones de estos robots, multiplicándose exponencialmente a medida que crece el tamaño y expandiéndose a una velocidad próxima a la de la luz. Los nanorrobots dentro de esta esfera en expansión podrían colonizar toda la galaxia en algunos cientos de miles de años.

Un ingeniero eléctrico que toma muy en serio la idea de las nanonaves es Brian Gilchrist, de la Universidad de Michigan. Recientemente recibió una beca de 500.000 dólares del Instituto de Conceptos Avanzados de la NASA para investigar la idea de construir nanonaves con motores no más grandes que una bacteria. Gilchrist piensa aplicar la misma tecnología de grabado utilizada en la industria de semiconductores para crear una flota de varios millones de nanonaves, que se impulsarían expulsando minúsculas nanopartículas de solo decenas de nanómetros. Estas nanopartículas adquirirían energía al atravesar un campo eléctrico, igual que en un motor iónico. Puesto que cada nanopartícula pesa miles de veces más que un ión, los motores concentrarían un empuje mucho mayor que un motor iónico típico. Así, los motores de la nanonave tendrían las mismas ventajas que un motor iónico, excepto que tendrían mucho más empuje. Gilchrist ya ha empezado a grabar algunas de las partes de estas nanonaves. Hasta ahora puede concentrar 10.000 impulsores individuales en un único chip de silicio que mide 1 centímetro, de lado. Inicialmente planea enviar su flota de nanonaves a través del sistema solar para poner a prueba su eficiencia. Pero con el tiempo estas nanonaves podrían ser parte de la primera flota que llegue a las estrellas.

La de Gilchrist es una de las varias propuestas futuristas que están siendo consideradas por la NASA. Tras varias décadas de inactividad, la NASA ha dedicado recientemente serias reflexiones a varias propuestas para el viaje interestelar, que van desde lo creíble a lo fantástico. Desde principios de los años noventa la NASA alberga el Taller de Investigación de Propulsión Espacial Avanzada, donde estas tecnologías han sido desmenuzadas por equipos de ingenieros y físicos. Más ambicioso incluso es el programa de Física de Propulsión Avanzada, que ha explorado el misterioso mundo de la física cuántica en relación con el viaje interestelar. Aunque no hay consenso, buena parte de su actividad se ha centrado en los pioneros: el velero láser y varias versiones de cohetes de fusión.

Dados los lentos pero continuos avances en el diseño de naves espaciales, es razonable suponer que la primera sonda no tripulada de cualquier tipo podría ser enviada a las estrellas vecinas quizá a finales de este siglo o comienzos del siglo próximo, lo que la convierte en una imposibilidad de clase I.

Pero quizá el diseño más potente para una nave estelar implica el uso de antimateria. Aunque suena a ciencia ficción, la antimateria ya ha sido creada en la Tierra, y algún día puede ofrecer el diseño más prometedor para una nave estelar tripulada.

10

Antimateria y antiuniversos

> La frase más excitante que se puede oír en ciencia, la que anuncia nuevos descubrimientos, no es «Eureka» (¡Lo encontré!) sino «Eso es divertido...».
>
> ISAAC ASIMOV

> Si un hombre no cree lo mismo que nosotros, decimos que es un loco, y ahí queda todo. Bueno, eso pasa ahora, porque ahora no podemos quemarlo.
>
> MARK TWAIN

> Se puede reconocer a un pionero por las flechas que lleva en la espalda.
>
> BEVERLY RUBIK

En el libro de Dan Brown *Ángeles y demonios*, el *best seller* que precedió a *El código Da Vinci*, una pequeña secta de extremistas, los Illuminati, han urdido un complot para hacer saltar por los aires el Vaticano con una bomba de antimateria robada en el CERN, el laboratorio nuclear a las afueras de Ginebra. Los conspiradores saben que cuando se juntan materia y antimateria el resultado es una explosión monumental, muchísimo más potente que la de una bomba de hidrógeno. Aunque una bomba de antimateria es pura ficción, la antimateria es muy real.

Una bomba atómica, a pesar de su terrible poder, solo tiene una eficiencia de un 1 por ciento. Solo una minúscula fracción del uranio se transforma en energía. Pero si pudiera construirse una bomba de antimateria, convertiría el ciento por ciento de su masa en energía, lo que la haría mucho más eficiente que una bomba nuclear. (Más exactamente, alrededor de un 50 por ciento de la materia en una bomba de antimateria se convertiría en energía explosiva utilizable; el resto saldría en forma de partículas indetectables llamadas neutrinos.)

La antimateria es desde hace tiempo el centro de una intensa especulación. Aunque no existe una bomba de antimateria, los físicos han sido capaces de utilizar sus potentes colisionadores de átomos para crear mínimas cantidades de antimateria para su estudio.

LA PRODUCCIÓN DE ANTIÁTOMOS Y LA ANTIQUÍMICA

A principios del siglo XX los físicos se dieron cuenta de que el átomo consistía en partículas subatómicas cargadas: electrones (con una carga negativa) que daban vueltas alrededor de un núcleo minúsculo (con una carga positiva). El núcleo, a su vez, consistía en protones (que llevaban la carga positiva) y neutrones (que eran eléctricamente neutros).

Por ello, a mediados de los años treinta se produjo una conmoción cuando los físicos se dieron cuenta de que por cada partícula hay una partícula gemela, una antipartícula, pero con carga opuesta. La primera antipartícula que se descubrió fue el antielectrón (llamado positrón), que tiene una carga positiva. El positrón es idéntico al electrón en todo, excepto que lleva la carga opuesta. Fue descubierto inicialmente en fotografías de rayos cósmicos tomadas en una cámara de niebla. (Las trazas de los positrones son bastante fáciles de ver en una cámara de niebla. Cuando se colocan en un potente campo magnético se curvan en dirección opuesta a la de los electrones. De hecho, yo fotografié estas trazas de antimateria mientras estaba en el instituto.)

En 1955 el acelerador de partículas de la Universidad de California en Berkeley, el Bevatrón, produjo el primer antiprotón. Como se esperaba, es idéntico al protón salvo que tiene carga negativa. Esto significa que, en principio, se pueden crear antiátomos (en los que positrones dan vueltas en torno a antiprotones). De hecho, antielementos, antiquímica, antipersonas, antiTierras, e incluso antiuniversos son teóricamente posibles.

De momento, los gigantescos aceleradores de partículas en el CERN y el Fermilab en las afueras de Chicago han sido capaces de crear minúsculas cantidades de antihidrógeno. (Para ello, un haz de protones de alta energía procedente de un acelerador de partículas se lanza contra un blanco, con lo que se crea un chaparrón de residuos subatómicos. Potentes imanes separan los antiprotones, que luego se frenan hasta velocidades muy bajas y se exponen a antielectrones emitidos de forma natural por átomos de sodio-22. Cuando los antielectrones orbitan en torno a los antiprotones, forman antihidrógeno, puesto que el hidrógeno está formado por un protón y un electrón.) En un vacío puro estos antiátomos podrían vivir para siempre. Pero debido a impurezas y colisiones con la pared, estos antiátomos chocan finalmente con átomos ordinarios y se aniquilan, liberando energía.

En 1995 el CERN hizo historia al anunciar que había creado nueve átomos de antihidrógeno. Pronto le siguió Fermilab al producir un centenar de átomos de antihidrógeno. En principio, no hay nada que nos impida crear también antielementos más altos, excepto su enorme coste. Producir siquiera unos pocos gramos de antiátomos llevaría a la bancarrota a cualquier nación. El ritmo actual de producción de antimateria está entre una milmillonésima y diez milmillonésimas de gramo por año. El producto podría aumentar en un factor tres para el año 2020. La economía de la antimateria no es nada rentable. En 2004 al CERN le costó 20 millones de dólares producir varias billonésimas de un gramo de antimateria. ¡A ese ritmo, producir un simple gramo de antimateria costaría 100 trillones de dólares y la factoría de antimateria necesitaría estar activa continuamente durante cien mil millones de años! Esto hace de la antimateria la sustancia más preciada del mundo.

«Si pudiéramos reunir toda la antimateria que hemos hecho en el CERN y aniquilarla con materia —dice un comunicado del

CERN—, tendríamos energía suficiente para encender una simple bombilla durante algunos minutos.»

Manejar la antimateria plantea extraordinarios problemas, puesto que cualquier contacto entre materia y antimateria es explosivo. Poner antimateria en un contenedor ordinario sería suicida. Cuando la antimateria tocara las paredes, explotaría. Entonces, ¿cómo se maneja la antimateria si es tan volátil? Una manera sería ionizar primero la antimateria para producir un gas de iones, y luego confinarla en una «botella magnética». El campo magnético impediría que la antimateria tocara las paredes de la cámara.

Para construir un motor de antimateria sería necesario introducir una corriente continua de antimateria en una cámara de reacción, donde se combinaría cuidadosamente con materia ordinaria para producir una explosión controlada, similar a la explosión creada por cohetes químicos. Los iones creados por esta explosión serían entonces expulsados por un extremo del cohete de antimateria, y producirían propulsión. Debido a la eficiencia del motor de antimateria para convertir materia en energía, este es, en teoría, uno de los diseños de motor más atractivos para futuras naves estelares. En la serie *Star Trek*, la antimateria es la fuente de energía del *Enterprise*: sus motores están alimentados por la colisión controlada de materia y antimateria.

UN COHETE DE ANTIMATERIA

Uno de los principales impulsores del cohete de antimateria es el físico Gerald Smith de la Universidad del Estado de Pensilvania. Él cree que a corto plazo tan solo 4 miligramos de positrones serían suficientes para llevar un cohete de antimateria a Marte en varias semanas. Señala que la energía concentrada en la antimateria es aproximadamente 1.000 millones de veces mayor que la concentrada en el combustible de un cohete ordinario.

El primer paso para crear este combustible sería crear haces de antiprotones, mediante un acelerador de partículas, y luego almacenarlos en una «trampa de Penning» que Smith está construyendo.

Cuando esté construida, la trampa de Penning pesará 100 kilos (buena parte de ello en nitrógeno líquido y helio líquido) y almacenará aproximadamente un billón de antiprotones en un campo magnético. (A temperaturas muy bajas, la longitud de onda de los antiprotones es varias veces mayor que la longitud de onda de los átomos en las paredes del contenedor, de modo que los antiprotones se reflejarían en las paredes sin aniquilarse.) Él afirma que esta trampa de Penning podría almacenar los antiprotones durante unos cinco días (hasta que al final se aniquilaran cuando se mezclaran con átomos ordinarios). Su trampa de Penning podría almacenar una milmillonésima de gramo de antiprotones. Su objetivo es crear una trampa de Penning que pueda almacenar hasta un microgramo de antiprotones.

Aunque la antimateria es la sustancia más preciada en la Tierra, sus costes siguen cayendo espectacularmente cada año (un gramo costaría unos 62,5 billones de dólares a los precios de hoy). Un nuevo inyector de partículas que se está construyendo en Fermilab, en las afueras de Chicago, podría incrementar la producción de antimateria en un factor 10, de 1,5 a 15 nanogramos por año, lo que debería reducir los precios. Sin embargo, Harold Gerrish, de la NASA, cree que con mejoras adicionales el coste podría reducirse de forma realista hasta 5.000 dólares por microgramo. El doctor Steven Howe, de Synergistics Technologies en Los Álamos, Nuevo México, afirma: «Nuestro objetivo es sacar la antimateria del reino lejano de la ciencia ficción y llevarla al reino explotable comercialmente para el transporte y las aplicaciones médicas».[1]

Hasta ahora, los aceleradores de partículas que pueden producir antiprotones no están diseñados específicamente para hacerlo, de modo que son muy poco eficientes. Tales aceleradores de partículas están diseñados principalmente como herramientas de investigación, y no como fábricas de antimateria. Por eso Smith concibe la construcción de un nuevo acelerador de partículas que estaría diseñado de manera específica para producir copiosas cantidades de antiprotones y reducir los costes.

Si los precios de la antimateria pueden rebajarse aún más por mejoras técnicas y producción en masa, Smith imagina una época en que el cohete de antimateria podría convertirse en un caballo de tiro para el viaje interplanetario y posiblemente interestelar. Hasta entonces, sin embargo, los cohetes de antimateria seguirán en las mesas de dibujo.

ANTIMATERIA EN FORMA NATURAL

Si la antimateria es tan difícil de crear en la Tierra, ¿sería más fácil encontrar antimateria en el espacio exterior? Por desgracia, las búsquedas de antimateria en el universo han dado muy poco resultado, lo que es bastante sorprendente para los físicos. El hecho de que nuestro universo esté formado básicamente de materia en lugar de antimateria es difícil de explicar. Uno supondría ingenuamente que en el principio del universo había cantidades iguales y simétricas de materia y de antimateria. Por ello, la falta de antimateria es intrigante.

La solución más probable fue propuesta en un principio por Andréi Sajárov, el hombre que diseñó la bomba de hidrógeno para la Unión Soviética en los años cincuenta. Sajárov teorizó que en el principio del universo había una ligera asimetría entre las cantidades de materia y antimateria en el big bang. Esta minúscula ruptura de simetría se denomina «violación CP». Tal fenómeno es actualmente objeto de una intensa investigación. De hecho, Sajárov teorizó que todos los átomos en el universo actual son los residuos de una cancelación casi perfecta entre materia y antimateria; el big bang produjo una cancelación cósmica entre las dos. La minúscula cantidad de materia restante creó un residuo que forma el universo visible de hoy. Todos los átomos de nuestro cuerpo son residuos de esa titánica colisión de materia y antimateria.

Esta teoría deja abierta la posibilidad de que pequeñas cantidades de antimateria se den de forma natural. Si es así, descubrir dicha fuente reduciría drásticamente el coste de producir antimateria para uso en motores de antimateria. En principio, los depósitos de antimateria que se produzcan de forma natural deberían ser fáciles de detectar.

Cuando se encuentran un electrón y un antielectrón, se aniquilan en rayos gamma con una energía de 1,02 millones de electronvoltios o más. Por ello, se podría encontrar la «huella» de antimateria en forma natural explorando el universo en busca de rayos gamma de esta energía.

De hecho, el doctor William Purcell de la Universidad Northwestern ha encontrado «fuentes» de antimateria en la Vía Láctea, no lejos del centro galáctico. Aparentemente existe una corriente de antimateria que crea esta radiación gamma característica de 1,02 millones de electronvoltios cuando colisiona con el hidrógeno ordinario. Si esta pluma de antimateria existe de forma natural, sería entonces posible que existan en el universo otras bolsas de antimateria que no fueron destruidas en el big bang.

Para buscar de modo más sistemático antimateria en forma natural, en 2006 se puso en órbita el satélite PAMELA (Carga para Exploración Antimateria-Materia y Astrofísica de Núcleos Ligeros). Es una colaboración entre Rusia, Italia, Alemania y Suecia, diseñada para buscar bolsas de antimateria. Se habían realizado misiones anteriores de búsqueda de antimateria utilizando globos a gran altura y la lanzadera espacial, pero solo se recogieron datos durante una semana. PAMELA, por el contrario, permanecerá en órbita durante al menos tres años. «Es el mejor detector construido jamás y lo utilizaremos durante un largo período», declara el miembro del equipo Piergiorgio Picozza, de la Universidad de Roma.

PAMELA está diseñado para detectar rayos cósmicos procedentes de fuentes ordinarias, tales como supernovas, pero también de fuentes inusuales, como estrellas formadas enteramente por antimateria. En concreto, PAMELA buscará la firma del antihelio, que podría producirse en el interior de las antiestrellas. Aunque la mayoría de los físicos creen hoy que el big bang dio como resultado una cancelación casi perfecta entre materia y antimateria, como creía Sajárov, PAMELA se basa en una hipótesis diferente: que regiones enteras del universo de antimateria no experimentaron dicha cancelación, y por ello existen hoy en forma de antiestrellas.

Si existieran cantidades minúsculas de antimateria en el espacio profundo, sería posible «cosechar» algo de dicha antimateria y utilizarla para propulsar una nave estelar. El Instituto de Conceptos Avanzados de la NASA se toma suficientemente en serio la idea de cosechar antimateria en el espacio y hace poco financió un programa piloto para estudiar esta idea. «Básicamente, queremos crear una red, como si estuviéramos pescando», dice Gerald Jackson, de Hbar Technologies, una de las organizaciones punteras del proyecto.

La cosechadora de antimateria se basa en tres esferas concéntricas, hecha cada una de ellas de una red reticular de cables. La esfera exterior tendría 16 kilómetros de diámetro y estaría cargada positivamente, de modo que repelería a los protones, que tienen carga positiva, pero atraería a los antiprotones, que tienen carga negativa. Los antiprotones serían recogidos por la esfera exterior, luego frenados cuando atravesaran la segunda esfera y finalmente detenidos cuando alcanzaran la esfera más interior, que tendría 100 metros de diámetro. Después los antiprotones serían capturados en una botella magnética y combinados con antielectrones para formar antihidrógeno.

Jackson cree que reacciones controladas de materia-antimateria dentro de una cápsula espacial podrían impulsar un velero espacial hasta Plutón utilizando solamente 30 miligramos de antimateria. Según Jackson, 17 gramos de antimateria serían suficientes para alimentar una nave estelar hasta Alfa Centauri. Jackson afirma que podría haber 80 gramos de antimateria entre las órbitas de Venus y de Marte que podrían ser cosechados por la sonda espacial. No obstante, dadas las complejidades y el coste de lanzar este enorme recogedor de antimateria, probablemente no se realizará hasta finales de este siglo, o más allá.

Algunos científicos han soñado con cosechar antimateria procedente de un meteorito flotante en el espacio exterior. (El cómic *Flash Gordon* presentó en una ocasión un raro meteorito de antimateria vagando por el espacio, lo que daría lugar a una tremenda explosión si entrara en contacto con cualquier materia.)

Si no se encuentra en el espacio antimateria en forma natural, tendremos que esperar décadas o incluso siglos antes de que podamos producir cantidades significativamente grandes de antimateria en la Tierra. Pero suponiendo que puedan resolverse los problemas técnicos de producir antimateria, esto deja abierta la posibilidad de que algún día cohetes de antimateria puedan llevarnos a las estrellas.

Por lo que sabemos hoy de la antimateria, y la evolución previsible de esta tecnología, yo clasificaría una nave con cohete de antimateria como una imposibilidad de clase I.

EL FUNDADOR DE LA ANTIMATERIA

¿Qué es la antimateria? Parece extraño que la naturaleza duplicara el número de partículas subatómicas en el universo sin una buena razón. En general, la naturaleza es muy ahorradora, pero ahora que conocemos la antimateria, la naturaleza parece extraordinariamente redundante y derrochadora. Y si la antimateria existe, ¿pueden existir también antiuniversos?

Para responder a estas preguntas hay que investigar el origen de la propia antimateria. El descubrimiento de la antimateria se remonta realmente a 1928, con el trabajo pionero de Paul Dirac, uno de los físicos más brillantes del siglo XX. Ocupó la cátedra Lucasiana de la Universidad de Cambridge, la misma que había ocupado Newton, y la que actualmente ocupa Stephen Hawking. Dirac, nacido en 1902, era un hombre alto y delgado que tenía poco más de veinte años cuando estalló la revolución cuántica en 1925. Aunque entonces estaba estudiando ingeniería eléctrica, se vio arrastrado enseguida interés que despertó la teoría cuántica.

La teoría cuántica se basaba en la idea de que las partículas como los electrones podían describirse no como partículas puntuales, sino como un tipo de onda, descrita por la famosa ecuación de ondas de Schrödinger. (La onda representa la probabilidad de encontrar la partícula en dicho punto.)

Pero Dirac se dio cuenta de que había un defecto en la ecuación de Schrödinger. Esta describía solo electrones que se movían a bajas velocidades. A velocidades más altas la ecuación fallaba, porque no obedecía las leyes de los objetos que se mueven a altas velocidades, es decir, las leyes de la relatividad encontradas por Albert Einstein.

Para el joven Dirac, el desafío estaba en reformular la ecuación de Schrödinger para adaptarla a la teoría de la relatividad. En 1928 Dirac propuso una modificación radical de la ecuación de Schrödinger que obedecía plenamente a la teoría de la relatividad de Einstein. El mundo de la física quedó sorprendido. Dirac encontró su famosa ecuación relativista para el electrón simplemente manipulando unos objetos matemáticos superiores llamados espinores. Una curiosidad matemática se convertía repentinamente en una pieza central del universo entero. (A diferencia de muchos físicos antes de él, que insistían en que los grandes avances en la física estarían firmemente basados en datos experimentales, Dirac siguió la estrategia opuesta. Para él, las matemáticas puras, si eran lo bastante bellas, eran una guía segura para grandes avances. Escribió: «Tener belleza en las ecuaciones es más importante que el hecho de que encajen con los experimentos [...] Si uno trabaja pensando en la belleza de las ecuaciones, y si tiene una idea realmente válida, está en una línea de avance segura».)[2]

Al desarrollar su nueva ecuación para el electrón, Dirac comprendió que la famosa ecuación de Einstein $E = mc^2$ no era completamente correcta. Aunque aparece por todas partes, en los anuncios de Madison Avenue, camisetas de niño, dibujos e incluso las vestimentas de los superhéroes, la ecuación de Einstein es solo parcialmente correcta. La ecuación correcta es en realidad $E = \pm mc^2$. (Este signo menos aparece porque tenemos que tomar la raíz cuadrada de cierta cantidad. Tomar la raíz cuadrada de una cantidad introduce siempre un más o menos de ambigüedad.)

Pero los físicos aborrecen la energía negativa. Hay un axioma de la física que afirma que los objetos tienden siempre al estado de mínima energía (esta es la razón de que el agua busque siempre el nivel más bajo, el nivel del mar). Puesto que la materia siempre cae a su estado de mínima energía, la perspectiva de una energía negativa era potencialmente desastrosa. Significaba que todos los electrones caerían al final en un estado de energía negativa infinita, de modo que la teoría de Dirac sería inestable. Por ello, Dirac inventó el concepto de «mar de Dirac». Imaginó que todos los estados de energía negativa ya estaban llenos, y por ello un electrón no podía caer a energía negativa. Con ello, el universo era estable. Además, un rayo gamma podría colisionar ocasionalmente con un electrón en un estado de energía negativa y lanzarlo a un estado de energía positiva. Entonces veríamos al rayo gamma convertirse en un electrón y un «agujero» creado en el mar de Dirac. Este agujero actuaría como una burbuja en el vacío; es decir, tendría una carga positiva y la misma masa que el electrón original. En otras palabras, el agujero se comportaría como un antielectrón. De modo que, en esta imagen, la antimateria consiste en «burbujas» en el mar de Dirac.

Solo unos años después de que Dirac hiciera esta sorprendente predicción, Carl Anderson descubrió realmente el antielectrón (por el que Dirac ganó el premio Nobel en 1933).

En otras palabras, la antimateria existe porque la ecuación de Dirac tiene dos tipos de soluciones, una para la materia y otra para la antimateria. (Y esto, a su vez, es producto de la relatividad especial.)

La ecuación de Dirac no solo predecía la existencia de antimateria; también predecía el «espín» del electrón. Las partículas subatómicas pueden girar, de forma muy similar a una peonza. El espín del electrón, a su vez, es crucial para entender el flujo de electrones en transistores y semiconductores, que forman la base de la electrónica moderna.

Stephen Hawking lamenta que Dirac no patentara su ecuación. «Dirac hubiera hecho una fortuna si hubiese patentado la ecuación de Dirac. Habría tenido una regalía por cada televisor, cada walkman, cada videojuego y cada ordenador», escribe.

Hoy, la famosa ecuación de Dirac está grabada en la piedra de la abadía de Westminster, no lejos de la tumba de Isaac Newton. En todo el mundo, es quizá la única ecuación a la que se le ha dado este honor.

DIRAC Y NEWTON

Los historiadores de la ciencia que tratan de entender cómo llegó Dirac a esta ecuación revolucionaria y al concepto de antimateria le han comparado a menudo con Newton. Es curioso que Newton y Dirac compartieran varias similitudes. Ambos tenían poco más de veinte años cuando hicieron su trabajo seminal en la Universidad de Cambridge, ambos eran maestros en las matemáticas, y ambos tenían una característica común: una falta total de habilidades sociales que llegaba a lo patológico. Ambos eran famosos por su incapacidad para entablar una mínima conversación y participar en sencillas actividades sociales. Lacónico en extremo, Dirac nunca decía nada a menos que se le preguntase directamente, y entonces contestaba «sí», o «no», o «no lo sé».

Dirac también era modesto en extremo y detestaba la publicidad. Cuando fue galardonado con el premio Nobel de Física consideró seriamente la idea de rechazarlo por la notoriedad y las molestias que le supondría. Pero cuando se le hizo notar que rechazar el premio Nobel generaría aún más publicidad, decidió aceptarlo.

Se han escrito muchos volúmenes sobre la personalidad peculiar de Newton, con hipótesis que van desde el envenenamiento por mercurio hasta la enfermedad mental. Pero recientemente el psicólogo de Cambridge Simon Baron-Cohen ha propuesto una nueva teoría que podría explicar las extrañas personalidades de Newton y Dirac. Baron-Cohen afirma que probablemente sufrían del síndrome de Asperger, que es afín al autismo, como el idiota sabio en la película *El hombre de la lluvia*. Los individuos que sufren de Asperger son tristemente reticentes, socialmente complicados y suelen estar dotados de una gran habilidad para el cálculo, pero, a diferencia de los individuos autistas, son funcionales en sociedad y pueden ocupar puestos productivos. Si esta teoría es cierta, entonces quizá la milagrosa potencia de cálculo de Newton y Dirac tuvo un precio: estar socialmente apartados del resto de la humanidad.

ANTIGRAVEDAD Y ANTIUNIVERSOS

Utilizando la teoría de Dirac, podemos responder ahora a muchas preguntas: ¿cuál es la contrapartida de antimateria para la gravedad? ¿Existen antiuniversos?

Como se ha expuesto, las antipartículas tienen carga opuesta a la de la materia ordinaria. Pero las partículas que no tienen carga (tales como el fotón, una partícula de luz, o el gravitón, que es una partícula de gravedad) pueden ser su propia antipartícula. Vemos que la gravitación es su propia antimateria; en otras palabras, gravedad y antigravedad son lo mismo. Por ello, la antimateria sometida a la gravedad debería caer, no subir. (Esto es lo que creen universalmente los físicos, pero nunca se ha demostrado realmente en el laboratorio.)

La teoría de Dirac también responde a las profundas preguntas: ¿Por qué la naturaleza admite antimateria? ¿Significa eso que existen antiuniversos?

En algunas historias de ciencia ficción, el protagonista descubre un nuevo planeta similar a la Tierra en el espacio exterior. En realidad, el nuevo planeta parece idéntico a la Tierra, excepto en que todo está hecho de antimateria. Tenemos gemelos de antimateria en este planeta, con antiniños, que viven en anticiudades. Puesto que las leyes de la antiquímica son las mismas que las leyes de la química, salvo que las cargas están invertidas, la gente que viviera en semejante mundo nunca sabría que estaba hecha de antimateria. (Los físicos llaman a esto un universo con inversión de carga o C-invertido, puesto que todas las cargas están invertidas en este antiuniverso pero todo lo demás permanece igual.)

En otras historias de ciencia ficción los científicos descubren un gemelo de la Tierra en el espacio exterior, excepto que es un universo espejo, donde todo está invertido izquierda-derecha. El corazón de todo el mundo está en el lado derecho y la mayoría de la gente es zurda. Viven su vida sin saber que viven en un universo espejo invertido izquierda-derecha. (Los físicos llaman a semejante universo espejo un universo con inversión de paridad o P-invertido.)

¿Pueden existir realmente tales universos de antimateria y con inversión de paridad? Los físicos toman muy en serio las preguntas sobre universos gemelos porque las ecuaciones de Newton y de Einstein permanecen iguales cuando simplemente cambiamos las cargas en todas nuestras partículas subatómicas o invertimos la orientación izquierda-derecha. Por ello, los universos C-invertidos y P-invertidos son en principio posibles.

El premio Nobel Richard Feynman planteó una interesante cuestión sobre estos universos. Supongamos que un día entramos en contacto por radio con alienígenas en un planeta lejano pero no podemos verles. ¿Podemos explicarles por radio la diferencia entre «izquierda» y «derecha»?, preguntaba. Si las leyes de la física permiten un universo P-invertido, entonces debería ser imposible transmitir estos conceptos.

Ciertas cosas, razonaba, son fáciles de comunicar, tales como la forma de nuestro cuerpo y el número de nuestros dedos, brazos y piernas. Podríamos incluso explicar a los alienígenas las leyes de la química y la biología. Pero si tratáramos de explicarles el concepto de «izquierda» y «derecha» (o «sentido horario» y «sentido antihorario»), fracasaríamos siempre. Nunca seríamos capaces de explicarles que nuestro corazón está en el lado derecho de nuestro cuerpo, en qué dirección rota la Tierra o la forma en que se retuercen en espiral las moléculas de ADN.

Por eso se produjo una especie de conmoción cuando C. N. Yang y T. D. Lee, ambos entonces en la Universidad de Columbia, refutaron este querido teorema. Al examinar la naturaleza de las partículas subatómicas demostraron que el universo espejo P-invertido no puede existir. Un físico, al saber de este resultado revolucionario, dijo: «Dios debe de haber cometido un error». Por este resultado impresionante, llamado la «violación de la paridad», Yang y Lee ganaron el premio Nobel de Física en 1957.

Para Feynman, esta conclusión significaba que si uno estuviera hablando por radio con los alienígenas, podría diseñar un experimento que le permitiría establecer la diferencia entre universos zurdos y diestros solo por radio. (Por ejemplo, si medimos el espín de los electrones emitidos por el cobalto-60 radiactivo, encontramos que no giran tantos en sentido horario como en sentido antihorario, sino que realmente hay un sentido de giro preferido, lo que rompe la paridad.)

Feynman imaginó entonces que al final tiene lugar un encuentro histórico entre los alienígenas y la humanidad. Nosotros decimos a los alienígenas que deben extender la mano derecha cuando nos encontremos por primera vez y nos demos la mano. Si los alienígenas realmente extienden la mano derecha, entonces sabemos que les hemos comunicado con éxito el concepto de «izquierda-derecha» y «horario-antihorario».

Pero Feynman planteó entonces una idea desconcertante. ¿Qué sucede si los alienígenas extienden en su lugar la mano izquierda? Esto significa que hemos cometido un error fatal, que hemos fracasado en comunicar el concepto de «izquierda» y «derecha». Peor aún, significa que el alienígena está hecho realmente de antimateria, y que él realizó todos los experimentos al revés, y con ello mezcló «izquierda» y «derecha». Significa que cuando nos demos la mano, ¡explotaremos!

Esto es lo que sabíamos hasta los años sesenta. Era imposible distinguir nuestro universo de un universo en el que todo estuviera hecho de antimateria y con paridad invertida. Si se cambiaran *a la vez* la paridad y la carga, el universo resultante obedecería a las leyes de la física. La paridad por sí sola se violaba, pero carga y paridad seguían siendo una buena simetría del universo. Así, un universo CP-invertido seguía siendo posible.

Esto significaba que si estuviéramos hablando con los alienígenas por teléfono, no podríamos decirles la diferencia entre un universo ordinario y uno en el que estuvieran invertidas paridad y carga (es decir, izquierda y derecha están intercambiadas, y toda la materia se ha convertido en antimateria).

Luego, en 1964, los físicos recibieron una segunda conmoción: el universo CP-invertido no puede existir. Analizando las propiedades de partículas subatómicas, sigue siendo posible decir la diferencia entre izquierda-derecha, sentido horario-sentido antihorario, si uno está hablando por radio a otro universo CP-invertido. Por este resultado, James Cronin y Val Fitch ganaron el premio Nobel en 1980.

(Aunque muchos físicos quedaron contrariados cuando se demostró que el universo CP-invertido es incompatible con las leyes de la física, visto en retrospectiva el descubrimiento fue una buena cosa, como discutimos antes. Si el universo CP-invertido fuera posible, entonces el big bang original habría implicado precisamente la misma cantidad de materia y antimateria, y con ello habría tenido lugar una aniquilación del ciento por ciento y nuestro átomos no habrían sido posibles. El hecho de que existimos como un residuo de la aniquilación de cantidades desiguales de materia y antimateria es una prueba de la violación CP.)

¿Son posibles antiuniversos invertidos? La respuesta es sí. Incluso si no son posibles universos con paridad invertida y carga invertida, un antiuniverso es aún posible, pero sería extraño. Si invirtiéramos las cargas, la paridad y *el sentido del tiempo*, entonces el universo resultante obedecería a todas las leyes de la física. El universo CPT-invertido está permitido.

La inversión del tiempo es una simetría extraña. En un universo T-invertido, los huevos fritos saltan del plato, se rehacen en la sartén y luego entran de nuevo en la cáscara, sellando las grietas. Los cadáveres reviven, se hacen más jóvenes, se convierten en niños y luego entran en el vientre de la madre.

El sentido común nos dice que el universo T-invertido no es posible. Pero las ecuaciones matemáticas de las partículas subatómicas nos dicen lo contrario. Las leyes de Newton funcionan perfectamente hacia atrás o hacia delante. Imaginemos que estamos viendo un vídeo de una partida de billar. Cada colisión de las bolas obedece a las leyes de movimiento de Newton; pasar hacia atrás la cinta de vídeo produciría un juego extraño, pero está permitido por las leyes de Newton.

En la teoría cuántica las cosas son más complicadas. La T-inversión por sí sola viola las leyes de la mecánica cuántica, pero el universo CPT-invertido está permitido. Esto significa que un universo en el que izquierda y derecha están invertidas, la materia se convierte en antimateria y el tiempo corre hacia atrás es un universo plenamente aceptable que obedece a las leyes de la física.

(Irónicamente, no podemos comunicar con un mundo CPT-invertido semejante. Si el tiempo corre hacia atrás en su planeta, eso significa que todo lo que le digamos por radio será parte de su futuro, de modo que ellos olvidarían todo lo que les dijéramos en cuanto lo hiciéramos. Así, incluso si el universo CPT-invertido está permitido por las leyes de la física, no podemos hablar por radio con ningún alienígena CPT-invertido.)

En resumen, los motores de antimateria pueden darnos una posibilidad realista para impulsar una nave estelar en el futuro lejano, si pudiera producirse suficiente antimateria en la Tierra o si se encontrara en el espacio exterior. Hay un ligero desequilibrio entre materia y antimateria debido a la violación CP, y esto puede significar a su vez que aún existen bolsas de antimateria y pueden recogerse.

Pero debido a las dificultades técnicas implicadas en los motores de antimateria, se puede tardar un siglo o más en desarrollar esta tecnología, lo que la hace una imposibilidad de clase I.

Pero abordemos otra pregunta: ¿serán posibles naves estelares más rápidas que la luz a miles de años en el futuro? ¿Hay alguna vía de escape del famoso dictum de Einstein de que «Nada puede ir a más velocidad que la luz»? La respuesta, sorprendentemente, es sí.

Segunda parte
IMPOSIBILIDADES DE CLASE II

11

Más rápido que la luz

Es perfectamente imaginable que [la vida] se difundirá finalmente por la galaxia y más allá. De modo que la vida no puede ser para siempre una modesta traza contaminante del universo, incluso si ahora lo es. De hecho, yo encuentro esto una idea bastante atractiva.

SIR MARTIN REES, astrónomo real

Es imposible viajar a velocidad mayor que la de la luz, y desde luego no es deseable, porque hay que sujetarse el sombrero.

WOODY ALLEN

En *La guerra de las galaxias*, cuando el *Halcón Milenario* despega del planeta desierto Tatooine, llevando a nuestros héroes Luke Skywalker y Han Solo, la nave encuentra un escuadrón de amenazadores cruceros imperiales en órbita alrededor del planeta. Los cruceros del Imperio lanzan contra la nave de nuestros héroes una andanada de rayos láser que poco a poco atraviesan sus campos de fuerza. El *Halcón Milenario* no puede hacerles frente. Intentando defenderse de este fulminante fuego láser, Hans Solo grita que su única esperanza es saltar al «hiperespacio». En el momento oportuno los motores de hiperimpulso cobran vida. Todas las estrellas que les rodean implosionan de repente hacia el centro de su pantalla de visión en convergentes y cegadoras ráfagas de luz. Se abre un agujero por el que pasa el *Halcón Milenario*, que alcanza así el hiperespacio y la libertad.

¿Ciencia ficción? Sin duda. Pero ¿podría estar basada en un hecho científico? Quizá. Viajar más rápido que la luz ha sido siempre un ingrediente de la ciencia ficción, pero recientemente los físicos han reflexionado muy en serio sobre esta posibilidad.

Según Einstein, la velocidad de la luz es el límite último para las velocidades en el universo. Ni siquiera nuestros más potentes colisionadores de átomos, que pueden generar energías que solo se encuentran en el centro de estrellas en explosión o en el propio big bang, pueden lanzar partículas subatómicas a una velocidad mayor que la de la luz. Al parecer, la velocidad de la luz es el último policía de tráfico del universo. Si es así, parece desvanecerse cualquier esperanza de llegar a las galaxias lejanas.

O quizá no ...

EINSTEIN EL FRACASADO

En 1902 no era ni mucho menos obvio que el joven físico Albert Einstein llegaría a ser aclamado como el físico más grande desde Isaac Newton. De hecho, ese año representó el momento más bajo en su vida. Recién doctorado, fue rechazado para un puesto docente por todas las universidades en las que lo solicitó. (Más tarde descubrió que su profesor Heinrich Weber le había escrito horribles cartas de recomendación, quizá en venganza porque Einstein no había asistido a muchas de sus clases.) Además, la madre de Einstein se oponía violentamente a su novia, Mileva Marić, que estaba embarazada. Su primera hija, Lieserl, nacería como hija ilegítima. El joven Einstein también fracasó en los trabajos ocasionales que ocupó. Incluso su trabajo de tutor mal pagado terminó abruptamente cuando fue despedido. En sus deprimentes cartas contemplaba la posibilidad de hacerse viajante para ganarse la vida. Incluso escribió a su familia que quizá habría sido mejor que no hubiera nacido, puesto que era mucha carga para ellos y no tenía ninguna perspectiva de éxito en la vida. Cuando su padre murió, Einstein se sintió avergonzado de que su padre hubiera muerto pensando que su hijo era un fracasado total.

Pero ese mismo año iba a cambiar la suerte de Einstein. Un amigo le consiguió un trabajo como funcionario de la Oficina de Patentes suiza. Desde esa modesta posición, Einstein iba a lanzar la mayor revolución en la historia moderna. Analizaba rápidamente las patentes que llegaban a su mesa de trabajo y luego pasaba horas reflexionando sobre problemas de física que le habían intrigado desde que era un niño.

¿Cuál era el secreto de su genio? Quizá una clave de su genio era su capacidad para pensar en términos de imágenes físicas (por ejemplo, trenes en movimiento, relojes acelerados, tejidos dilatados) en lugar de puras matemáticas. Einstein dijo en cierta ocasión que una teoría es probablemente inútil a menos que pueda ser explicada a un niño; es decir, la esencia de una teoría tiene que ser captada en una imagen física. Por eso muchos físicos se pierden en una maraña de matemáticas que no llevan a ninguna parte. Pero como Newton antes que él, Einstein estaba obsesionado por la imagen física; las matemáticas vendrían más tarde. Para Newton la imagen física fue la manzana que cae y la Luna. ¿Eran las fuerzas que hacían caer una manzana idénticas a las fuerzas que guiaban a la Luna en su órbita? Cuando Newton decidió que la respuesta era sí, creó una arquitectura matemática para el universo que repentinamente desveló el mayor secreto de los cielos, el movimiento de los propios cuerpos celestes.

EINSTEIN Y LA RELATIVIDAD

Albert Einstein propuso su celebrada teoría de la relatividad especial en 1905. En el corazón de su teoría había una imagen que incluso los niños pueden entender. Su teoría fue la culminación de un sueño que había tenido desde los dieciséis años, cuando se planteó la pregunta: ¿qué sucede cuando uno alcanza a un rayo de luz? Cuando era joven, Einstein sabía que la mecánica newtoniana describía el movimiento de objetos en la Tierra y en los cielos, y que la teoría de Maxwell describía la luz. Eran los dos pilares de la física.

La esencia del genio de Einstein era que reconoció que estos dos pilares estaban en conflicto. Uno de ellos debía fallar.

Según Newton, uno siempre puede alcanzar a un rayo de luz, puesto que no hay nada especial en la velocidad de la luz. Esto significaba que el rayo de luz debía parecer estacionario cuando uno corría a su lado. Pero de joven Einstein comprendió que nadie había visto nunca una onda luminosa que fuera totalmente estacionaria, es decir, como una onda congelada. Aquí la teoría de Newton no tenía sentido.

Finalmente, como estudiante universitario en Zurich que estudiaba la teoría de Maxwell, Einstein encontró la respuesta. Descubrió algo que ni siquiera Maxwell sabía: que la velocidad de la luz era una constante, con independencia de lo rápido que uno se moviera. Si uno corre al encuentro de un rayo de luz o alejándose de él, este seguirá viajando a la misma velocidad, pero eso viola el sentido común. Einstein había encontrado la respuesta a la pregunta de su infancia: uno nunca puede correr a la par con un rayo de luz, puesto que este siempre se aleja a velocidad constante, por mucho que uno corra.

Pero la mecánica newtoniana era un sistema con fuertes ligaduras internas: como sucede cuando se tira de un cabo suelto, la teoría entera podía deshacerse si se hacía el más mínimo cambio en sus hipótesis. En la teoría de Newton el tiempo corría a un ritmo uniforme en todo el universo. Un segundo en la Tierra era idéntico a un segundo en Venus o en Marte. Asimismo, varas de medir colocadas en la Tierra tenían la misma longitud que varas de medir colocadas en Plutón. Pero si la velocidad de la luz era siempre constante por muy rápido que uno se moviera, sería necesario un cambio importante en nuestra comprensión del espacio y el tiempo. Tendrían que ocurrir distorsiones profundas del espacio y el tiempo para conservar la constancia de la velocidad de la luz.

Según Einstein, si uno estuviese en una nave a gran velocidad, el paso del tiempo dentro del cohete tendría que frenarse con respecto a alguien en la Tierra. El tiempo late a ritmos diferentes, dependiendo de con qué rapidez se esté uno moviendo. Además, el espacio dentro del cohete se comprimiría, de modo que las varas de medir podrían cambiar de longitud, dependiendo de la velocidad. Y la masa del cohete también aumentaría. Si miráramos el interior del cohete con nuestros telescopios, veríamos que los relojes de su interior marchaban lentamente, la gente se movía con movimiento lento y parecían achatados.

De hecho, si el cohete estuviera viajando a la velocidad de la luz, el tiempo se detendría aparentemente dentro del cohete, este se comprimiría hasta casi desaparecer y la masa del cohete se haría infinita; como ninguna de estas observaciones tiene sentido, Einstein afirmó que nada puede romper la barrera de la luz. (Puesto que un objeto se hace más pesado cuanto más rápido se mueve, esto significa que la energía de movimiento se está convirtiendo en masa. La cantidad exacta de energía que se convierte en masa es fácil de calcular, y llegamos a la celebrada ecuación $E = mc^2$ en solo unas líneas.)

Desde que Einstein derivó su famosa ecuación, millones de experimentos, literalmente, han confirmado sus revolucionarias ideas. Por ejemplo, el sistema GPS, que puede localizar la posición en la Tierra con un error de solo unos pocos metros, fallaría a menos que se añadan correcciones debidas a la relatividad. (Puesto que el ejército depende del sistema GPS, incluso los generales del Pentágono tienen que recibir formación por parte de los físicos respecto a la teoría de la relatividad de Einstein.) Los relojes en el GPS cambian realmente cuando se aceleran sobre la superficie de la Tierra, como predijo Einstein.

La ilustración más gráfica de este concepto se encuentra en los colisionadores de átomos, en los que los científicos aceleran partículas a velocidades próximas a la de la luz. En el gigantesco acelerador del CERN, el gran colisionador de hadrones, en las afueras de Ginebra en Suiza, los protones se aceleran hasta billones de electrónvoltios y se mueven a velocidades muy próximas a la de la luz.

Para un científico que trabaja con cohetes, la barrera de la luz no es todavía un gran problema, ya que que los cohetes apenas pueden viajar a más de algunas decenas de miles de kilómetros por hora. Pero en un siglo o dos, cuando los científicos contemplen seriamente la posibilidad de enviar sondas a la estrella más próxima (situada a más de 4 años luz de la Tierra), la barrera de la luz podría llegar a ser un problema.

ESCAPATORIAS DE LA TEORÍA DE EINSTEIN

Durante décadas los físicos han tratado de encontrar escapatorias al lema de Einstein. Se han encontrado algunas vías de escape, pero la mayoría no son muy útiles. Por ejemplo, si se barre el cielo con un haz luminoso, la imagen del haz puede superar la velocidad de la luz. En pocos segundos, la imagen del haz se mueve desde un punto del horizonte al punto opuesto, a una distancia que puede ser de más de centenares de años luz. Pero esto no tiene importancia, porque ninguna información puede transmitirse de este modo más rápida que la luz. La imagen del haz luminoso ha superado la velocidad de la luz, pero la imagen no lleva energía ni información.

Del mismo modo, si tenemos unas tijeras, el punto en el que se cruzan las hojas se mueve más rápido cuanto más alejado está del eje. Si imaginamos tijeras de un año luz de longitud, entonces al cerrar las hojas el punto de cruce puede viajar más rápido que la luz. (De nuevo, esto no es importante puesto que el punto de cruce no lleva energía ni información.)

Análogamente, como he mencionado en el capítulo 4, el experimento EPR permite enviar información a velocidades mayores que la velocidad de la luz. (Recordemos que en este experimento dos electrones están vibrando al unísono y entonces son enviados en direcciones opuestas. Puesto que estos electrones son coherentes, puede enviarse información de uno a otro a velocidades mayores que la velocidad de la luz, pero esta información es aleatoria y por lo tanto inútil. Por ello, no pueden utilizarse máquinas EPR para enviar sondas a las estrellas lejanas.)

Para un físico la vía de escape más importante procedía del propio Einstein, que creó la teoría de la relatividad general en 1915, una teoría que es más poderosa que la teoría de la relatividad especial. Las semillas de la relatividad general fueron plantadas cuando Einstein consideró un tiovivo de niños. Como hemos visto antes, los objetos se contraen cuando se acercan a la velocidad de la luz. Cuanto más rápido se mueve uno, más se comprime. Pero en un disco giratorio, la circunferencia exterior se mueve más rápida que el centro. (De hecho, el centro está casi estacionario.) Esto significa que una regla colocada en el borde debe contraerse, mientras que una regla colocada en el centro permanece casi igual, de modo que la superficie del tiovivo ya no es plana sino que está curvada. Así, la aceleración tiene el efecto de curvar el espacio y el tiempo en el tiovivo.

En la teoría de la relatividad general el espacio-tiempo es un tejido que puede estirarse y contraerse. En ciertas circunstancias el tejido puede estirarse más rápido que la velocidad de la luz. Pensemos en el big bang, por ejemplo, cuando el universo nació en una explosión cósmica hace 13.700 millones de años. Se puede calcular que originalmente el universo se expandía más rápido que la velocidad de la luz. (Esta acción no viola la relatividad especial, puesto que era el espacio vacío —el espacio entre estrellas— el que se estaba expandiendo, no las propias estrellas. Expandir el espacio no lleva ninguna información.)

El punto importante es que la relatividad especial solo se aplica localmente, es decir, en la inmediata vecindad. En nuestro entorno local (por ejemplo, el sistema solar), la relatividad especial sigue siendo válida, como confirmamos con nuestras sondas espaciales. Pero globalmente (por ejemplo, a escalas cosmológicas que abarcan el universo) debemos utilizar en su lugar la relatividad general. En relatividad general el espacio-tiempo se convierte en un tejido, y este tejido puede estirarse más rápido que la luz. También permite «agujeros en el espacio» en los que se puedan tomar atajos a través del espacio y el tiempo.

Con estas reservas, quizá un modo de viajar más rápido que la luz es invocar la relatividad general. Puede hacerse de dos maneras:

1. *Estirar el espacio*. Si usted llegara a estirar el espacio que tiene detrás y entrar en contacto con el espacio que tiene delante, entonces tendría la ilusión de haberse movido más rápido que la luz. De hecho, no se habría movido en absoluto. Pero puesto que el espacio se ha deformado, ello significa que puede llegar a las estrellas lejanas en un abrir y cerrar de ojos.

2. *Rasgar el espacio*. En 1935 Einstein introdujo el concepto de un agujero de gusano. Imaginemos el espejo de Alicia, un dispositivo mágico que conecta la campiña de Oxford con el País de las Maravillas. El agujero de gusano es un dispositivo que puede conectar dos universos. Cuando estábamos en la escuela aprendimos que la distancia más corta entre dos puntos es una línea recta. Pero esto no es necesariamente cierto, porque si doblamos una hoja de papel hasta que se toquen dos puntos, entonces veríamos que la distancia más corta entre dos puntos es realmente un agujero de gusano.

Como dice el físico Matt Visser de la Universidad de Washington: «La comunidad de la relatividad ha empezado a pensar en lo que sería necesario para hacer algo parecido al impulso de deformación o a los agujeros de gusano y sacarlos del campo de la ciencia ficción».[1]

Sir Martin Rees, astrónomo real de Gran Bretaña, llega a decir: «Agujeros de gusano, dimensiones extra y ordenadores cuánticos abren escenarios especulativos que podrían transformar eventualmente todo nuestro universo en un "cosmos viviente"».[2]

LA PROPULSIÓN ALCUBIERRE Y LA ENERGÍA NEGATIVA

El mejor ejemplo de estirar el espacio es la propulsión Alcubierre, propuesta por el físico Miguel Alcubierre en 1994, que utiliza la teoría de la gravedad de Einstein. Es muy parecido al sistema de propulsión que se muestra en *Star Trek*. El piloto de una nave estelar semejante estaría sentado dentro de una burbuja (llamada una «burbuja de distorsión») en la que todo parecería normal, incluso cuando la cápsula espacial rompiera la barrera de la luz. De hecho, el piloto pensaría que estaba en reposo. Pero fuera de la burbuja se producirían distorsiones extremas del espacio-tiempo cuando el espacio que hay delante de la burbuja se comprimiera. No habría dilatación temporal, de modo que el tiempo transcurriría normalmente en el interior de la burbuja.

Alcubierre admite que quizá *Star Trek* haya desempeñado un papel en su forma de llegar a esta solución. «La gente de *Star Trek* seguía hablando de propulsión por distorsión, la idea de que uno está distorsionando el espacio —dice—. Nosotros ya teníamos una teoría sobre cómo puede distorsionarse el espacio, y esa es la teoría de la relatividad general. Pensé que debería haber una manera de utilizar estos conceptos para ver cómo funcionaría un impulso por distorsión.»[3] Esta es probablemente la primera vez que un programa de televisión inspiró una solución a una de las ecuaciones de Einstein.

Alcubierre cree que un viaje en su propuesta nave espacial se parecería a un viaje a bordo del *Halcón Milenario* en *La guerra de las galaxias*. «Mi conjetura es que ellos verían probablemente algo muy parecido a esto. Delante de la nave, las estrellas se convertirían en líneas largas, trazos. Detrás no verían nada —solo oscuridad— porque la luz de las estrellas no podría moverse con rapidez suficiente para alcanzarles», dice.[4]

La clave para la propulsión Alcubierre es la energía necesaria para propulsar la cápsula hacia delante a velocidades mayores que la de la luz. Normalmente los físicos empiezan con una cantidad de energía positiva para propulsar una nave estelar, que siempre viaja más lenta que la luz. Para ir más allá de esta estrategia y poder viajar más rápido que la luz sería necesario cambiar el combustible. Un cálculo directo muestra que se necesitaría «masa negativa» o «energía negativa», quizá las entidades más exóticas del universo, si es que existen. Tradicionalmente los físicos han descartado la energía negativa y la masa negativa como ciencia ficción. Pero ahora vemos que son indispensables para el viaje, y podrían existir realmente.

Los científicos han buscado materia negativa en la naturaleza, pero hasta ahora sin éxito. (Antimateria y materia negativa son dos cosas totalmente diferentes. La primera existe y tiene energía positiva pero carga invertida. La existencia de materia negativa está por demostrar.) La materia negativa sería muy peculiar, porque sería más ligera que la nada. De hecho, flotaría. Si existiera materia negativa en el universo primitivo, se habría ido hacia el espacio exterior. A diferencia de los meteoritos que llegan a estrellarse en los planetas, atraídos por la gravedad de un planeta, la materia negativa evitaría los planetas. Sería repelida, y no atraída, por cuerpos grandes tales como estrellas y planetas. Así, aunque pudiera existir la materia negativa, solo esperamos encontrarla en el espacio profundo, y no ciertamente en la Tierra.

Una propuesta para encontrar materia negativa en el espacio exterior implica la utilización de un fenómeno llamado «lentes de Einstein». Cuando la luz pasa junto a una estrella o una galaxia, su trayectoria es curvada por la gravedad, de acuerdo con la relatividad general. En 1912 (antes incluso de que hubiera desarrollado por completo la relatividad general) Einstein predijo que una galaxia podría actuar como la lente de un telescopio. La luz procedente de objetos distantes que pasara cerca de una galaxia próxima convergería cuando rodeara la galaxia, como en una lente, y formaría una figura de anillo característica cuando finalmente llegara a la Tierra. Estos fenómenos se llaman ahora «anillos de Einstein». En 1979 se observó el primero de estos anillos de Einstein en el espacio exterior. Desde entonces, los anillos se han convertido en una herramienta indispensable para la astronomía. (Por ejemplo, en otro tiempo se pensaba que sería imposible localizar «materia oscura» en el espacio exterior. [La materia oscura es una sustancia misteriosa que es invisible pero tiene peso. Rodea a las galaxias y es quizá diez veces más abundante que la materia visible ordinaria en el universo.] Pero científicos de la NASA han sido capaces de construir mapas de materia oscura porque esta curva la luz que la atraviesa, de la misma manera que el vidrio curva la luz.)

Por consiguiente, debería ser posible utilizar lentes de Einstein para buscar materia negativa y agujeros de gusano en el espacio exterior. Estos curvarían la luz de una forma peculiar, que debería ser visible con el telescopio espacial Hubble. Hasta ahora las lentes de Einstein no han detectado la imagen de materia negativa o agujeros de gusano en el espacio exterior, pero la búsqueda continúa. Si un día el telescopio espacial Hubble detecta la presencia de materia negativa o de un agujero de gusano mediante lentes de Einstein, podría desencadenar una onda de choque en la física.

La energía negativa difiere de la materia negativa en que realmente existe, aunque solo en cantidades minúsculas. En 1933 Hendrik Casimir hizo una extraña predicción utilizando las leyes de la teoría cuántica. Afirmó que dos placas metálicas paralelas descargadas se atraerían mutuamente, como por arte de magia. Normalmente las placas paralelas están en reposo, puesto que carecen de carga neta. Pero el vacío entre las dos placas paralelas no está vacío, sino lleno de «partículas virtuales» que nacen y desaparecen.

Durante breves períodos de tiempo, pares electrón-antielectrón surgen de la nada para aniquilarse y desaparecer de nuevo en el vacío. Resulta irónico que el espacio vacío, que en otro tiempo se pensaba privado de cualquier cosa, ahora resulta estar agitado con actividad cuántica. Normalmente, minúsculas ráfagas de materia y antimateria parecerían violar la conservación de la energía. Pero debido al principio de incertidumbre, estas minúsculas violaciones tienen una vida increíblemente corta, y la energía se sigue conservando en promedio.

Casimir descubrió que la nube de partículas virtuales crearía una presión neta en el vacío. El espacio entre las dos placas paralelas está confinado, y por ello la presión es baja. Pero la presión fuera de las placas no está confinada y es mayor, y por ello habrá una presión neta que tiende a juntar las placas.

Normalmente, el estado de energía cero ocurre cuando estas dos placas están en reposo y alejadas una de otra. Pero a medida que las placas se aproximan, se puede extraer energía a partir de ellas. Así, puesto que se ha sacado energía cinética de las placas, la energía de las placas es menor que cero.

Esta energía negativa fue medida realmente en el laboratorio en 1948, y los resultados confirmaron la predicción de Casimir. Así pues, la energía negativa y el efecto Casimir ya no son ciencia ficción, sino un hecho establecido. El problema, no obstante, es que el efecto Casimir es muy pequeño; se necesita un equipo de medida muy delicado para detectar esta energía en el laboratorio. (En general, la energía de Casimir es inversamente proporcional a la cuarta potencia de la distancia de separación entre las placas. Esto significa que cuanto menor es la distancia de separación, mayor es la energía.) El efecto Casimir fue medido con precisión en 1996 por Steven Lamoreaux en el Laboratorio Nacional de Los Álamos, y la fuerza atractiva es 1/30.000 del peso de una hormiga.

Desde que Alcubierre propuso inicialmente su teoría, los físicos han descubierto varias propiedades extrañas. Las personas dentro de la nave estelar están desconectadas causalmente del mundo exterior. Esto significa que no basta con apretar un botón a voluntad para viajar más rápido que la luz. Uno no puede comunicarse a través de la burbuja. Tiene que haber una «autopista» preexistente a través del espacio y el tiempo, como una serie de trenes que pasen con un horario regular. En este sentido, la nave estelar no sería una nave ordinaria que pueda cambiar de dirección y velocidad a voluntad. La nave estelar sería realmente como un coche de pasajeros que cabalga sobre una «onda» preexistente de espacio comprimido, navegando a lo largo de un corredor preexistente de espacio-tiempo distorsionado. Alcubierre especula: «Necesitaríamos una serie de generadores de materia exótica a lo largo del camino, como en una autopista, que manipulen el espacio de una forma sincronizada».[5]

En realidad pueden encontrarse soluciones aún más extrañas a las ecuaciones de Einstein. Sus ecuaciones afirman que dada una cierta cantidad de masa o energía, puede computarse la distorsión de espacio-tiempo que la masa o energía generará (de la misma forma en que si dejamos caer una piedra en un estanque, podemos calcular las ondulaciones que creará). Pero también se pueden seguir las ecuaciones hacia atrás. Podemos empezar con un espacio-tiempo extraño, del tipo que aparece en los episodios de *La dimensión desconocida*. (En estos universos, por ejemplo, podemos abrir una puerta y encontrarnos en la Luna. Podemos rodear un árbol y encontrarnos en un tiempo anterior y con el corazón al lado derecho del cuerpo.) Entonces calculamos la distribución de materia y energía relacionada con ese espacio-tiempo particular. (Esto significa que si se nos da una serie de ondas extrañas en la superficie de un estanque, podemos ir hacia atrás y calcular la distribución de piedras necesaria para producir estas ondas.) Así fue, de hecho, como Alcubierre obtuvo sus ecuaciones. Él partió de un espacio-tiempo compatible con ir más rápido que la luz, y luego trabajó hacia atrás y calculó la energía necesaria para producirlo.

AGUJEROS DE GUSANO Y AGUJEROS NEGROS

Aparte de estirar el espacio, la segunda manera posible de romper la barrera de la luz es rasgar el espacio mediante agujeros de gusano, pasadizos que conectan dos universos. En la ficción, la primera mención de un agujero de gusano se debió al matemático de Oxford Charles Dogson, que escribió *A través del espejo* bajo el pseudónimo de Lewis Carroll. El espejo de Alicia es el agujero de gusano que conecta la campiña de Oxford con el mundo mágico de el País de las Maravillas. Introduciendo su mano en el espejo, Alicia puede transportarse en un instante de un universo al otro. Los matemáticos llaman a esto «espacios múltiplemente conexos».

El concepto de agujeros de gusano en física data de 1916, un año después de que Einstein publicara su histórica teoría de la relatividad general. El físico Karl Schwarzschild, que entonces servía en el ejército del káiser, pudo resolver exactamente las ecuaciones de Einstein para el caso de una única estrella puntual. Lejos de la estrella, su campo gravitatorio era muy similar al de una estrella ordinaria, y de hecho Einstein utilizó la solución de Schwarzschild para calcular la desviación de la luz en torno a una estrella. La solución de Schwarzschild tuvo un impacto inmediato y profundo en astronomía, e incluso hoy es una de las soluciones mejor conocidas de las ecuaciones de Einstein. Durante generaciones los físicos utilizaron el campo gravitatorio alrededor de una estrella puntual como una aproximación al campo alrededor de una estrella real, que tiene un diámetro finito.

Pero si se toma en serio esta solución puntual, entonces acechando en el centro de ella había un monstruoso objeto puntual que ha conmocionado y sorprendido a los físicos durante casi un siglo: un agujero negro. La solución de Schwarzschild para la gravedad de una estrella puntual era como un caballo de Troya. Desde fuera parecía un regalo del cielo, pero en el interior acechaban todo tipo de demonios y fantasmas. Pero si se aceptaba lo uno, había que aceptar lo otro. La solución de Schwarzschild mostraba que a medida que uno se acercaba a esta estrella puntual, sucedían cosas extrañas. Alrededor de la estrella había una esfera invisible (llamada el «horizonte de sucesos») que era un punto de no retorno. Todo entraba, pero nada podía salir, como en un Roach Motel.* Una vez que se atravesaba el horizonte de sucesos ya no había vuelta atrás. (Una vez dentro del horizonte de sucesos, uno tenía que viajar más rápido que la luz para escapar al exterior del horizonte de sucesos, y eso sería imposible.)

A medida que uno se acercara al horizonte de sucesos sus átomos serían estirados por fuerzas de marea. La gravedad que experimentarían los pies sería mucho mayor que la que experimentaría la cabeza, de modo que uno sería «espaguetificado» y luego desgarrado. Del mismo modo, los átomos del cuerpo también serían estirados y desgarrados por la gravedad.

Para un observador exterior que observase cómo uno se aproximaba al horizonte de sucesos, parecería que uno se estaba frenando en el tiempo. De hecho, cuando uno llegara al horizonte de sucesos, ¡parecería que el tiempo se había detenido!

Además, cuando uno atravesara el horizonte de sucesos vería luz que ha sido atrapada y ha estado dando vueltas alrededor de este agujero negro durante miles de millones de años. Parecería como si uno estuviera observando una película que detallara toda la historia del agujero negro, remontándose hacia atrás hasta su mismo origen.

Y finalmente, si uno pudiera caer recto a través del agujero negro, habría otro universo en el otro lado. Esto se denomina el puente de Einstein-Rosen, introducido por primera vez por Einstein en 1935; ahora se llama un agujero de gusano.

Einstein y otros físicos creían que una estrella nunca podría evolucionar de manera natural hasta un objeto tan monstruoso. De hecho, en 1939 Einstein publicó un artículo en el que demostraba que una masa circulante de gas y polvo nunca se condensaría en tal agujero negro. Por eso, aunque había un agujero de gusano acechando en el centro de un agujero negro, él confiaba en que dicho objeto extraño nunca podría formarse por medios naturales. De hecho, el astrofísico Arthur Eddington dijo en cierta ocasión que «debería ha-

---

* Roach Motel era una marca de trampa para cucarachas. Su anuncio, que se hizo famoso, decía: «Todas las cucarachas entran, pero ninguna sale». (N. del T.)

ber una ley de la naturaleza que impidiera a una estrella comportar-
se de esa manera absurda». En otras palabras, el agujero negro era
realmente una solución legítima a las ecuaciones de Einstein, pero no
había ningún mecanismo conocido que pudiera formar uno por
medios naturales.

Todo esto cambió con la aparición de un artículo de J. Robert
Oppenheimer y su estudiante Hartland Snyder, escrito ese mismo
año, que demostraba que los agujeros negros pueden formarse realmente por medios naturales. Ellos suponían que una estrella moribunda había agotado su combustible nuclear y entonces colapsaba
bajo su gravedad, de modo que implosionaba bajo su propio peso. Si
la gravedad podía comprimir la estrella hasta que quedase dentro de
su horizonte de sucesos, entonces nada conocido por la ciencia podía impedir que la gravedad estrujara la estrella hasta reducirla a una
partícula puntual, el agujero negro. (Este método de implosión quizá diera a Oppenheimer la clave para construir la bomba de Nagasaki tan solo unos años después, que depende de la implosión de una
esfera de plutonio.)

El siguiente avance fundamental llegó en 1963, cuando el matemático neozelandés Roy Kerr examinó el ejemplo quizá más realista de un agujero negro. Los objetos giran más rápidamente cuando
se contraen, de la misma forma que los patinadores giran más rápido
cuando acercan los brazos al cuerpo. Como resultado, los agujeros
negros deberían estar girando a velocidades fantásticas.

Kerr descubrió que un agujero negro en rotación no colapsaría
en una estrella puntual, como habría supuesto Schwarzschild, sino
que colapsaría a un anillo en rotación. Cualquiera suficientemente
desafortunado para chocar con el anillo perecería; pero alguien que
cayera en el anillo no moriría, sino que en realidad lo atravesaría.
Pero en lugar de acabar en el otro lado del anillo, atravesaría el puente de Einstein-Rosen y acabaría en otro universo. En otras palabras,
el agujero negro en rotación es el borde del espejo de Alicia.

Si diera otra vuelta alrededor del anillo en rotación, entraría aún
en otro universo. De hecho, entradas repetidas en el anillo en rotación colocarían a una persona en diferentes universos paralelos, algo
muy parecido a apretar el botón «subida» en un ascensor. En princi-

pio podría haber un número infinito de universos, uno encima de otro. «Atraviesa este anillo mágico y —¡presto!— está usted en un universo completamente diferente donde radio y masa son negativos», escribió Kerr.[6]

Hay un grave inconveniente, sin embargo. Los agujeros negros son ejemplos de «agujeros de gusano no practicables»; es decir, el paso a través del horizonte de sucesos es un viaje de una sola dirección. Una vez que uno atraviesa el horizonte de sucesos y el anillo de Kerr, ya no puede volver atrás a través del anillo y salir a través del horizonte de sucesos.

Pero en 1988 Kip Thorne y sus colegas en el Caltech encontraron un ejemplo de un agujero de gusano practicable, es decir, uno a través del cual se podía pasar libremente de un lado a otro. De hecho, en una solución, el viaje a través de un agujero de gusano no sería peor que ir en un avión.

Normalmente la gravedad estrangularía la garganta del agujero de gusano y destruiría a los astronautas que trataran de llegar al otro lado. Esta es una razón por la que no es posible viajar más rápido que la luz a través de un agujero de gusano. Pero la fuerza repulsiva de la energía negativa o la masa negativa podría mantener la garganta abierta el tiempo suficiente para permitir a los astronautas un paso limpio. En otras palabras, masa o energía negativa es esencial tanto para el propulsor de Alcubierre como para la solución agujero de gusano.

En los últimos años se ha encontrado un número sorprendente de soluciones exactas a las ecuaciones de Einstein que permiten agujeros de gusano. Pero ¿realmente existen agujeros de gusano, o son solo un objeto matemático? Hay varios problemas importantes con los agujeros de gusano.

En primer lugar, para crear las violentas distorsiones de espacio y tiempo necesarias para atravesar un agujero de gusano, se necesitarían cantidades fabulosas de materia positiva y negativa, del orden de una estrella enorme o un agujero negro. Matthew Visser, un físico de la Universidad de Washington, estima que la cantidad de energía negativa que se necesitaría para abrir un agujero de gusano de un metro es comparable a la masa de Júpiter, salvo que tendría que ser negativa. Dice: «Se necesita aproximadamente menos una masa de Júpiter para hacer el trabajo. Manipular una masa de Júpiter de energía positiva ya es bastante inverosímil, mucho más allá de nuestras capacidades en un futuro previsible».[7]

Kip Thorne, del Caltech, especula con que «resultará que las leyes de la física permiten suficiente materia exótica en agujeros de gusano de tamaño humano para mantener abierto el agujero. Pero también resultará que la tecnología para hacer agujeros de gusano y mantenerlos abiertos está inimaginablemente más allá de las capacidades de nuestra civilización humana».[8]

En segundo lugar, no sabemos qué estabilidad tendrían estos agujeros de gusano. La radiación generada por estos agujeros de gusano podría matar a cualquiera que entrara en ellos. O quizá los agujeros de gusano no serían estables en absoluto, y se cerraran en cuanto alguien entrara en ellos.

En tercer lugar, los rayos luminosos que cayeran en el agujero negro serían desplazados hacia el azul; es decir, alcanzarían una energía cada vez mayor a medida que se acercaran al horizonte de sucesos. De hecho, en el propio horizonte de sucesos la luz está infinitamente desplazada hacia el azul, de modo que la radiación procedente de esta energía incidente podría matar a cualquiera a bordo de un cohete.

Discutamos estos problemas con cierto detalle. Un problema está en acumular energía suficiente para rasgar el tejido del espacio y el tiempo. La manera más sencilla de hacerlo es comprimir un objeto hasta que se haga más pequeño que su «horizonte de sucesos». En el caso del Sol, esto significa comprimirlo hasta unos 3 kilómetros de diámetro, momento en el que colapsará en un agujero negro. (La gravedad del Sol es demasiado débil para comprimirlo de forma natural hasta 3 kilómetros, de modo que nuestro Sol nunca se convertirá en un agujero negro. En principio, esto significa que cualquier cosa, incluso usted, podría convertirse en un agujero negro si se comprimiera lo suficiente. Esto significaría comprimir a todos los átomos de su cuerpo a distancias menores que las subatómicas —una hazaña que está más allá de las capacidades de la ciencia moderna.)

Una aproximación más práctica sería reunir una batería de rayos láser para disparar un haz intenso a un punto concreto. O construir un enorme colisionador de átomos para crear dos haces, que entonces colisionarían entre sí a energías fantásticas, suficientes para producir un pequeño rasguño en la fábrica del espacio-tiempo.

La energía de Planck y los aceleradores de partículas

Se puede calcular la energía necesaria para crear una inestabilidad en el espacio y el tiempo: es del orden de la energía de Planck, o 10^{28} electrones-voltio. Éste es un número inimaginablemente grande, un trillón de veces mayor que la energía alcanzable con la más potente máquina actual, el gran colisionador de hadrones (LHC), situado en las afueras de Ginebra, Suiza. El LHC es capaz de hacer dar vueltas a protones en un gran «donut» hasta que alcanzan energías de billones de electrones-voltio, energías no vistas desde el big bang. Pero incluso esta monstruosa máquina se queda muy lejos de producir energías próximas a la energía de Planck.

El siguiente acelerador de partículas después del LHC será el colisonador lineal internacional (ILC). En lugar de curvar la trayectoria de partículas subatómicas en un círculo, el ILC las lanzará en una trayectoria recta. Se inyectará energía a medida que las partículas se muevan a lo largo de esta trayectoria, hasta que alcancen energías inimaginablemente grandes. Entonces un haz de electrones colisionará con antielectrones, creando una enorme ráfaga de energía. El ILC tendrá de 30 a 40 kilómetros de longitud, o 10 veces la longitud del acelerador lineal de Stanford, actualmente el mayor acelerador lineal. Si todo va bien, el ILC estará terminado en algún momento de la próxima década.

La energía producida por el ILC será de 0,5 a 1,0 billones de electrones-voltio —menos que los 14 billones de electrones-voltio del LHC, pero esto es engañoso. (En el LHC, las colisiones entre los protones tienen lugar entre los quarks constituyentes que forman el protón. Por ello, las colisiones en las que intervienen los quarks son de menos de 14 billones de electrones-voltio. Por esto es por lo que el ILC producirá energías de colisión mayores que las del LHC.) Además, puesto que el electrón no tiene constituyentes conocidos, la dinámica de las colisiones entre electrón y antielectrón es más simple y más limpia.

Pero en realidad, también el ILC se queda a mucha distancia de poder abrir un agujero en el espacio-tiempo. Para eso se necesitaría un acelerador un trillón de veces más potente. Para nuestra civilización de tipo 0, que utiliza plantas muertas como combustible (por ejemplo, petróleo y carbón), esta tecnología está mucho más allá de cualquier cosa que podamos imaginar. Pero podría hacerse posible para una civilización tipo III.

Recordemos que una civilización tipo III, que es galáctica en su uso de energía, consume una energía 10.000 millones de veces mayor que una civilización tipo II, cuyo consumo se basa en la energía de una única estrella. Y una civilización tipo II consume, a su vez, una energía 10.000 millones de veces mayor que una civilización tipo I, cuyo consumo se basa en la energía de un único planeta. En cien o doscientos años, nuestra débil civilización tipo 0 alcanzaría un estatus de tipo I.

Dada esta proyección, estamos muy, muy lejos de poder alcanzar la energía de Planck. Muchos físicos creen que a distancias extremadamente minúsculas, a la distancia de Planck de 10^{-33} centímetros, el espacio no es vacío ni suave sino que se hace «espumoso»; burbujea con minúsculas burbujas que constantemente nacen, colisionan con otras burbujas y desaparecen de nuevo en el vacío. Estas burbujas que nacen y mueren en el vacío son «universos virtuales», muy similares a los pares virtuales de electrones y antielectrones que surgen de repente y luego desaparecen. Normalmente, este espacio-tiempo «espumoso» es del todo invisible para nosotros. Estas burbujas se forman a distancias tan minúsculas que no podemos observarlas. Pero la física cuántica sugiere que si concentramos suficiente energía en un punto, hasta que alcanzamos la energía de Planck, esas burbujas pueden hacerse grandes. Entonces veríamos el espacio-tiempo burbujeando con minúsculas burbujas, cada una de las cuales es un agujero de gusano conectado a un «universo bebé».

En el pasado estos universos bebé se consideraban una curiosidad intelectual, una consecuencia extraña de las puras matemáticas.

Pero ahora los físicos piensan seriamente que nuestro universo podría haber salido originalmente de uno de estos universos bebé.

Dicho pensamiento es una pura especulación, pero las leyes de la física admiten la posibilidad de abrir un agujero en el espacio concentrando suficiente energía en un punto, hasta que accedemos al espacio-tiempo espumoso y emergen agujeros de gusano que conectan nuestro universo con un universo bebé.

Conseguir un agujero en el espacio requeriría, por supuesto, avances importantes en nuestra tecnología, pero una vez más podría ser posible para una civilización tipo III. Por ejemplo, ha habido desarrollos prometedores en algo llamado un «acelerador de mesa Wakefield». Curiosamente, este colisionador de átomos es tan pequeño que puede colocarse encima de una mesa y pese a todo generar miles de millones de electrones-voltio de energía. El acelerador de mesa Wakefield funciona disparando láseres sobre partículas cargadas, que entonces cabalgan sobre la energía de dicho láser. Experimentos hechos en el Centro del Acelerador Lineal de Stanford, el Laboratorio Rutherford-Appleton en Inglaterra y la École Polytechnique en París muestran que son posibles enormes aceleraciones sobre pequeñas distancias utilizando haces láser y plasma para inyectar energía.

Otro gran avance tuvo lugar en 2007, cuando físicos e ingenieros en el Centro del Acelerador Lineal de Standford, la UCLA y la USC demostraron que se puede duplicar la energía de un enorme acelerador de partículas en tan solo 1 metro. Empezaron disparando un haz de electrones en un tubo de 3 kilómetros de longitud en Stanford, que alcanzaban una energía de 42.000 millones de electrones-voltio. Luego, estos electrones de alta energía se enviaban a través de un «quemador», que consistía en una cámara de plasma de solo 88 centímetros, donde los electrones recogían otros 42.000 millones de electrones-voltio, lo que duplicaba su energía. (La cámara de plasma está llena con litio gaseoso. Cuando los electrones pasan a través del gas producen una onda de plasma que crea una estela. Esta estela, a su vez, fluye hacia la parte trasera del haz de electrones y entonces lo empuja hacia delante, dándole un impulso extra.) Con esta impresionante hazaña, los físicos mejoraron en un factor de tres mil el récord anterior de energía por metro con la que podían acelerar un haz electrónico. Añadiendo tales «quemadores» a los aceleradores existentes, en teoría se podría duplicar su energía casi de balde.

Hoy, el récord mundial para un acelerador de mesa Wakefield es de 200.000 millones de electrones-voltio por metro. Hay muchos problemas para extrapolar este resultado a distancias más largas (tales como mantener la estabilidad del haz cuando en él se bombea la energía del láser). Pero suponiendo que pudiéramos mantener un nivel de energía de 200.000 electrones-voltio por metro, esto significa que un acelerador capaz de alcanzar la energía de Planck tendría que tener una longitud de 10 años luz. Esto está dentro de la capacidad de una civilización tipo III.

Agujeros de gusano y espacio estirado pueden proporcionarnos la forma más realista de romper la barrera de la luz. Pero no se sabe si estas tecnologías son estables; si lo son, seguiría siendo necesaria una fabulosa cantidad de energía, positiva o negativa, para hacerlas funcionar.

Quizá una avanzada civilización tipo III podría tener ya esta tecnología. Podrían pasar milenios antes de que podamos pensar siquiera en dominar energía a esta escala. Puesto que todavía hay controversia sobre las leyes fundamentales que gobiernan el tejido del espacio-tiempo en el nivel cuántico, yo clasificaría esto como una imposibilidad de clase II.

12

El viaje en el tiempo

Si el viaje en el tiempo es posible, entonces
¿dónde están los turistas que vienen del futuro?

STEPHEN HAWKING

El viaje en el tiempo es contrario a la razón
—dijo Filby—. ¿Qué razón? —dijo el Viajero en el
Tiempo.

H. G. WELLS

En la novela *Janus Equation*, el escritor Steven G. Spruill exploraba uno de los terribles problemas del viaje en el tiempo.[1] En su historia, un matemático brillante cuyo objetivo es descubrir el secreto del viaje en el tiempo conoce a una extraña y bella mujer, y se hacen amantes. Él no sabe nada del pasado de ella, pero se siente intrigado y trata de descubrir su verdadera identidad. Con el tiempo descubre que ella se había sometido a cirugía plástica para cambiar sus facciones. Y, más aún, que también había cambiado de sexo. Finalmente descubre que «ella» es realmente un viajero del tiempo que viene del futuro, y que «ella» es en realidad él mismo, pero procedente del futuro. Esto significa que él ha hecho el amor consigo mismo. Y el lector se pregunta qué habría sucedido si ellos hubieran tenido un hijo. Y si ese hijo volviera al pasado, y creciera para hacerse el matemático con el que se inicia la historia, ¿sería posible que fuera su propia madre y padre e hijo e hija?

CAMBIAR EL PASADO

El tiempo es uno de los grandes misterios del universo. Todos nos vemos arrastrados en el río del tiempo contra nuestra voluntad. Alrededor del 400 d.C., san Agustín escribió extensamente sobre la naturaleza paradójica del tiempo: «¿Cómo pueden ser pasado y futuro, cuando el pasado ya no es, y el futuro no es todavía? Respecto al presente, si siempre hubiera presente y nunca llegara a convertirse en pasado, no habría tiempo, sino eternidad».[2] Si llevamos más lejos la lógica de san Agustín vemos que el tiempo no es posible, puesto que el pasado se ha ido, el futuro no existe y el presente existe solo por un instante. (San Agustín planteaba entonces profundas cuestiones teológicas sobre cómo debe influir el tiempo en Dios, cuestiones que son relevantes todavía hoy. Si Dios es omnipotente y todopoderoso, escribió, entonces, ¿está Él limitado por el paso del tiempo? En otras palabras, ¿tiene Dios, como el resto de nosotros mortales, que apresurarse porque llega tarde a una cita? San Agustín concluía finalmente que Dios es omnipotente y por ello no puede estar limitado por el tiempo; y que, por consiguiente, tendría que existir «fuera del tiempo». Aunque el concepto de estar fuera del tiempo parece absurdo, es una idea recurrente en la física moderna, como veremos.)

Como san Agustín, todos nosotros nos hemos preguntado alguna vez sobre la extraña naturaleza del tiempo y cómo difiere del espacio. Si podemos movernos hacia delante y hacia atrás en el espacio, ¿por qué no en el tiempo? Todos nos hemos preguntado también qué nos puede reservar el futuro. Los humanos tenemos un tiempo de vida finito, pero somos muy curiosos sobre los sucesos que puedan suceder mucho después de que hayamos desaparecido.

Aunque nuestro deseo de viajar en el tiempo es probablemente tan antiguo como la humanidad, la primera historia escrita sobre un viaje en el tiempo es al parecer *Memorias del siglo XX*, escrita en 1733 por Samuel Madden, que trata de un ángel del año 1997 que viaja a doscientos cincuenta años atrás para entregar a un embajador británico documentos que describen el mundo del futuro.

Hubo muchas más historias semejantes. El relato corto de 1838 «Perder la diligencia: un anacronismo», de autor anónimo, trata de una persona que está esperando una diligencia y de repente se ve mil años atrás en el pasado. Encuentra a un monje de un antiguo monasterio y trata de explicarle cómo será la historia en los siguientes mil años. Después de eso se vuelve a encontrar transportado al presente tan misteriosamente como antes, excepto que ha perdido su diligencia.

Incluso la novela de Charles Dickens de 1843 *Cuento de Navidad*, es una especie de historia de viaje en el tiempo, puesto que Ebenezer Scrooge es transportado al pasado y al futuro para ser testigo de cómo es el mundo antes del presente y después de su muerte.

En la literatura norteamericana la primera aparición del viaje en el tiempo data de la novela de Mark Twain de 1889 *Un yanqui en la corte del rey Arturo*. Un yanqui se ve transportado al pasado para acabar en la corte del rey Arturo en el 528 d.C. Es hecho prisionero y está a punto de ser quemado en la hoguera, pero entonces afirma que tiene el poder de oscurecer el Sol, pues sabe que ese mismo día debería producirse un eclipse. Cuando sucede esto, la muchedumbre queda horrorizada y acuerda ponerle en libertad y concederle privilegios a cambio de que haga volver al Sol.

Pero el primer intento serio por explorar el viaje en el tiempo en la ficción fue el clásico de H. G. Wells *La máquina del tiempo*, en el que el héroe es transportado a miles de años al futuro. En ese futuro lejano la propia humanidad se ha dividido genéticamente en dos razas, los amenazadores moorlocks, que mantienen las herrumbrosas máquinas subterráneas, y los inútiles e infantiles eloi, que bailan a la luz del Sol en la superficie, sin darse cuenta nunca de su terrible destino (ser devorados por los moorlocks).

Desde entonces, el viaje en el tiempo se ha convertido en un ingrediente regular de la ciencia ficción, desde *Star Trek* hasta *Regreso al futuro*. En *Superman I*, cuando Superman se entera de que Lois Lane ha muerto, decide, presa de la desesperación, volver atrás las manecillas del tiempo, para lo que empieza a girar alrededor de la Tierra más rápido que la velocidad de la luz, hasta que el propio tiempo retrocede. La Tierra se frena, se detiene y finalmente gira en la dirección opuesta, hasta que todos los relojes de la Tierra marchan hacia atrás. Las aguas desbocadas retroceden, las presas rotas se rehacen milagrosamente y Lois Lane regresa de la muerte.

Desde la perspectiva científica, el viaje en el tiempo era imposible en el universo de Newton, donde el tiempo se veía como una flecha. Una vez disparado, nunca podría desviarse de su pasado. Un segundo en la Tierra era un segundo en todo el universo. Esta idea fue derrocada por Einstein, que demostró que el tiempo era más parecido a un río que hacía meandros a lo largo del universo, acelerándose y frenándose cuando serpenteaba a través de estrellas y galaxias. Por eso, un segundo en la Tierra no es absoluto; el tiempo varía cuando nos movemos por el universo.

Como he dicho antes, según la teoría de la relatividad especial de Einstein, el tiempo se frena más dentro de un cohete cuanto más rápido se mueve. Los escritores de ciencia ficción han especulado con que si se pudiera romper la barrera de la luz, se podría ir atrás en el tiempo. Pero esto no es posible, puesto que la masa se haría infinita al alcanzar la velocidad de la luz. La velocidad de la luz es la barrera última para cualquier cohete. La tripulación del *Enterprise* en *Star Trek IV: El viaje a casa* abordaba una nave espacial klingon y la utilizaba para girar alrededor del Sol como una honda y romper la barrera de la luz para acabar en el San Francisco de la década de 1960. Pero esto desafía las leyes de la física.

Sin embargo, el viaje en el tiempo al futuro es posible, y ha sido verificado experimentalmente millones de veces. El viaje del héroe de *La máquina del tiempo* al futuro lejano es físicamente posible. Si un astronauta llegara a viajar a una velocidad próxima a la de la luz, podría costarle, digamos, un minuto llegar a las estrellas más cercanas. Habrían transcurrido cuatro años en la Tierra, pero para él solo habría transcurrido un minuto porque el tiempo se habría frenado en el interior de la nave. Por lo tanto, él habría viajado a cuatro años en el futuro, tal como se experimentan en la Tierra. (Nuestro astronauta haría en realidad un viaje corto al futuro cada vez que entrara en el espacio exterior. Cuando viajara a 30.000 kilómetros por hora sobre la Tierra, sus relojes llevarían un ritmo más lento que los de la Tierra. Por ello, al cabo de una misión de un año de duración en la estación espacial, los astronautas han viajado en realidad una fracción de segundo al futuro cuando vuelven a la Tierra. El récord del mundo de viajar al futuro lo ostenta actualmente el cosmonauta ruso Serguéi Avdeyev, que estuvo en órbita durante 748 días y por eso fue lanzado 0,02 segundos al futuro.)

Por lo tanto, una máquina del tiempo que puede llevarnos al futuro es compatible con la teoría de la relatividad especial de Einstein. Pero ¿qué hay sobre viajar hacia atrás en el tiempo?

Si pudiéramos viajar al pasado, sería imposible escribir la historia. En cuanto un historiador registrara la historia del pasado, alguien podría volver al pasado y reescribirlo. Las máquinas del tiempo no solo dejarían en paro a los historiadores, sino que nos permitirían alterar el curso del tiempo a voluntad. Si, por ejemplo, retrocediéramos hasta la era de los dinosaurios y accidentalmente matáramos a un mamífero que por casualidad fuera nuestro antepasado, podríamos acabar involuntariamente con toda la raza humana. La historia se convertiría en un inacabable episodio absurdo de los Monty Phyton, cuando los turistas del futuro alteraran los sucesos históricos mientras tratan de conseguir el mejor ángulo de cámara.

EL VIAJE EN EL TIEMPO: UN TERRENO DE JUEGO PARA LOS FÍSICOS

Quizá la persona que más se ha distinguido en las densas ecuaciones matemáticas de los agujeros negros y las máquinas del tiempo es el cosmólogo Stephen Hawking. A diferencia de otros estudiantes de relatividad que suelen destacar en física matemática a una edad temprana, Hawking no fue un estudiante sobresaliente en su juventud. Obviamente era en extremo brillante, pero sus profesores advertían a menudo que no se centraba en sus estudios y nunca desplegaba todas sus capacidades. Pero en 1962 ocurrió algo decisivo cuando, tras graduarse en Oxford, empezó a notar por primera vez los síntomas de la ELA (esclerosis lateral amiotrófica, o enfermedad de Lou Gehrig). Entonces se le comunicó que padecía esta incurable enfermedad de las neuronas motoras que anularía todas sus funciones motoras y probablemente acabaría pronto con él. De entrada, las noticias fueron extraordinariamente perturbadoras. ¿Qué sentido tendría obtener un doctorado si en cualquier caso iba a morir pronto?

Pero una vez que superó el golpe empezó a centrarse por primera vez en su vida. Al comprender que no le quedaba mucho tiempo, empezó a abordar febrilmente algunos de los problemas más difíciles en relatividad general. A principios de los años setenta publicó una señera serie de artículos que demostraban que las «singularidades» en la teoría de Einstein (donde el campo gravitatorio se hace infinito, como en el centro de los agujeros negros y en el instante del big bang) eran una característica esencial de la relatividad y no podían eliminarse con facilidad (como pensaba Einstein). En 1974 Hawking demostró también que los agujeros negros no son completamente negros sino que emiten radiación, conocida ahora como radiación de Hawking, porque puede atravesar por efecto túnel el campo gravitatorio de incluso un agujero negro. Este artículo fue la primera aplicación importante de la teoría cuántica a la teoría de la relatividad, y representa su trabajo más conocido.

Como se había pronosticado, la ELA le llevó poco a poco a la parálisis de manos, piernas e incluso cuerdas vocales, pero a un ritmo mucho más lento que el que los médicos habían predicho inicialmente. Como resultado, Hawking ya ha pasado por muchas de las etapas habituales en las personas normales: ha tenido tres hijos (ahora es abuelo), se divorció de su primera mujer en 1991 para casarse cuatro años después con la mujer del hombre que creó su sintetizador de voz, y pidió el divorcio de su segunda mujer en 2006. En 2007 fue noticia en la prensa por haber ido a bordo de un avión a reacción donde experimentó la ingravidez, con lo que satisfacía un antiguo deseo. Su próximo objetivo es viajar al espacio exterior.

Hoy está casi totalmente paralizado en su silla de ruedas y se comunica con el mundo exterior con movimientos de los ojos. Pero incluso con una discapacidad así, sigue bromeando, escribe artículos, imparte conferencias y entra en controversias. Es más productivo moviendo sus ojos que equipos enteros de científicos con un control total de su cuerpo. (Su colega en la Universidad de Cambridge, sir

Martin Rees, que fue nombrado astrónomo real por la reina, me confesó una vez que la discapacidad de Hawking le impide hacer los tediosos cálculos necesarios para mantenerse en cabeza de su área de investigación. Por eso se concentra en generar nuevas y frescas ideas en lugar de hacer cálculos difíciles, que pueden ejecutar sus estudiantes.)

En 1990 Hawking leyó artículos de sus colegas que proponían versiones de una máquina del tiempo, e inmediatamente adoptó una actitud escéptica. Su intuición le decía que el viaje en el tiempo no era posible porque no hay turistas que vengan del futuro. Si el viaje en el tiempo fuera tan normal como ir un domingo de picnic al parque, entonces los viajeros del tiempo procedentes del futuro estarían atosigándonos con sus cámaras, pidiéndonos que posáramos para sus álbumes fotográficos.

Hawking planteó también un reto al mundo de la física. Afirmó que debería haber una ley que hacía imposible el viaje en el tiempo. Propuso una «conjetura de protección de la cronología» que excluía el viaje en el tiempo de las leyes de la física, para «hacer la historia segura para los historiadores».

Sin embargo, por mucho que los físicos lo intentaran, no podían encontrar una ley que impida viajar en el tiempo. Aparentemente, el tiempo parece compatible con las leyes de la física conocidas. Incapaz de encontrar una ley física que haga imposible el viaje en el tiempo, Hawking cambió de opinión hace poco. De nuevo fue noticia cuando dijo: «Quizá el viaje en el tiempo sea posible, pero no es práctico».

Considerado en otro tiempo al margen de la ciencia, el viaje en el tiempo se ha convertido de repente en terreno de juego para los físicos. El físico Kip Thorne, del Caltech, escribe: «El viaje en el tiempo era solamente un dominio reservado a los escritores de ciencia ficción. Los científicos serios lo evitaban como una plaga —incluso si escribían de ficción bajo pseudónimo o leían sobre ello en privado—. ¡Cómo han cambiado los tiempos! Ahora encontramos análisis eruditos sobre el viaje en el tiempo en revistas científicas serias, escritos por físicos teóricos eminentes [...] ¿Por qué el cambio? Porque los físicos nos hemos dado cuenta de que la naturaleza del tiempo es algo demasiado importante para dejarlo solo en manos solamente de los escritores de ciencia ficción».[3]

La razón de toda esta confusión y excitación es que las ecuaciones de Einstein permiten muchos tipos de máquinas del tiempo. (No obstante, todavía está en duda el que sobrevivan a los retos de la mecánica cuántica.) En la teoría de Einstein, de hecho, encontramos con frecuencia las llamadas «curvas cerradas de tipo tiempo», que es el nombre técnico para trayectorias que permiten el viaje en el tiempo al pasado Si siguiéramos la trayectoria de una curva cerrada de tipo tiempo, empezaríamos un viaje y regresaríamos antes de salir.

La primera máquina del tiempo requiere un agujero de gusano. Hay muchas soluciones de las ecuaciones de Einstein que conectan dos puntos distantes en el espacio. Pero puesto que espacio y tiempo están íntimamente entretejidos en la teoría de Einstein, ese mismo agujero de gusano puede conectar también dos puntos en el tiempo. Al caer en el agujero de gusano, uno podría viajar (matemáticamente al menos) al pasado. Es concebible que uno pudiera entonces viajar al punto de partida original y encontrarse consigo mismo antes de partir. Pero como he mencionado en el capítulo anterior, atravesar el agujero de gusano en el centro de un agujero negro es un viaje de una dirección. Como ha dicho el físico Richard Gott: «No creo que haya ningún problema en que una persona pudiera viajar hacia atrás en el tiempo mientras está en un agujero negro. La cuestión es si podría salir alguna vez para hablar de ello».[4]

Otra máquina del tiempo implica un universo en rotación. En 1949 el matemático Kurt Gödel encontró la primera solución a las ecuaciones de Einstein que implica un viaje en el tiempo. Si el universo gira, entonces, si viajáramos alrededor del universo con suficiente rapidez, podríamos encontrarnos a nosotros mismos en el pasado y llegar antes de haber salido. Un viaje alrededor del universo es, por consiguiente, también un viaje al pasado. Cuando los astrónomos visitaban el Instituto de Estudios Avanzados, Gödel les preguntaba si alguna vez habían encontrado pruebas de que el universo estuviera girando. Quedó decepcionado cuando le dijeron que había una clara evidencia de que el universo se expandía, pero el espín neto del universo era probablemente cero. (De lo contrario, el viaje en el tiempo podría ser un lugar común, y la historia tal como la conocemos se vendría abajo.)

En tercer lugar, si uno da vueltas alrededor de un cilindro rotorio infinitamente largo, también podría llegar antes de haber salido. (Esta solución fue encontrada por W. J. van Stockum en 1936, antes de la solución con viaje en el tiempo de Gödel, pero Van Stockum era al parecer inconsciente de que su solución permitía el viaje en el tiempo.) En este caso, si uno bailaba alrededor de un palo de mayo en un Primero de Mayo, podría encontrarse a sí mismo en el mes de abril. (El problema con este diseño, sin embargo, es que el cilindro debe tener una longitud infinita y girar tan rápido que la mayoría de los materiales saldrían despedidos.)

El ejemplo más reciente de viaje en el tiempo fue encontrado por Richard Gott de Princeton en 1991. Su solución se basaba en encontrar cuerdas cósmicas gigantescas (que pueden ser residuos del big bang original). Gott suponía que dos grandes cuerdas cósmicas estaban a punto de colisionar. Si uno viajaba rápidamente alrededor de dichas cuerdas cósmicas en colisión, viajaría hacia atrás en el tiempo. La ventaja de este tipo de máquina del tiempo es que no necesitaría cilindros rotatorios infinitos, universos rotatorios ni agujeros negros. (El problema con este diseño, sin embargo, es que uno debe encontrar primero cuerdas cósmicas enormes flotando en el espacio y luego hacerlas colisionar de una manera precisa. Y la posibilidad de ir hacia atrás en el tiempo solo duraría un breve período de tiempo.) Según Gott: «Un lazo de cuerda en colapso suficientemente grande para permitirle a usted dar una vuelta y volver atrás en el tiempo un año tendría que tener más de la mitad de la masa-energía de toda una galaxia».[5]

Pero el diseño más prometedor para una máquina del tiempo es el «agujero de gusano practicable», mencionado en el capítulo anterior, un agujero en el espacio-tiempo por el que una persona podría caminar libremente hacia atrás y hacia delante en el tiempo. Sobre el papel, los agujeros de gusano practicables pueden proporcionar no solo un viaje más rápido que la luz, sino también un viaje en el tiempo. La clave para los agujeros de gusano practicables es la energía negativa.

Una máquina del tiempo con agujero de gusano practicable consistiría en dos cámaras. Cada una de ellas consistiría en dos esferas concéntricas, que estarían separadas una distancia minúscula. Implosionando la esfera exterior, las dos esferas crearían un efecto Casimir y con ello energía negativa. Supongamos que una civilización tipo III es capaz de tender un agujero de gusano entre estas dos cámaras (posiblemente extrayendo uno de la espuma espaciotemporal). A continuación, tomamos la primera cámara y la enviamos al espacio a velocidades próximas a la de la luz. El tiempo se frena en dicha cámara, de modo que los dos relojes ya no están sincronizados. El tiempo marcha a velocidades diferentes dentro de las dos cámaras, que están conectadas por un agujero de gusano.

Si uno está en la segunda cámara puede pasar instantáneamente por el agujero de gusano a la primera cámara, que existe en un tiempo anterior. Así pues, uno ha ido hacia atrás en el tiempo.

Este diseño tiene que hacer frente a problemas formidables. El agujero de gusano quizá sea minúsculo, mucho más pequeño que un átomo. Y las placas quizá tengan que ser estrujadas hasta distancias de la longitud de Planck para crear suficiente energía negativa. Finalmente, uno tendría que ser capaz de ir atrás en el tiempo solo hasta el momento en que se construyeron las máquinas del tiempo. Antes de eso, el tiempo en las dos cámaras estaría marchando al mismo ritmo.

PARADOJAS Y ENIGMAS DEL TIEMPO

El viaje en el tiempo plantea problemas de todo tipo, tanto técnicos como sociales.

Las cuestiones morales, legales y éticas han sido planteadas por Larry Dwyer, que señala: «¿Debería un viajero en el tiempo que golpea a su yo más joven (o viceversa) ser acusado de agresión? ¿Debería el viajero en el tiempo que asesina a alguien y luego huye al pasado en busca de santuario ser juzgado en el pasado por crímenes que cometió en el futuro? Si él se casa en el pasado, ¿puede ser juzgado por bigamia incluso si su otra mujer no nacerá hasta el menos cinco mil años después?».[6]

Pero quizá los problemas más espinosos son las paradojas lógicas que plantea el viaje en el tiempo. Por ejemplo, ¿qué sucede si matamos a nuestros padres antes de que hayamos nacido? Esta es una imposibilidad lógica. A veces es llamada la «paradoja del abuelo».

Hay tres maneras de resolver estas paradojas. En primer lugar, quizá uno simplemente repite la historia pasada cuando vuelve atrás en el tiempo, y por consiguiente satisface el pasado. En este caso, uno no tiene libre albedrío. Está obligado a completar el pasado como estaba escrito. Así pues, si uno vuelve al pasado para dar el secreto del viaje en el tiempo a su yo más joven, estaba escrito que sucedería de esa manera. El secreto del viaje en el tiempo venía del futuro. Era el destino (pero esto no nos dice de dónde procedía la idea original).

En segundo lugar, uno tiene libre albedrío, de modo que puede cambiar el pasado pero dentro de unos límites. A su libre albedrío no se le permite crear una paradoja temporal. Cada vez que uno trata de matar a sus padres antes de haber nacido, una fuerza misteriosa le impide apretar el gatillo. Esta posición ha sido defendida por el físico ruso Igor Novikov. (Él argumenta que hay una ley que nos impide caminar por el techo, aunque nos gustara hacerlo. Asimismo, podría haber una ley que nos impida matar a nuestros padres antes de que hayamos nacido. Alguna ley extraña nos impide apretar el gatillo.)

En tercer lugar, el universo se desdobla en dos universos. En una línea temporal las personas a quienes uno mató son parecidas a sus padres, pero son diferentes porque uno está ahora en un universo paralelo. Esta última posibilidad parece consistente con la teoría cuántica, como expondré cuando hable del multiverso.

La segunda posibilidad se explora en la película *Terminator 3*, en la que Arnold Schwarzenegger representa a un robot del futuro en donde han tomado el poder máquinas asesinas. Los pocos humanos que quedan, cazados como animales por las máquinas, son guiados por un gran líder a quien las máquinas han sido incapaces de matar. Frustradas, las máquinas envían una serie de robots asesinos al pasado, a un tiempo anterior al nacimiento del gran líder, para que maten a su madre. Pero después de batallas épicas, la civilización humana es destruida al final de la película, como estaba escrito.

Regreso al futuro exploraba la tercera posibilidad. El doctor Brown inventa un automóvil DeLorean impulsado por plutonio, en realidad una máquina del tiempo para viajar al pasado. Michael J. Fox (Marty McFly) entra en la máquina, vuelve atrás y conoce a su madre quinceañera, que se enamora de él. Esto plantea un problema peliagudo. Si la madre quinceañera de Marty McFly rechaza a su futuro padre, entonces ellos nunca se habrían casado, y el personaje de Michael J. Fox nunca habría nacido.

El problema es aclarado por el doctor Brown. Va a la pizarra y traza una línea horizontal, que representa la línea de tiempo de nuestro universo. Luego traza una segunda línea que se ramifica de la primera y que representa un universo paralelo que se abre cuando uno cambia el pasado. Así, cada vez que uno vuelve atrás en el río del tiempo, el río se bifurca en dos, y una línea del tiempo se convierte en dos líneas del tiempo, o lo que se llama la aproximación de los «muchos mundos», que expondré en el capítulo siguiente.

Esto significa que pueden resolverse todas las paradojas del viaje en el tiempo. Si uno ha matado a sus padres antes de haber nacido, significa solo que ha matado a unas personas genéticamente idénticas a sus padres, con los mismos recuerdos y personalidades, pero que no son sus verdaderos padres.

La idea de los «muchos mundos» resuelve al menos un problema importante con el viaje en el tiempo. Para un físico, la principal crítica al viaje en el tiempo (aparte de encontrar energía negativa) es que los efectos de la radiación se acumularían hasta que o bien uno moriría en el momento de entrar en la máquina, o bien el agujero de gusano colapsaría sobre uno. Los efectos de la radiación se acumularían porque cualquier radiación que entrara en el portal del tiempo sería enviada al pasado, donde eventualmente vagaría por el universo hasta llegar al presente, y entonces caería de nuevo en el agujero de gusano. Puesto que la radiación puede entrar en la boca del agujero de gusano un número infinito de veces, la radiación dentro del agujero de gusano puede llegar a ser increíblemente intensa —lo bastante intensa para matarle—. Pero la interpretación de los «muchos mundos» resuelve este problema. Si la radiación entra en la máquina del tiempo y es enviada al pasado, entonces entra en un nuevo universo; no puede reentrar en la máquina del tiempo otra vez, y otra, y otra. Esto significa simplemente que hay un número infinito de universos, uno por cada ciclo, y cada ciclo solo contiene un fotón de radiación, no una cantidad infinita de radiación.

El debate se clarificó en 1997, cuando tres físicos demostraron finalmente que el programa de Hawking de excluir el viaje en el tiempo era intrínsecamente fallido. Bernard Kay, Marek Radzikowski y Robert Wald demostraron que el viaje en el tiempo es compatible con todas las leyes de la física conocidas, excepto en un lugar. Cuando se viaja en el tiempo, todos los problemas potenciales se concentran en el horizonte de sucesos (localizado cerca de la entrada del agujero de gusano). Pero precisamente en el horizonte es donde esperamos que la teoría de Einstein deje de ser válida y dominen los efectos cuánticos. El problema es que cada vez que tratamos de calcular los efectos de la radiación cuando entramos en una máquina del tiempo, tenemos que utilizar una teoría que combine la teoría de la relatividad general de Einstein con la teoría cuántica de la radiación. Pero cada vez que ingenuamente intentamos casar estas dos teorías, la teoría resultante no tiene sentido: da una serie de respuestas infinitas que son absurdas.

Aquí es donde impera una teoría del todo. Todos los problemas de viajar a través de un agujero de gusano que han atormentado a los físicos (por ejemplo, la estabilidad del agujero de gusano, la radiación que podría matar, el cierre del agujero de gusano cuando uno entrara) se concentran en el horizonte de sucesos, precisamente donde la teoría de Einstein no tiene sentido.

Así pues, la clave para entender el viaje en el tiempo es entender la física del horizonte de sucesos, y solo una teoría del todo puede explicarlo. Esta es la razón de que la mayoría de los físicos estén hoy de acuerdo en que una manera de zanjar la cuestión del viaje en el tiempo es dar con una teoría completa de la gravedad y el espacio-tiempo.

Una teoría del todo unificaría las cuatro fuerzas del universo y nos permitiría calcular lo que sucedería cuando entráramos en una máquina del tiempo. Solo una teoría del todo podría calcular con éxito todos los efectos de la radiación creados por un agujero de gusano y zanjar de manera definitiva la cuestión de cuán estables serían los agujeros de gusano cuando entráramos en una máquina del tiempo. E incluso entonces, quizá tendríamos que esperar siglos o incluso más para construir realmente una máquina para poner a prueba estas teorías.

Puesto que las leyes del viaje en el tiempo están tan íntimamente relacionadas con la física de los agujeros de gusano, parece que el viaje en el tiempo debe clasificarse como una imposibilidad de clase II.

13

Universos paralelos

> —Pero ¿quiere decir usted, señor —dijo Peter— que podría haber otros mundos, aquí mismo, a la vuelta de la esquina, como este?
> —Nada es más probable —dijo el profesor mientras hablaba para sí mismo—. Me pregunto qué les enseñarán en esas escuelas.
>
> C. S. Lewis, *El león, la bruja y el armario*

> escucha: hay un universo condenadamente bueno al lado; vamos.
>
> E. E. Cummings

¿Son realmente posibles los universos alternativos? Son un artificio favorito de los guionistas de Hollywood, como en el episodio de *Star Trek* titulado «Espejo, espejo». El capitán Kirk es transportado accidentalmente a un extraño universo paralelo en el que la Federación de Planetas es un imperio malvado donde reina la conquista brutal, la avaricia y el saqueo. En dicho universo Spock lleva una barba amenazadora y el capitán Kirk es el jefe de una banda de piratas voraces que esclaviza a sus rivales y asesina a sus superiores.

Los universos alternativos nos permiten explorar el mundo del «qué pasaría si» y sus deliciosas e intrigantes posibilidades. En los cómics de *Superman*, por ejemplo, se han presentado varios universos alternativos en los que el planeta natal de Superman, Krypton, nunca explotó, o donde Superman revela finalmente su verdadera identidad como el afable Clark Kent o se casa con Lois Lane y tiene superniños. Pero ¿pertenecen los universos paralelos solo al ámbito de *La dimensión desconocida*, o tienen una base en la física moderna?

A lo largo de la historia, desde las sociedades más antiguas, la gente siempre ha creído en otros planos de existencia, hogares de los dioses o de los espíritus. La Iglesia cree en el cielo, el infierno y el purgatorio. Los budistas tienen el nirvana y los diferentes estados de conciencia. Y los hindúes tienen miles de planos de existencia.

En un intento de explicar dónde podría estar localizado el cielo, los teólogos cristianos han especulado a menudo con que quizá Dios vive en un plano dimensional más alto. Es sorprendente que si existieran dimensiones más altas, serían posibles muchas de las propiedades que se atribuyen a los dioses. Un ser en una dimensión más alta podría desaparecer y reaparecer a voluntad, o atravesar las paredes —poderes normalmente atribuidos a las deidades.

La idea de los universos paralelos se ha convertido hace poco en uno de los temas más acaloradamente discutidos en la física teórica. Hay, de hecho, varios tipos de universos paralelos que nos obligan a reconsiderar lo que entendemos por «real». Lo que está en juego en estos debates sobre universos paralelos es nada menos que el significado de la propia realidad.

Hay al menos tres tipos de universos paralelos que se discuten con intensidad en la literatura científica:

a. el hiperespacio, o dimensiones más altas,
b. el multiverso, y
c. los universos paralelos cuánticos.

HIPERESPACIO

El universo paralelo que ha sido objeto del más largo debate histórico es uno de dimensiones más altas. El hecho de que vivamos en tres dimensiones (longitud, anchura y altura) es de sentido común. Independientemente de cómo movamos un objeto en el espacio, todas las posiciones pueden describirse por estas tres coordenadas. De hecho, con estos tres números podemos localizar cualquier objeto en el universo, desde la punta de nuestra nariz a la más lejana de las galaxias.

Una cuarta dimensión espacial parece violar el sentido común. Si, por ejemplo, dejamos que el humo llene una habitación, no vemos que desaparezca en otra dimensión. En ninguna parte en nuestro universo vemos objetos que desaparezcan o se fuguen a otro universo. Esto significa que cualesquiera dimensiones más altas, si existen, deben ser de un tamaño menor que el de un átomo.

Tres dimensiones espaciales forman la base fundamental de la geometría griega. Aristóteles, por ejemplo, escribió en su ensayo *Sobre el cielo*: «La línea tiene magnitud en una dirección, el plano en dos direcciones y el sólido en tres direcciones, y más allá de estas no hay otra magnitud porque las tres son todo». En el 150 d.C., Ptolomeo de Alejandría ofreció la primera «demostración» de que las dimensiones más altas eran «imposibles». En su ensayo «Sobre la distancia» razonaba como sigue. Tracemos tres líneas que son mutuamente perpendiculares (como las líneas que forman la esquina de una habitación). Evidentemente, decía, no puede dibujarse una cuarta línea perpendicular a las otras tres, y por ello una cuarta dimensión debe ser imposible. (Lo que él demostró en realidad era que nuestros cerebros son incapaces de visualizar la cuarta dimensión. Un PC calcula siempre en un hiperespacio.)

Durante dos mil años, cualquier matemático que se atreviera a hablar de la cuarta dimensión se arriesgaba a ser ridiculizado. En 1685 el matemático John Wallis polemizó contra la cuarta dimensión, calificándola de «monstruo de la naturaleza, menos posible que una quimera o un centauro». En el siglo XIX Carl Gauss, «el príncipe de los matemáticos», desarrolló buena parte de las matemáticas de la cuarta dimensión, aunque no llegó a publicarlo por miedo a las violentas reacciones que pudiera causar. Pero en privado Gauss realizó experimentos para poner a prueba si la geometría plana tridimensional describía realmente el universo. En un experimento situó a sus ayudantes provistos de linternas en tres cimas montañosas que formaban un enorme triángulo. Gauss midió entonces los ángulos de cada esquina del triángulo. Para su decepción, encontró que los ángulos internos sumaban 180 grados. Concluyó que si había desviaciones respecto a la geometría griega estándar, debían de ser tan pequeñas que no podían detectarse con sus linternas.

Gauss dejó para su estudiante, Georg Bernhard Riemann, la tarea de desarrollar las matemáticas fundamentales de las dimensiones más altas (que décadas más tarde fueron importadas en la teoría de la relatividad general de Einstein). De un plumazo, en una famosa conferencia que pronunció en 1854, Riemann derrocó dos mil años de geometría griega y estableció las matemáticas clásicas de las dimensiones curvas más altas que todavía hoy utilizamos.

Una vez que el notable descubrimiento de Riemann se divulgó por toda Europa a finales del siglo XIX, la «cuarta dimensión» causó sensación entre artistas, músicos, escritores, filósofos y pintores. De hecho, el cubismo de Picasso se inspiró en parte en la cuarta dimensión, según la historiadora del arte Linda Dalrymple Henderson. (Los cuadros de Picasso de mujeres con ojos que apuntan hacia delante y la nariz a un lado eran un intento de visualizar una perspectiva tetradimensional, puesto que alguien que mirase desde la cuarta dimensión podría ver simultáneamente un rostro de mujer, la nariz y la parte posterior de su cabeza.) Henderson escribe: «Como un agujero negro, la "cuarta dimensión" poseía cualidades misteriosas que no podían entenderse por completo, ni siquiera por los propios científicos. Pero el impacto de "la cuarta dimensión" fue mucho más general que el de los agujeros negros o cualquier otra hipótesis científica más reciente, salvo la teoría de la relatividad después de 1919».[1]

Otros pintores también se basaron en la cuarta dimensión. En el *Cristo hipercúbico* de Salvador Dalí, Cristo está crucificado delante de una extraña cruz flotante tridimensional, que es en realidad un «tesseract», un cubo tetradimensional desplegado. En su famoso cuadro *La persistencia de la memoria* intentó representar el tiempo como la cuarta dimensión, y por ello la metáfora de los relojes fundidos. El *Desnudo descendiendo por una escalera*, de Marcel Duchamp, era un intento de representar el tiempo como la cuarta dimensión captando el movimiento instantáneo de un desnudo que baja por una escalera. La cuarta dimensión aparece incluso en un relato de Oscar Wilde, «El fantasma de Canterville», en el que un fantasma que aterroriza una casa vive en la cuarta dimensión.

La cuarta dimensión aparece también en varias obras de H. G. Wells, entre ellas *El hombre invisible*, *La historia de Plattner* y *La visita maravillosa*. (En la última, que desde entonces ha servido de inspiración para numerosas películas de Hollywood y novelas de ciencia ficción, nuestro universo colisiona de algún modo con un universo paralelo. Un desgraciado ángel del otro universo cae en el nuestro después de recibir un disparo accidental de un cazador. Horrorizado por la avaricia, la mezquindad y el egoísmo de nuestro universo, el ángel acaba suicidándose.)

La idea de universos paralelos fue también explorada, medio en broma, por Robert Heinlein en *El número de la bestia*. Heinlein imagina un grupo de cuatro valientes individuos que irrumpen en universos paralelos en el deportivo interdimensional de un profesor loco.

En la serie de televisión *Sliders*, un joven lee un libro y se inspira para construir una máquina que le permitiría «deslizarse» entre universos paralelos. (El libro que el joven estaba leyendo era en realidad mi libro *Hiperespacio*.)

Pero, históricamente, la cuarta dimensión ha sido considerada una mera curiosidad por parte de los físicos. Nunca se ha encontrado prueba de dimensiones más altas. Esto empezó a cambiar en 1919, cuando el físico Theodor Kaluza escribió un artículo muy controvertido que sugería la presencia de dimensiones más altas. Kaluza partía de la teoría de la relatividad general de Einstein, pero la situaba en cinco dimensiones (una dimensión de tiempo y cuatro dimensiones de espacio; puesto que el tiempo es la cuarta dimensión espaciotemporal, los físicos se refieren a la cuarta dimensión espacial como la quinta dimensión). Si la quinta dimensión se hacía más y más pequeña, las ecuaciones se desdoblaban mágicamente en dos partes. Una parte describe la teoría de la relatividad estándar de Einstein, pero la otra parte se convierte en la teoría de la luz de Maxwell.

Esta era una revelación sorprendente. Quizá el secreto de la luz está en la quinta dimensión. El propio Einstein quedó impresionado por esta solución, que parecía ofrecer una elegante unificación de la luz y la gravedad. (Einstein estaba tan aturdido por la propuesta de

Kaluza que meditó sobre ella durante dos años antes de recomendar finalmente que el artículo fuera publicado.) Einstein escribió a Kaluza: «La idea de conseguir [una teoría unificada] por medio de un mundo cilíndrico pentadimensional nunca se me ocurrió. [...] A primera vista, me gusta mucho su idea. [...] La unidad formal de su teoría es impresionante».[2]

Durante años los físicos se han preguntado: si la luz es una onda, ¿qué es lo que ondula? La luz puede atravesar miles de millones de años luz de espacio vacío, pero el espacio vacío es un vacío, privado de cualquier material. Entonces, ¿qué ondula en el vacío? Con la teoría de Kaluza teníamos una propuesta concreta para responder a este problema: la luz es ondulaciones en la quinta dimensión. Las ecuaciones de Maxwell, que describen de forma precisa todas las propiedades de la luz, emergen simplemente como las ecuaciones para ondas que viajan en la quinta dimensión.

Imaginemos peces que nadan en un estanque poco profundo. Nunca podrían sospechar la presencia de una tercera dimensión, porque sus ojos apuntan de lado, y solo pueden nadar hacia delante y hacia atrás, a izquierda y derecha. Para ellos una tercera dimensión parecería imposible. Pero imaginemos ahora que llueve sobre el estanque. Aunque ellos no pueden ver la tercera dimensión, pueden ver claramente las sombras de las ondulaciones en la superficie del estanque. Del mismo modo, la teoría de Kaluza explicaba la luz como ondulaciones que viajan en la quinta dimensión.

Kaluza daba también una respuesta a la cuestión de dónde estaba la quinta dimensión. Puesto que no vemos pruebas de una quinta dimensión, debe estar tan fuertemente «enrollada» que no puede ser observada. (Imaginemos que tomamos una hoja de papel bidimensional y la enrollamos en un cilindro muy apretado. Visto a distancia, el cilindro parece una línea unidimensional. De esta manera, un objeto bidimensional se ha transformado en un objeto unidimensional al enrollarlo.)

Al principio, el artículo de Kaluza causó sensación. Pero en los años siguientes se plantearon objeciones a esta teoría. ¿Cuál era el tamaño de esta nueva quinta dimensión? ¿Cómo se enrollaba? No podían encontrarse respuestas.

Durante décadas Einstein siguió trabajando en su teoría intermitentemente. Tras su muerte, en 1955, la teoría fue pronto olvidada y llegó a ser una mera nota extraña a pie de página en la evolución de la física.

LA TEORÍA DE CUERDAS

Todo esto cambió con la llegada de una teoría sorprendentemente nueva, llamada teoría de supercuerdas. En los años ochenta los físicos se estaban ahogando en un mar de partículas subatómicas. Cada vez que rompían un átomo con los potentes aceleradores de partículas, encontraban que salían expulsadas montones de nuevas partículas. Era tan frustrante que J. Robert Oppenheimer declaró que el premio Nobel de Física debería ser para el físico que no descubriera una nueva partícula ese año. (Enrico Fermi, horrorizado por la proliferación de nuevas partículas subatómicas con nombres que sonaban a griego, dijo: «Si pudiera recordar los nombres de todas estas partículas, habría sido un botánico».)[3] Tras décadas de arduo trabajo, este zoo de partículas pudo ordenarse para dar algo llamado el modelo estándar. Miles de millones de dólares, el sudor de miles de ingenieros y físicos, y veinte premios Nobel, han sido necesarios para ensamblar laboriosamente, pieza a pieza, el modelo estándar. Es una teoría realmente notable, que parece encajar todos los datos experimentales concernientes a las partículas subatómicas.

Pero, pese a sus éxitos experimentales, el modelo estándar adolecía de un serio defecto. Como dice Stephen Hawking: «Es feo y ad hoc». Contiene al menos diecinueve parámetros libres (incluidos las masas de las partículas y las intensidades de sus interacciones con otras partículas), treinta y seis quarks y antiquarks, tres copias exactas y redundantes de subpartículas, y numerosas partículas subatómicas de nombres extraños, tales como neutrinos tau, gluones de Yang-Mills, bosones de Higgs, bosones W y partículas Z. Peor aún, en el modelo estándar no se menciona la gravedad. Parecía difícil creer que la naturaleza, en su nivel supremo y fundamental, pudiera ser tan caprichosa y desaliñada. Era una teoría que solo una madre podía amar. La poca elegancia del modelo estándar obligó a los físicos a reanalizar todas sus hipótesis sobre la naturaleza. Algo iba realmente mal.

Si se analizan los últimos siglos en física, uno de los logros más importantes del siglo pasado fue resumir toda la física fundamental en dos grandes teorías: la teoría cuántica (representada por el modelo estándar) y la teoría de la relatividad general de Einstein (que describe la gravedad). Es notable que juntas representan la suma total del conocimiento físico en el nivel fundamental. La primera teoría describe el mundo de lo muy pequeño, el mundo cuántico subatómico donde las partículas ejecutan una danza fantástica, aparecen y desaparecen y están en dos lugares al mismo tiempo. La segunda teoría describe el mundo de lo muy grande, tal como los agujeros negros y el big bang, y utiliza el lenguaje de las superficies suaves, los tejidos estirados y las superficies distorsionadas. Las teorías son opuestas en todo: utilizan matemáticas diferentes, hipótesis diferentes e imágenes físicas diferentes. Es como si la naturaleza tuviera dos manos, y ninguna de ellas supiera lo que hace la otra. Además, cualquier intento por unir estas dos teorías ha llevado a respuestas absurdas. Durante medio siglo, cualquier físico que trataba de mediar una unión apresurada entre la teoría cuántica y la relatividad general encontraba que la teoría le explotaba en la cara, dando respuestas infinitas que carecían de sentido.

Todo esto cambió con la llegada de la teoría de supercuerdas, que postula que el electrón y las otras partículas subatómicas no son otra cosa que diferentes vibraciones de una cuerda, que actúa como una minúscula goma elástica. Si golpeamos la goma elástica, esta vibra en modos diferentes, y cada nota corresponde a una partícula subatómica diferente. De esta manera, la teoría de supercuerdas explica los centenares de partículas subatómicas que se han descubierto hasta ahora en los aceleradores de partículas. De hecho, la teoría del Einstein emerge como una de las vibraciones más bajas de la cuerda.

La teoría de cuerdas ha sido aclamada como una «teoría del todo», la legendaria teoría que eludió a Einstein durante los treinta últimos años de su vida. Einstein buscaba una teoría única y global que resumiera todas las leyes físicas, que le permitiría «leer la mente de Dios». Si la teoría de cuerdas consiguiera unificar la gravedad con la teoría cuántica, entonces podría representar la coronación de una ciencia que se inició hace dos mil años, cuando los griegos se preguntaron de qué estaba hecha la materia.

Pero la extraña característica de la teoría de cuerdas es que estas solo pueden vibrar en unas dimensiones concretas del espacio-tiempo; solo pueden vibrar en diez dimensiones. Si tratamos de crear una teoría de cuerdas en otras dimensiones, la teoría se viene abajo matemáticamente.

Nuestro universo es, por supuesto, tetradimensional (con tres dimensiones de espacio y una de tiempo). Esto significa que las otras seis dimensiones deben de haber colapsado, o estar enrolladas, de algún modo, como la quinta dimensión de Kaluza.

Recientemente los físicos han dedicado serias reflexiones a demostrar o refutar la existencia de estas dimensiones más altas. Quizá la manera más simple de demostrar la existencia de estas dimensiones más altas sería encontrar desviaciones respecto a la ley de la gravedad de Newton. En el instituto aprendemos que la gravedad de la Tierra disminuye a medida que subimos al espacio exterior. Más exactamente, la gravedad disminuye con el cuadrado de la distancia de separación. Pero esto solo se debe a que vivimos en un mundo tridimensional. (Pensemos en una esfera que rodea a la Tierra. La gravedad de la Tierra se reparte uniformemente sobre la superficie de la esfera, de modo que cuanto mayor es la esfera, menor es la gravedad. Pero puesto que la superficie de la esfera crece como el cuadrado de su radio, la intensidad de la gravedad, repartida sobre la superficie de la esfera, debe disminuir con el cuadrado del radio.)

Pero si el universo tuviera cuatro dimensiones espaciales, entonces la gravedad debería disminuir con el cubo de la distancia de separación. Si el universo tuviera n dimensiones espaciales, entonces la gravedad debería disminuir con la potencia $n-1$. La famosa ley de la inversa del cuadrado de Newton ha sido comprobada con gran precisión sobre distancias astronómicas; por eso podemos enviar sondas espaciales que llegan a los anillos de Saturno con una precisión que quita el aliento. Pero hasta hace muy poco la ley de la inversa del cuadrado de Newton no había sido puesta a prueba a pequeñas distancias en el laboratorio.

El primer experimento para poner a prueba la ley de la inversa del cuadrado a pequeñas distancias se realizó en la Universidad de Colorado en 2003, con resultados negativos. Aparentemente no hay un universo paralelo, al menos no en Colorado. Pero este resultado negativo solo ha estimulado el apetito de otros físicos, que esperan repetir el experimento con más precisión aún.

Además, el gran colisionador de hadrones (LHC), que estará operativo en las afueras de Ginebra, en Suiza, buscará un nuevo tipo de partícula denominado «spartícula», o superpartícula, que es una vibración más alta de la supercuerda (todo lo que se ve a nuestro alrededor no es sino la vibración más baja de la supercuerda). Si se encuentran spartículas en el LHC, supondría una revolución en nuestra visión del universo. En esta imagen del universo el modelo estándar representa simplemente la vibración más baja de la supercuerda.

Según Kip Thorne: «Para 2020 los físicos entenderán las leyes de la gravedad cuántica, que resultará ser una variante de la teoría de cuerdas».

Además de dimensiones más altas, hay otro universo paralelo predicho por la teoría de cuerdas, y este es el «multiverso».

EL MULTIVERSO

Hay todavía una cuestión preocupante sobre la teoría de cuerdas: ¿por qué debería haber cinco versiones diferentes de la teoría de cuerdas? La teoría de cuerdas podría unificar satisfactoriamente la teoría cuántica con la gravedad, pero esto podía hacerse de cinco maneras. Era bastante embarazoso, porque la mayoría de los físicos querían una única «teoría del todo». Einstein, por ejemplo, quería saber «si Dios tuvo alguna elección al hacer el universo». Pensaba que la teoría del campo unificado de todo debería ser única. Entonces, ¿por qué debería haber cinco teorías de cuerdas?

En 1994 cayó otra bomba. Edward Witten, del Instituto de Estudios Avanzados de Princeton, y Paul Townsend, de la Universidad de Cambridge, conjeturaron que las cinco teorías de cuerdas eran en realidad la misma teoría, pero solo si añadiéramos una undécima dimensión. Desde el punto de vista de la undécima dimensión, las cinco teorías diferentes colapsaban en una. La teoría era única después de todo, pero solo si ascendíamos a la cima de la montaña de la quinta dimensión.

En la undécima dimensión puede existir un nuevo objeto matemático, llamado membrana (por ejemplo, como la superficie de una esfera). Aquí había una sorprendente observación: si se descendiera desde las once dimensiones a diez dimensiones, emergerían las cinco teorías de cuerdas a partir de una sola membrana. Por ello, las cinco teorías eran solo maneras diferentes de mover una membrana desde once a diez dimensiones.

(Para visualizar esto, imaginemos un balón de playa con una goma elástica estirada alrededor de su ecuador. Imaginemos que tomamos un par de tijeras y hacemos dos cortes en el balón de playa, uno por encima y otro por debajo de la goma elástica, eliminando así la parte superior y la inferior del balón. Todo lo que queda es la goma elástica, una cuerda. De la misma manera, si enrollamos la undécima dimensión, todo lo que queda es una membrana en su ecuador, que es la cuerda. De hecho, matemáticamente hay cinco maneras de hacer el corte, lo que nos deja con cinco teorías de cuerdas diferentes en diez dimensiones.)

La undécima dimensión nos daba una nueva imagen. También significaba que quizá el propio universo era una membrana, que flotaba en un espacio-tiempo 11-dimensional. Además, no todas estas dimensiones tenían que ser pequeñas. De hecho, algunas de estas dimensiones podrían ser en realidad infinitas.

Esto plantea la posibilidad de que nuestro universo exista en un multiverso de otros universos. Pensemos en una gran serie de burbujas de jabón flotantes o membranas. Cada burbuja de jabón representa un universo entero que flota en un escenario mayor del hiperespacio 11-dimensional. Estas burbujas pueden juntarse con otras, o dividirse, e incluso nacer súbitamente y desaparecer. Podríamos vivir en la piel de solo uno de estos universos burbuja.

Max Tegmark del MIT cree que en cincuenta años «la existencia de estos "universos paralelos" no será más controvertida de lo que lo era hace cien años la existencia de otras galaxias —entonces llamadas "universos isla"».[4]

¿Cuántos universos predice la teoría de cuerdas? Una característica embarazosa de la teoría de cuerdas es que hay billones de billones de universos posibles, cada uno de ellos compatible con la relatividad y la teoría cuántica. Una estimación afirma que podría haber un gugol de tales universos. (Un gugol es un 1 seguido de 100 ceros.)

Normalmente, la comunicación entre estos universos es imposible. Los átomos de nuestro cuerpo son como moscas atrapadas en un pegajoso papel cazamoscas. Nos podemos mover libremente en tres dimensiones a lo largo de nuestro universo membrana, pero no podemos saltar del universo al hiperespacio porque estamos pegados a nuestro universo. Pero la gravedad, al ser la deformación del espacio-tiempo, puede flotar con libertad en el espacio entre universos.

De hecho, hay una teoría que afirma que la materia oscura, una forma invisible de materia que rodea a la galaxia, podría ser materia ordinaria flotando en un universo paralelo. Como en la novela de H. G. Wells *El hombre invisible*, una persona se haría invisible si flotara por encima de nosotros en la cuarta dimensión. Imaginemos dos hojas de papel paralelas, con alguien flotando en una hoja, justo por encima de la otra.

De manera similar, se especula que la materia oscura podría ser una galaxia ordinaria que se cierne sobre nosotros en otro universo membrana. Podríamos sentir la gravedad de esta galaxia, puesto que la gravedad puede abrirse camino entre universos, pero dicha galaxia sería invisible para nosotros porque la luz se mueve por debajo de la galaxia. De este modo, la galaxia tendría gravedad pero sería invisible, lo que encaja en la descripción de la materia oscura. (Pero otra posibilidad es que la materia oscura podría consistir en la siguiente vibración de la supercuerda. Todo lo que vemos a nuestro alrededor, tal como átomos y luz, no es otra cosa que la vibración más baja de la supercuerda. La materia oscura podría ser el siguiente conjunto más alto de vibraciones.)

Por supuesto, la mayoría de estos universos paralelos son probablemente universos muertos, que consisten en un gas informe de partículas subatómicas, como electrones y neutrinos. En estos universos el protón podría ser inestable, de modo que la materia tal como la conocemos se desintegraría y disolvería lentamente. Es probable que en muchos de estos universos no pudiera existir materia compleja, consistente en átomos y moléculas.

Otros universos paralelos podrían ser precisamente lo contrario, y tener formas complejas de materia más allá de cualquier cosa que podamos concebir. En lugar de solo un tipo de átomo consistente en protones, neutrones y electrones, podrían tener una extraordinaria variedad de tipos de materia estable.

Estos universos membrana también podrían colisionar y crear fuegos artificiales cósmicos. Algunos físicos de Princeton creen que quizá nuestro universo empezó como dos membranas gigantescas que colisionaron hace 13.700 millones de años. Según ellos, las ondas de choque de esta colisión cataclísmica crearon nuestro universo. Es notable que cuando se exploran las consecuencias experimentales de esta extraña idea, encajan en apariencia con los resultados procedentes del satélite WMAP actualmente en órbita. (Esta se denomina la teoría del «big splat».)

La teoría del multiverso tiene un hecho a su favor. Cuando analizamos las constantes de la naturaleza encontramos que están «ajustadas» de forma muy precisa para que permitan la vida. Si aumentamos la intensidad de la fuerza nuclear, entonces las estrellas se queman con demasiada rapidez para que pueda aparecer vida. Si reducimos la intensidad de la fuerza nuclear, entonces las estrellas nunca se encienden y no puede existir vida. Si aumentamos la fuerza de la gravedad, entonces nuestro universo muere rápidamente en un big crunch. Si reducimos la intensidad de la gravedad, entonces el universo se expande rápidamente en un big freeze. De hecho, hay muchas «coincidencias» en los valores de las constantes de la naturaleza que hacen posible la vida. En apariencia nuestro universo vive en una «zona Rizos de Oro» de muchos parámetros, todos los cuales están «finamente ajustados» para permitir la vida. De modo que o bien nos quedamos con la conclusión de que hay un Dios de algún tipo que ha escogido que nuestro universo sea el «justo» para permitir la vida, o bien hay miles de millones de universos paralelos, muchos de ellos muertos. Como ha dicho Freeman Dyson: «Parece que el universo sabía que íbamos a venir».

Sir Martin Rees, de la Universidad de Cambridge, ha escrito que este ajuste fino es, de hecho, una prueba convincente a favor del multiverso. Hay cinco constantes físicas (tales como la intensidad de las diversas fuerzas) que están finamente ajustadas para permitir la vida, y él cree que también hay un número infinito de universos en los que las constantes de la naturaleza no son compatibles con la vida.

Este es el denominado «principio antrópico». La versión débil afirma simplemente que nuestro universo está finamente ajustado para permitir la vida (puesto que nosotros estamos aquí para hacer esta afirmación). La versión fuerte dice que quizá nuestra existencia fue un subproducto de un diseño o propósito. La mayoría de los cosmólogos estarían de acuerdo con la versión débil del principio antrópico. Pero hay mucho debate sobre si el principio antrópico es un nuevo principio de la ciencia que pudiera llevar a nuevos descubrimientos y resultados, o si es simplemente una afirmación de lo obvio.

LA TEORÍA CUÁNTICA

Además de dimensiones más altas y el multiverso, hay todavía otro tipo de universo paralelo, un tipo que provocó dolores de cabeza a Einstein y que continúa preocupando hoy a los físicos. Se trata del universo cuántico predicho por la mecánica cuántica ordinaria. Las paradojas dentro de la física cuántica parecen tan intratables que al premio Nobel Richard Feynman le gustaba decir que nadie entiende realmente la teoría cuántica.

Resulta irónico que aunque la teoría cuántica es la teoría más satisfactoria nunca propuesta por la mente humana (hasta una precisión de una parte en 10.000 millones), está construida sobre un terreno de azar, suerte y probabilidades. A diferencia de la teoría newtoniana, que daba respuestas claras y definidas al movimiento de los objetos, la teoría cuántica solo puede dar probabilidades. Las maravillas de la era moderna, tales como los láseres, internet, los ordenadores, la televisión, los teléfonos móviles, el radar, los hornos de microondas y muchas más cosas, se basan en las arenas movedizas de las probabilidades.

El mejor ejemplo de esta paradoja es el famoso problema del «gato de Schrödinger» (formulado por uno de los fundadores de la teoría cuántica, quien paradójicamente propuso el problema para destruir esta interpretación probabilista). Schrödinger cargó contra esta interpretación de su teoría, afirmando: «Si tuviéramos que quedarnos con este condenado salto cuántico, entonces lamentaría haber estado involucrado en esto».[5]

La paradoja del gato de Schrödinger es como sigue: un gato está colocado en una caja cerrada. En el interior, una pistola apunta al gato (y el gatillo está conectado a un contador Geiger próximo a un trozo de uranio). Normalmente, cuando el átomo de uranio se desintegra dispara el contador Geiger, y con ello la pistola, y el gato muere. El átomo de uranio puede estar desintegrado o no. El gato está o muerto o vivo. Esto es puro sentido común.

Pero en teoría cuántica no sabemos con certeza si el uranio se ha desintegrado. Por ello tenemos que sumar las dos posibilidades, sumando la función de onda de un átomo desintegrado a la función de onda de un átomo intacto. Pero esto significa que, para describir el gato, tenemos que sumar los dos estados del gato. Por ello, el gato no está ni muerto ni vivo. Está representado como suma de un gato muerto y un gato vivo.

Como Feynman escribió en cierta ocasión, la mecánica cuántica «describe la naturaleza como algo absurdo desde el punto de vista del sentido común. Y concuerda plenamente con el experimento. Por eso espero que ustedes puedan aceptar la naturaleza tal como Ella es: absurda».[6]

Para Eistein y Schrödinger, esto era un despropósito. Einstein creía en una «realidad objetiva», una visión newtoniana y de sentido común en la que los objetos existían en estados definidos, no como la suma de muchos estados posibles. Y pese a todo, esta extraña interpretación está en el corazón de la civilización moderna. Sin ella la electrónica moderna (y los átomos mismos de nuestro cuerpo) dejarían de existir. (En nuestro mundo ordinario bromeamos a veces diciendo que es imposible que una mujer esté «un poco embarazada». Pero en la teoría cuántica es incluso peor. Existimos simultáneamente como la suma de todos los posibles estados corporales: no embarazada, embarazada, una hija, una mujer anciana, una quinceañera, una trabajadora, etc.)

Hay varias maneras de resolver esta peliaguda paradoja. Los fundadores de la teoría cuántica creían en la Escuela de Copenhague, que decía que una vez que se abre la caja, se hace una medida y se puede determinar si el gato está muerto o está vivo. La función de onda ha «colapsado» en un único estado y domina el sentido común. Las ondas han desaparecido, dejando solo partículas. Esto significa que el gato entra ahora en un estado definido (o muerto o vivo) y ya no está descrito por una función de onda.

Así pues, hay una barrera invisible que separa el extraño mundo del átomo y el mundo macroscópico de los humanos. En el caso del mundo atómico, todo se describe por ondas de probabilidad, donde los átomos pueden estar en muchos lugares a la vez. Cuanto mayor es la onda en un punto, mayor es la probabilidad de encontrar a la partícula en ese punto. Pero en el caso de objetos grandes estas ondas han colapsado y los objetos existen en estados definidos; con ello prevalece el sentido común.

(Cuando iba algún invitado a la casa de Einstein, él apuntaba a la Luna y preguntaba: «¿Existe la Luna porque la mira un ratón?». En cierto sentido, la respuesta de la Escuela de Copenhague sería sí.)

La mayoría de los libros de texto de física se adhieren religiosamente a la Escuela de Copenhague original. Pero muchos investigadores la han abandonado. Ahora tenemos la nanotecnología y podemos manipular átomos individuales, de modo que átomos que aparecen y desaparecen pueden manipularse a voluntad, utilizando nuestros microscopios de efecto túnel. No hay ninguna «pared» invisible que separe el mundo microscópico del macroscópico. Hay un continuo.

Hoy día no hay consenso en cómo resolver esta cuestión, que afecta al mismo corazón de la física moderna. En los congresos, muchas teorías compiten acaloradamente con otras. Un punto de vista minoritario es que debe haber una «conciencia cósmica» que llena el universo. Los objetos nacen cuando se hacen medidas, y las medidas son hechas por seres conscientes. Por ello debe haber una conciencia cósmica que llena el universo y determina en qué estado estamos.

Algunos, como el premio Nobel Eugene Wigner, han argumentado que esto prueba la existencia de Dios o alguna conciencia cósmica. (Wigner escribió: «No era posible formular las leyes [de la teoría cuántica] de una forma plenamente consistente sin referencia a la conciencia». De hecho, él manifestó incluso un interés por la filosofía vedanta del hinduismo, en la que el universo está lleno de una conciencia que todo lo abarca.)

Otro punto de vista sobre la paradoja es la idea de los «muchos mundos», propuesta por Hugh Everett en 1957, que afirma que el universo simplemente se desdobla por la mitad, con un gato vivo en una mitad y un gato muerto en la otra. Esto significa que hay una enorme proliferación o ramificación de universos paralelos cada vez que ocurre un suceso cuántico. Cualquier universo que pueda existir, existe. Cuanto más extraño es el universo, menos probable es, pero en cualquier caso estos universos existen. Esto significa que hay un mundo paralelo en el que los nazis ganaron la Segunda Guerra Mundial, o un mundo en donde la Armada Invencible nunca fue derrotada y todos hablan en español. En otras palabras, la función de onda nunca colapsa. Solo sigue su camino, desdoblándose felizmente en incontables universos.[7]

Como ha dicho el físico del MIT Alan Guth: «Hay un universo en donde Elvis está todavía vivo, y Al Gore es presidente». El premio Nobel Frank Wilczek dice: «Nos asusta saber que infinitas copias de nosotros mismos, con ligeras variantes, están viviendo sus vidas paralelas, y que en cada instante nacen más duplicados y asumen nuestros muchos futuros alternativos».[8]

Un punto de vista que está ganando popularidad entre los físicos es algo llamado «decoherencia». Esta teoría afirma que todos estos universos paralelos son posibilidades, pero nuestra función de onda se ha desacoplado de ellos (es decir, ya no vibra al unísono con ellos), y por lo tanto ya no interacciona con ellos. Esto significa que dentro de su sala de estar usted coexiste simultáneamente con la función de onda de dinosaurios, alienígenas, piratas, unicornios…, todos los cuales creen firmemente que el universo es el «real», pero ya no estamos «sintonizados» con ellos.

Según el premio Nobel Steven Weinberg, esto es como sintonizar una emisora de radio en su sala de estar. Usted sabe que su sala de estar está inundada con señales procedentes de numerosas emisoras de radio de todo el país y todo el mundo. Pero su radio sintoniza solo una estación. Ya no es «coherente» con todas las demás emisoras. (Para resumir, Weinberg señala que la idea de los «muchos mundos» es «una idea miserable, con excepción de todas las demás ideas».)

Entonces, ¿existe la función de onda de una malvada Federación de Planetas que somete a los planetas más débiles y mata a sus enemigos? Quizá, pero si es así, nosotros no estamos en coherencia con dicho universo.

Universos cuánticos

Cuando Hugh Everett discutió su teoría de los «muchos mundos» con otros físicos, recibió reacciones de desconcierto o indiferencia. Un físico, Bryce DeWitt, de la Universidad de Texas, puso objeciones a la teoría porque «yo no puedo sentir cómo me desdoblo». Pero esto, decía Everett, es un caso similar al de Galileo cuando respondía a sus críticos que decían que no podían sentir que la Tierra se moviera. (Finalmente DeWitt se pasó al lado de Everett y se convirtió en un destacado defensor de la teoría.)

Durante décadas, la teoría de los «muchos mundos» languideció en la oscuridad. Sencillamente era demasiado fantástica para ser cierta. John A. Wheeler, tutor de Everett en Princeton, llegó a la conclusión de que había demasiado «exceso de equipaje» relacionado con la teoría. Pero una razón de que la teoría se haya puesto ahora de moda repentinamente es que los físicos están intentando aplicar la teoría cuántica al último dominio que se ha resistido a ser cuantizado: el propio universo. Aplicar el principio de incertidumbre al universo entero lleva de forma natural al multiverso.

El concepto de «cosmología cuántica» parece al principio una contradicción en los términos: la teoría cuántica se refiere al mundo infinitesimalmente minúsculo del átomo, mientras que la cosmología se refiere al universo entero. Pero consideremos esto: en el instante del big bang el universo era mucho más pequeño que un electrón. Todos los físicos coinciden en que los electrones deben estar cuantizados; es decir, se describen mediante una ecuación de ondas probabilista (la ecuación de Dirac) y pueden existir en universos paralelos. Por ello, si los electrones deben estar cuantizados y si el universo fue un vez más pequeño que un electrón, entonces el universo debe existir también en estados paralelos —una teoría que lleva de manera natural a una aproximación de «muchos universos»—. Sin embargo, la interpretación de Copenhague de Niels Bohr tropezaba con problemas cuando se aplicaba al universo entero. La interpretación de Copenhague, que se enseña en cualquier curso de mecánica cuántica en doctorado, depende de un «observador» que hace una observación y colapsa la función de onda. El proceso de observación es absolutamente esencial para definir el mundo macroscópico, pero ¿cómo puede uno estar «fuera» del universo mientras está observando el universo entero? Si una función de onda describe el universo, entonces ¿cómo puede un observador «exterior» colapsar la función de onda del universo? De hecho, algunos ven la incapacidad de observar el universo desde «fuera» del universo como un defecto fatal de la interpretación de Copenhague.

En la aproximación de los «muchos mundos» la solución a este problema es simple: el universo simplemente existe en muchos estados paralelos, todos ellos definidos por una función de onda maestra llamada «función de onda del universo». En cosmología cuántica el universo empezó como una fluctuación cuántica del vacío, es decir, como una minúscula burbuja en la espuma del espacio-tiempo. La mayoría de los universos bebé en la espuma del espacio-tiempo tienen un big bang e inmediatamente después tienen un big crunch. Por esto es por lo que nunca los vemos, porque son pequeños en extremo y de corta vida, surgen y desaparecen de repente en el vacío. Esto significa que incluso «la nada» está hirviendo con universos bebé que nacen y desaparecen instantáneamente, aunque en una escala que es demasiado pequeña para que la detecten nuestros instrumentos. Pero por la misma razón, una de las burbujas en la espuma del espacio-tiempo no recolapsó en un big crunch, sino que siguió expandiéndose. Este es nuestro universo. Según Alan Guth, esto significa que el universo entero es un «free lunch», un almuerzo de balde.

En cosmología cuántica, los físicos parten de algo análogo a la ecuación de Schrödinger que gobierna la función de onda de electrones y átomos. Utilizan la ecuación de DeWitt-Wheeler, que actúa sobre la «función de onda del universo». Normalmente la función de onda de Schrödinger está definida en todo punto del espacio y el tiempo, y por ello se pueden calcular las probabilidades de encontrar un electrón en dicho punto del espacio y el tiempo. Pero la «función de onda del universo» está definida sobre todos los universos posibles. Si resulta que la función de onda del universo es grande cuando se define para un universo específico, eso significa que hay una gran probabilidad de que el universo esté en ese estado concreto.

Hawking ha desarrollado este punto de vista. Nuestro universo, afirma, es especial entre otros universos. La función de onda del universo es grande para el nuestro y casi cero para la mayoría de los otros universos. Así pues, hay una probabilidad pequeña pero finita de que otros universos puedan existir en el multiverso, pero el nuestro tiene la probabilidad más grande. De hecho, Hawking trata de derivar la inflación de esta manera. En esta imagen, un universo que se infla es simplemente más probable que un universo que no lo hace, y por ello nuestro universo se ha inflado.

La teoría de que nuestro universo procedía de la «nada» de la espuma del espacio-tiempo podría parecer por completo indemostrable, pero es compatible con varias observaciones simples. En primer lugar, muchos físicos han señalado que es sorprendente que la cantidad total de cargas positivas y cargas negativas en nuestro universo se cancelen exactamente, al menos dentro de la precisión experimental. Damos por hecho que en el espacio exterior la gravedad es la fuerza dominante, pero esto es solo porque las cargas positivas y las negativas se cancelan exactamente. Si hubiera el más mínimo desequilibrio entre cargas positivas y negativas en la Tierra, sería suficiente para desgarrar nuestro planeta, pues la repulsión electrostática superaría a la fuerza gravitatoria que mantiene la Tierra unida. Una manera simple de explicar por qué existe este equilibrio entre cargas positivas y negativas es suponer que nuestro universo procedía de la «nada», y la «nada» tiene carga cero.

En segundo lugar, nuestro universo tiene espín cero. Aunque durante años Kurt Gödel intentó demostrar que el universo estaba rotando al sumar los espines de las diversas galaxias, los astrónomos creen hoy que el espín total del universo es cero. El fenómeno se explicaría fácilmente si el universo viniera de la «nada», puesto que la «nada» tiene espín cero.

En tercer lugar, la procedencia de nuestro universo de la nada ayudaría a explicar por qué el contenido total de materia-energía del universo es tan pequeño, quizá incluso cero. Cuando sumamos la energía positiva de la materia y la energía negativa asociada a la gravedad, las dos parecen cancelarse mutuamente. Según la relatividad general, si el universo es cerrado y finito, entonces la cantidad total de materia-energía en el universo debería ser exactamente cero. (Si nuestro universo es abierto e infinito, esto no tiene por qué ser cierto; pero la teoría inflacionaria parece indicar que la cantidad total de materia-energía en nuestro universo es extraordinariamente pequeña.)

¿CONTACTO ENTRE UNIVERSOS?

Esto deja abiertas algunas cuestiones preocupantes: si los físicos no pueden descartar la posibilidad de varios tipos de universos paralelos, ¿sería posible entrar en contacto con ellos? ¿Visitarlos? ¿O es posible que seres de otros universos nos hayan visitado?

El contacto con otros universos cuánticos que no estén en coherencia con nosotros parece bastante improbable. La razón de que hayamos perdido la coherencia con estos otros universos es que nuestros átomos han rebotado incesantemente con otros átomos en el ambiente circundante. Cada vez que se produce una colisión, la función de onda de dicho átomo parece «colapsar»; es decir, el número de universos paralelos decrece. Cada colisión reduce el número de posibilidades. La suma total de todos estos billones de «minicolapsos» atómicos produce la ilusión de que los átomos de nuestro cuerpo están totalmente colapsados en un estado definido. La «realidad objetiva» de Einstein es una ilusión creada por el hecho de que tenemos muchos átomos en nuestro cuerpo, cada uno de los cuales está cho-cando continuamente con los demás y reduciendo cada vez el nú-mero de universos posibles.

Es como examinar una imagen desenfocada a través de una cá-mara. Esto correspondería al micromundo, donde todo parece bo-rroso e indefinido. Pero cada vez que ajustamos el foco de la cámara, la imagen se hace más y más nítida. Esto corresponde a billones de minúsculas colisiones con átomos vecinos, cada una de las cuales re-duce el número de universos posibles. De esta manera hacemos sua-vemente la transición del micromundo borroso al macromundo.

Así pues, la probabilidad de interaccionar con otro universo cuántico similar al nuestro no es nula, pero disminuye con rapidez con el número de átomos en nuestro cuerpo. Puesto que hay billones de billones de átomos en nuestro cuerpo, la probabilidad de que in-teraccionemos con otro universo que contenga dinosaurios o alie-genas es infinitesimalmente pequeña. Se puede calcular que tendría-mos que esperar un tiempo mucho mayor que la vida del universo para que suceda tal acontecimiento.

Por lo tanto, el contacto con un universo paralelo cuántico no puede descartarse, pero sería un suceso extraordinariamente raro, puesto que no estamos en coherencia con ellos. Pero en cosmología encontramos un tipo diferente de universo paralelo: un multiverso de universos que coexisten unos con otros, como burbujas de jabón que flotan en un baño de burbujas. El contacto con otro universo en el multiverso es una cuestión diferente. Sin duda sería una hazaña di-fícil, pero una hazaña que sería posible para una civilización tipo III.

Como hemos visto antes, la energía necesaria para abrir un agu-jero en el espacio o para ampliar la espuma del espacio-tiempo es del orden de la energía de Planck, donde toda la física conocida deja de ser válida. El espacio y el tiempo no son estables a dicha energía, y esto abre la posibilidad de dejar nuestro universo (suponiendo que existan otros universos y que no muramos en el proceso).

Esta no es una cuestión puramente académica, puesto que toda vida inteligente en el universo tendrá que enfrentarse algún día al fin del universo. En definitiva, la teoría del multiverso puede ser la salva-ción para toda vida inteligente en nuestro universo. Datos recientes del satélite WMAP actualmente en órbita confirman que el universo se está expandiendo a un ritmo acelerado. Quizá un día perezcamos todos en lo que los físicos llaman un big freeze. Finalmente, el universo entero se oscurecerá; todas las estrellas en los cielos se apagarán y el universo consistirá en estrellas muertas, estrellas de neutrones y agujeros negros. Incluso los átomos mismos de sus cuerpos pueden empezar a desintegrarse. Las temperaturas se hundirán hasta cerca del cero absoluto, lo que hará la vida imposible.

A medida que el universo se aproxime a ese punto, una civilización avanzada que se enfrente a la muerte final del universo podría contemplar la idea de hacer el último viaje a otro universo. Estos seres tendrían que elegir entre congelarse hasta la muerte o salir. Las leyes de la física son una garantía de muerte para toda vida inteligente, pero hay una cláusula de escape en dichas leyes.

Una civilización semejante tendría que dominar la potencia de enormes colisionadores de átomos y de haces láser tan grandes como un sistema solar o un cúmulo estelar para concentrar una enorme potencia en un único punto y alcanzar la fabulosa energía de Planck. Es posible que hacerlo fuera suficiente para abrir un agujero de gusano o una puerta a otro universo. Una civilización tipo III podría utilizar la colosal energía a su disposición para abrir un agujero de gusano y hacer un viaje a otro universo, dejando nuestro universo moribundo para empezar de nuevo.

¿Un universo bebé en el laboratorio?

Por increíbles que puedan parecer algunas de estas ideas, han sido seriamente consideradas por los físicos. Por ejemplo, cuando tratamos de entender cómo se originó el big bang, tenemos que analizar las circunstancias que condujeron a esa explosión original. En otras palabras, tenemos que preguntar: ¿cómo hacer un universo bebé en el laboratorio? Andrei Linde de la Universidad de Stanford, uno de los cocreadores de la idea del universo inflacionario, dice que si podemos crear universos bebé, entonces «quizá sea tiempo de redefinir a Dios como algo más sofisticado que solo el creador del universo».

La idea no es nueva. Cuando hace años los físicos calcularon la energía necesaria para desencadenar el big bang «la gente empezó a preguntarse inmediatamente qué sucedería si se colocaran montones de energía en un espacio en el laboratorio —muchos cañonazos a la vez—. ¿Podría concentrarse energía suficiente para desencadenar un mini big bang?», pregunta Linde.

Si concentramos suficiente energía en un punto, todo lo que tendríamos sería un colapso del espacio-tiempo en un agujero negro, nada más. Pero en 1981 Alan Guth del MIT y Linde propusieron la teoría del «universo inflacionario», que desde entonces ha generado enorme interés entre los cosmólogos. Según esta idea, el big bang empezó con una expansión turbocargada, mucho más rápida de lo que se creía previamente. (La idea del universo inflacionario resolvía muchos problemas persistentes en cosmología, tales como por qué el universo debería ser tan uniforme. Miremos donde miremos, ya sea una región del cielo nocturno o la opuesta, vemos un universo uniforme, incluso si no ha habido tiempo suficiente desde el big bang para que estas regiones enormemente separadas entren en contacto. La respuesta a este rompecabezas, según la teoría del universo inflacionario, es que un minúsculo fragmento de espacio-tiempo que era relativamente uniforme se hinchó hasta convertirse en el universo visible entero.) Para desencadenar la inflación Guth supone que en el principio del tiempo había minúsculas burbujas de espacio-tiempo, una de las cuales se infló enormemente para convertirse en el universo de hoy.

De un golpe, la teoría del universo inflacionario respondía a numerosas preguntas cosmológicas. Además, es compatible con todos los datos que tenemos hoy procedentes del espacio exterior captados por los satélites WMAP y COBE. De hecho, es indiscutiblemente la primera candidata para una teoría del big bang.

Pero la teoría del universo inflacionario plantea una serie de preguntas embarazosas. ¿por qué empezó a inflarse esta burbuja? ¿Qué apagó la expansión, de la que resultó el universo actual? Si la inflación sucedió una vez, ¿podría suceder de nuevo? Resulta irónico que aunque el escenario inflacionario es la primera teoría en cosmología, casi nada se sabe sobre lo que puso en marcha la inflación y lo que la detuvo.

Para responder a estas molestas preguntas, en 1987 Alan Guth y Edward Fahri del MIT plantearon otra pregunta hipotética: ¿cómo podría una civilización avanzada inflar su propio universo? Ellos creían que si pudieran responder a esta pregunta, podrían responder a la pregunta más profunda de por qué el universo se infló de entrada.

Encontraron que si se concentraba energía suficiente en un punto se formarían espontáneamente minúsculas burbujas de espacio-tiempo. Pero si las burbujas fueran demasiado pequeñas, desaparecerían de nuevo en la espuma del espacio-tiempo. Solo si las burbujas fueran suficientemente grandes podrían expandirse para dar un universo entero.

Desde el exterior el nacimiento de este nuevo universo no se notaría mucho, no más que la detonación de una bomba nuclear de 500 kilotones. Parecería como si una pequeña burbuja hubiera desaparecido del universo, dejando una pequeña explosión nuclear. Pero dentro de la burbuja podría expandirse un universo totalmente nuevo. Pensemos en una burbuja de jabón que se desdobla o genera una burbuja más pequeña, dando lugar a una burbuja de jabón bebé. La minúscula burbuja de jabón podría expandirse rápidamente hasta formar una burbuja de jabón totalmente nueva. De la misma forma, dentro del universo veríamos una enorme explosión del espacio-tiempo y la creación de un universo entero.

Desde 1987 se han propuesto muchas teorías para ver si la introducción de energía puede hacer que una gran burbuja se expanda hasta dar un universo entero. La teoría más comúnmente aceptada es que una nueva partícula, llamada «inflatón», desestabilizó el espacio-tiempo, e hizo que se formaran y expandieran tales burbujas.

La última controversia estalló en 2006, cuando los físicos empezaron a considerar seriamente una nueva propuesta para desencadenar un universo bebé con un monopolo. Aunque los monopolos —partículas que llevan un solo polo norte o polo sur— nunca se han visto, se cree que abundaban en el universo primitivo. Son tan masivos que son extraordinariamente difíciles de crear en el laboratorio; pero, precisamente porque son tan masivos, si inyectamos aún más energía en un monopolo podríamos desencadenar un universo bebé para expandirlo hasta dar un universo real.

¿Por qué querrían los físicos crear un universo? Linde dice «¿En esta perspectiva, cada uno de nosotros puede convertirse en un dios». Pero hay una razón más práctica para querer crear un nuevo universo: en definitiva, para escapar a la eventual muerte de nuestro universo.

¿LA EVOLUCIÓN DE LOS UNIVERSOS?

Algunos físicos han llevado esta idea aun más lejos, hasta los mismos límites de la ciencia ficción, al preguntar si la inteligencia puede haber echado una mano en el diseño de nuestro universo.

En la imagen de Guth/Fahri una civilización avanzada puede crear un universo bebé, pero las constantes físicas (por ejemplo, la masa del electrón y del protón y las intensidades de las cuatro fuerzas) son las mismas. Pero ¿qué pasa si una civilización avanzada pudiera crear universos bebés que difieren ligeramente en sus constantes fudamentales? Entonces los universos bebés serían capaces de evolucionar con el tiempo, y cada generación de universos bebés sería ligeramente diferente de la generación anterior.

Si consideramos que las constantes fundamentales son el «ADN» de un universo, eso significa que la vida inteligente podría ser capaz de crear universos con ADN ligeramente diferente. Con el tiempo, los universos evolucionarían, y los universos que proliferaran serían aquellos que tuvieran el mejor «ADN» que permitiera que floreciera la vida inteligente. El físico Edward Harrison, basándose en una idea previa de Lee Smolin, ha propuesto una «selección natural» entre universos. Los universos que dominan el multiverso son precisamente los que tienen el mejor ADN, el que es compatible con crear civilizaciones avanzadas que, a su vez, crean más universos bebés. «Supervivencia de los más adaptados» es simplemente supervivencia de los universos que son más proclives a producir civilizaciones avanzadas.

Si esta imagen es correcta, explicaría por qué las constantes fundamentales del universo están «finamente ajustadas» para permitir la vida. Significa sencillamente que los universos con las deseables constantes fundamentales compatibles con la vida son los que proliferan en el universo.

(Aunque esta idea de «evolución de universos» es atractiva porque podría explicar el problema del principio antrópico, la dificultad reside en que no puede ponerse a prueba y no se puede refutar. Tendremos que esperar hasta tener una teoría del todo completa antes de poder dar sentido a esta teoría.)

Actualmente, nuestra tecnología es demasiado primitiva para revelar la presencia de estos universos paralelos. Por lo tanto, todo esto se clasificaría como una imposibilidad de clase II —imposible hoy, pero que no viola las leyes de la física—. En una escala de miles a millones de años, estas especulaciones podrían convertirse en la base de una tecnología para una civilización tipo III.

Tercera parte
IMPOSIBILIDADES DE CLASE III

14

Máquinas de movimiento perpetuo

> Una teoría pasa por cuatro etapas antes de ser aceptada:
> I. esto es un sinsentido sin ningún valor;
> II. es interesante, pero perversa;
> III. esto es cierto, pero no tiene ninguna importancia;
> IV. yo siempre lo dije.
>
> J. B. S. HALDANE, 1963

En la clásica novela de Isaac Asimov *Los propios dioses*, un oscuro químico del año 2070 topa accidentalmente con el mayor descubrimiento de todos los tiempos, la bomba de electrones, que produce energía limitada sin coste alguno. El impacto es inmediato y profundo. Es aclamado como el mayor científico de todos los tiempos por satisfacer la insaciable necesidad de energía por parte de la civilización. «Era el Santa Claus y la lámpara de Aladino del mundo entero», escribía Asimov. Funda una compañía que pronto se convierte en una de las corporaciones más ricas del planeta y deja fuera de juego a las industrias del petróleo, el gas, el carbón y la energía nuclear.[1]

El mundo es inundado con energía gratuita y la civilización se emborracha con este nuevo poder. Mientras todos celebran este gran logro, un físico solitario se siente incómodo. «¿De dónde sale toda esta energía gratuita?», se pregunta. Finalmente descubre el secreto. La energía gratuita tiene en realidad un terrible precio: proviene de un agujero en el espacio que conecta nuestro universo con un universo paralelo, y el súbito aflujo de energía en nuestro universo está iniciando una reacción en cadena que con el tiempo destruirá estrellas y galaxias, convertirá el Sol en una supernova y destruirá a la Tierra con él.

Desde que existe la historia escrita, el Santo Grial de inventores y científicos, pero también de charlatanes y artistas del fraude, ha sido la legendaria «máquina de movimiento perpetuo», un dispositivo que puede funcionar indefinidamente sin pérdida de energía. Una versión aun mejor es un dispositivo que crea *más* energía de la que consume, tal como la bomba de electrones, que crea energía gratuita e ilimitada.

En los próximos años, a medida que nuestro mundo industrializado agote poco a poco el petróleo barato, habrá una enorme presión para encontrar nuevas y abundantes fuentes de energía limpia. El aumento del precio del gas, la caída de la producción, el aumento de la contaminación, los cambios atmosféricos, etc., todo ello alimenta un renovado e intenso interés por la energía.

Esta preocupación es aprovechada hoy por inventores que prometen entregar cantidades ilimitadas de energía libre y tratan de vender sus inventos por cientos de millones. Periódicamente surgen numerosos inventores heterodoxos que son recibidos con afirmaciones sensacionales en los medios financieros y aclamados como los próximos Edison.

La popularidad de la máquina de movimiento perpetuo es amplia. En un episodio de *Los Simpson* titulado «El PTA se dispersa», Lisa construye su propia máquina de movimiento perpetuo durante una huelga de profesores. Esto impulsa a Homer a declarar seriamente: «Lisa, deja eso… en esta casa obedecemos las leyes de la termodinámica».

En los juegos de ordenador *Los Sims*, *Xenosaga Episodes I and II* y *Ultima VI: The False Prophet*, así como en el programa de Nickelodeon *Invasor Zim*, las máquinas de movimiento perpetuo tienen un papel destacado en los argumentos.

Pero si la energía es tan preciosa, entonces ¿cuál es exactamente la probabilidad de crear máquinas de movimiento perpetuo? ¿Realmente son imposibles estos aparatos, o su creación requeriría una revisión de las leyes de la física?

LA HISTORIA VISTA A TRAVÉS DE LA ENERGÍA

La energía es vital para la civilización. De hecho, toda la historia de la humanidad puede verse a través de la lente de la energía. Durante el 99,9 por ciento de la existencia humana las sociedades primitivas fueron nómadas y llevaban una precaria vida de recolección y caza en busca de alimento. La vida era brutal y corta. La energía disponible era de un quinto de caballo de potencia —la potencia de nuestros propios músculos—. Los análisis de los huesos de nuestros antepasados muestran pruebas de enormes deterioros, a causa del impresionante esfuerzo por la supervivencia diaria. La esperanza de vida era de menos de veinte años.

Pero tras el final de la última época glacial hace unos 10.000 años, el ser humano descubrió la agricultura y empezó a domesticar animales, especialmente el caballo, lo que poco a poco aumentó su producción de energía hasta uno o dos caballos de potencia. Esto puso en marcha la primera gran revolución en la historia de la humanidad. Con el caballo o el buey, un hombre tenía energía suficiente para arar un campo entero por sí solo, viajar decenas de kilómetros en un día o mover cientos de kilos de grano o roca de un lugar a otro. Por primera vez en la historia, las familias tenían un excedente de energía, y el resultado fue la fundación de las primeras ciudades. Un exceso de energía significaba que la sociedad podía ofrecer apoyo a una clase de artesanos, arquitectos, constructores y escribas, y así pudo florecer la civilización antigua. Pronto, de las junglas y del desierto surgieron grandes ciudades e imperios. La esperanza de vida llegó a unos treinta años.

Mucho más tarde, hace unos trescientos años, tuvo lugar la segunda gran revolución en la historia. Con la llegada de las máquinas de vapor, la energía disponible para una persona ascendió a decenas de caballos de potencia. Con el dominio del poder de las locomotoras de vapor, era posible cruzar continentes enteros en unos días. Las máquinas podían arar grandes campos, transportar a cientos de pasajeros a miles de kilómetros, y permitían construir ciudades enormes. La esperanza de vida hacia 1900 se había elevado hasta casi los cincuenta años en Estados Unidos.

Hoy estamos inmersos en la tercera gran revolución en la historia. Debido a la explosión demográfica y a nuestro voraz apetito de electricidad y potencia, nuestras necesidades de energía se han disparado y nuestro suministro está llegando al límite. La energía disponible por individuo se mide ahora en miles de caballos de potencia. No es sorprendente que esta demanda haya suscitado el interés por conseguir mayores fuentes de energía, incluidas las máquinas de movimiento perpetuo.

LAS MÁQUINAS DE MOVIMIENTO PERPETUO A TRAVÉS DE LA HISTORIA

La búsqueda de máquinas de movimiento perpetuo es antigua. El primer intento registrado de construir una máquina de movimiento perpetuo se remonta al siglo VIII en Baviera. Fue un prototipo para los cientos de variantes que se propusieron en los mil años siguientes; se basaba en una serie de pequeños imanes unidos a una rueda, como una noria. La rueda estaba colocada por encima de un imán mucho mayor situado en el suelo. Se suponía que a medida que cada imán de la rueda pasaba sobre el imán estacionario, era primero atraído y luego repelido por el imán más grande, lo que empujaba así a la rueda y creaba un movimiento perpetuo.

Otro ingenioso diseño fue ideado en 1150 por el filósofo indio Bhaskara, que propuso una rueda que daría vueltas continuamente si se añadía un peso en el borde; el peso desequilibraría a la rueda y la haría girar. El peso haría un trabajo mientras la rueda hacía una revolución, y luego volvería a su posición original. Iterando esto una y otra vez, Bhaskara afirmaba que él podía extraer trabajo ilimitado de forma gratuita.

Los diseños bávaro y de Bhaskara para máquinas de movimiento perpetuo y sus numerosas variantes comparten el mismo principio: algún tipo de rueda que puede dar una vuelta sin adición de energía y producir trabajo útil en el proceso. (Un examen cuidadoso de estas ingeniosas máquinas suele poner de manifiesto que realmente se pierde energía en cada ciclo, o que no puede extraerse trabajo utilizable.)

La llegada del Renacimiento aceleró las propuestas de máquinas de movimiento perpetuo. En 1635 se concedió la primera patente para una máquina de movimiento perpetuo. En 1712 Johann Bessler había analizado unos trescientos modelos diferentes y propuso un diseño propio. (Según la leyenda, su doncella reveló más tarde que su máquina era un fraude.) Incluso el gran pintor y científico del Renacimiento Leonardo da Vinci se interesó en las máquinas de movimiento perpetuo. Aunque las criticaba en público, comparándolas con la búsqueda infructuosa de la piedra filosofal, en sus cuadernos de notas privados hacía bocetos ingeniosos de máquinas de movimiento perpetuo autopropulsadas, incluidas una bomba centrífuga y un gato utilizado para rotar una broqueta de asar sobre un fuego.

En 1775 se estaban proponiendo tantos diseños que la Real Academia de Ciencias de París anunció que «ya no aceptaba ni estudiaba propuestas concernientes a movimiento perpetuo».

Arthur Ord-Hume, un historiador de las máquinas de movimiento perpetuo, ha escrito sobre la incansable dedicación de estos inventores, con todos los elementos en contra, comparándolos a los antiguos alquimistas. Pero, señalaba, «incluso el alquimista... sabía cuándo estaba batido».

ESTAFAS Y FRAUDES

El incentivo para producir una máquina de movimiento perpetuo era tan grande que las estafas se convirtieron en algo habitual. En 1813 Charles Redheffer exhibió una máquina en Nueva York que sorprendió a la audiencia al producir energía ilimitada sin ningún coste. (Pero cuando Robert Fulton examinó la máquina cuidadosamente, encontró una cinta oculta que impulsaba a la máquina. Este cable estaba conectado a su vez a un hombre que daba vueltas en secreto a una manivela en el ático.)

También científicos e ingenieros se entusiasmaron con las máquinas de movimiento perpetuo. En 1870 los editores de *Scientific American* fueron engañados por una máquina construida por E. P. Willis. La revista publicó una historia con el título sensacionalista «El mayor descubrimiento hecho jamás». Solo posteriormente los investigadores descubrieron que había fuentes ocultas de energía para la máquina de movimiento perpetuo de Willis.

En 1872 John Ernst Worren Kelly perpetró el timo más sensacional y lucrativo de su tiempo, con el que estafó a inversores que habían aportado casi 5 millones de dólares, una espléndida suma para finales del siglo XIX. Su máquina de movimiento perpetuo se basaba en diapasones resonantes que, afirmaba él, repiqueteaban en el éter. Kelly, un hombre sin formación científica, invitaba a inversores privados a su casa, donde les sorprendía con su motor-vacuo-hidro-neumático-pulsante que funcionaba a gran velocidad sin ninguna fuente de alimentación externa. Sorprendidos por esta máquina autopropulsada, ávidos inversores acudieron en bandadas a meter dinero en sus arcas.

Posteriormente, algunos inversores desilusionados le acusaron de fraude, y de hecho pasó algún tiempo en la cárcel, pero cuando murió era un hombre adinerado. Tras su muerte, los investigadores encontraron el ingenioso secreto de su máquina. Cuando su casa fue demolida se encontraron tubos ocultos en el suelo y en las paredes de los cimientos, que secretamente enviaban aire comprimido a sus máquinas. Estos tubos eran a su vez alimentados por un molino.

Incluso la Marina y el presidente de Estados Unidos fueron engañados con una máquina semejante. En 1881 John Gamgee inventó una máquina de amoniaco líquido. La evaporación del amoniaco frío crearía gases expansivos que podrían mover un pistón, e impulsar así máquinas utilizando solo el calor de los océanos. La Marina estaba tan fascinada por la idea de extraer energía ilimitada de los océanos que aprobó el aparato e incluso hizo una demostración ante el presidente James Garfield. El problema era que el vapor no volvía a condensarse en líquido de la forma apropiada, y con ello el ciclo no podía completarse.

Se han presentado tantas propuestas de una máquina de movimiento perpetuo a la Oficina de Patentes y Marcas de Estados Unidos (USPTO), que esta se niega a conceder una patente para dicho aparato a menos que se presente un modelo operativo. En algunas raras circunstancias, cuando los examinadores de la patente no pueden encontrar nada obviamente erróneo con un modelo, se concede una patente. La USPTO estipula: «Con la excepción de casos que implican movimiento perpetuo, normalmente la Oficina no exige un modelo para demostrar la operatividad de un aparato». (Esta cláusula ha permitido que inventores poco escrupulosos persuadieran a inversores ingenuos para financiar sus inventos, con el argumento de que la USPTO había reconocido oficialmente su máquina.)

No obstante, la búsqueda de la máquina de movimiento perpetuo no ha sido estéril desde un punto de vista científico. Por el contrario, si bien los inventores nunca han construido una máquina de movimiento perpetuo, los enormes tiempos y energías invertidos en construir esa fabulosa máquina han llevado a los físicos a estudiar cuidadosamente la naturaleza de las máquinas térmicas. (Del mismo modo, la búsqueda infructuosa por parte de los alquimistas de la piedra filosofal, que convertía todo en oro, ayudó a descubrir algunas leyes básicas de la química.)

Por ejemplo, hacia 1760 John Cox ideó un reloj que podía seguir en marcha indefinidamente, impulsado por cambios en la presión atmosférica. Los cambios en la presión del aire movían un barómetro que hacía girar las agujas del reloj. Este reloj funcionaba realmente y existe hoy. El reloj puede seguir en marcha indefinidamente porque extrae energía del exterior en forma de cambios en la presión atmosférica.

Las máquinas de movimiento perpetuo como la de Cox llevaron finalmente a los físicos a hacer la hipótesis de que tales máquinas solo podían funcionar de manera indefinida si en el aparato se introducía energía desde el exterior, es decir, si la energía total se conservaba. Esta teoría llevó a la primera ley de la termodinámica: la cantidad total de materia y de energía no puede ser creada ni destruida. Finalmente se postularon tres leyes de la termodinámica. La segunda ley afirma que la cantidad total de entropía (desorden) siempre aumenta. (Hablando crudamente, esta ley dice que el calor fluye de manera espóntana solo de los lugares más calientes a los más fríos.) La tercera ley afirma que nunca se puede alcanzar el cero absoluto.

Si comparamos el universo a un juego y el objetivo de este juego es extraer energía, entonces las tres leyes pueden parafrasearse de la siguiente forma:

«No se puede obtener algo por nada» (primera ley).

«Ni siquiera se puede mantener» (segunda ley).

«Ni siquiera se puede salir del juego» (tercera ley).

(Los físicos tienen cuidado al afirmar que estas leyes no son necesariamente ciertas en todo momento. En cualquier caso, todavía no se ha encontrado ninguna desviación. Cualquiera que trate de refutar estas leyes debe ir contra siglos de cuidadosos experimentos científicos. Pronto discutiremos posibles desviaciones de estas leyes.)

Entre los logros cimeros de la ciencia del siglo XIX, estas leyes están marcadas tanto por la tragedia como por el triunfo. Una de las figuras clave en la formulación de dichas leyes, el gran físico austríaco Ludwig Boltzmann, se suicidó, debido en parte a la controversia que creó al formularlas.

LUDWIG BOLTZMANN Y LA ENTROPÍA

Boltzmann era un hombre pequeño y grueso, con una barba larga y poblada. Sin embargo, su formidable y feroz aspecto no hacía justicia a todas las heridas que tuvo que sufrir por defender sus ideas. Aunque la física newtoniana estaba firmemente establecida en el siglo XIX, Boltzmann sabía que esas leyes nunca habían sido aplicadas al controvertido concepto de los átomos, un concepto que todavía no era aceptado por muchos físicos destacados. (A veces olvidamos que hace tan solo un siglo eran legión los científicos que insistían en que el átomo era solamente un truco ingenioso, no una entidad real. Los átomos eran tan imposiblemente minúsculos, afirmaban, que tal vez no existían.)

Newton demostró que fuerzas mecánicas, y no espíritus o deseos, eran suficientes para determinar los movimientos de todos los objetos. Luego Boltzmann derivó de forma elegante muchas de las leyes de los gases a partir de una sencilla hipótesis: que los gases estaban formados por átomos minúsculos que, como bolas de billar, obedecían las leyes de las fuerzas establecidas por Newton. Para Boltzmann, una cámara que contenía un gas era como una caja llena de billones de minúsculas bolas de acero, cada una de ellas rebotando contra las paredes y con todas las demás según las leyes de movimiento de Newton. En una de las más grandes obras maestras de la física, Boltzmann (e independientemente James Clerk Maxwell) demostraron matemáticamente cómo esta simple hipótesis podía dar como resultado leyes nuevas y deslumbrantes, y abría una nueva rama de la física llamada mecánica estadística.

De repente, muchas de las propiedades de la materia podían derivarse de primeros principios. Puesto que las leyes de Newton estipulaban que la energía debe conservarse cuando se aplica a los átomos, cada colisión entre átomos conservaba la energía; eso significaba que toda una cámara con billones de átomos también conservaba la energía. La conservación de la energía podía establecerse ahora no solo por vía experimental, sino a partir de primeros principios, es decir, de las leyes newtonianas del movimiento.

Pero en el siglo xix la existencia de los átomos aún era acaloradamente debatida, y a menudo ridiculizada, por científicos prominentes, tales como el filósofo Ernst Mach. Hombre sensible y con frecuentes depresiones, Boltzmann se sentía como una especie de pararrayos, foco de los a menudo crueles ataques de los antiatomistas. Para los antiatomistas, lo que no se podía medir no existía, incluidos los átomos. Para mayor humillación, muchos de los artículos de Boltzmann fueron rechazados por el editor de una destacada revista de física alemana porque este insistía en que átomos y moléculas eran herramientas convenientes estrictamente teóricas, y no objetos que existieran realmente en la naturaleza.

Agotado y amargado por tantos ataques personales, Boltzmann se ahorcó en 1906, mientras su mujer y su hija estaban en la playa. Lamentablemente, no llegó a enterarse de que solo un año antes un joven físico llamado Albert Einstein había hecho lo imposible: había escrito el primer artículo que demostraba la existencia de los átomos.

LA ENTROPÍA TOTAL SIEMPRE AUMENTA

La obra de Boltzmann y de otros físicos ayudó a clarificar la naturaleza de las máquinas de movimiento perpetuo, al clasificarlas en dos tipos. Las máquinas de movimiento perpetuo del primer tipo son las que violan la primera ley de la termodinámica; es decir, que realmente producen más energía de la que consumen. En todos los casos, los físicos encontraron que estas máquinas de movimiento perpetuo se basaban en fuentes de energía externas y ocultas, o bien por fraude, o bien porque el inventor no se había dado cuenta de la fuente de energía exterior.

Las máquinas de movimiento perpetuo del segundo tipo son más sutiles. Obedecen a la primera ley de la termodinámica —conservando la energía— pero violan la segunda ley. En teoría, una máquina de movimiento perpetuo del segundo tipo no tiene pérdidas de calor, de modo que es eficiente al ciento por ciento.[2] Pero la segunda ley dice que semejante máquina es imposible —que siempre debe generarse un calor residual— y con ello el desorden o caos del universo, o entropía, siempre aumenta. Por eficiente que una máquina pueda ser, siempre producirá algún calor residual, y aumentará con ello la entropía del universo.

El hecho de que la entropía total siempre aumenta subyace en el corazón de la historia humana tanto como de la madre naturaleza. Según la segunda ley, es más fácil destruir que construir. Algo para cuya creación se necesitarían miles de años, como el gran imperio azteca de México, puede destruirse en cuestión de meses; y esto es lo que sucedió cuando grupos de conquistadores españoles, pertrechados con caballos y armas de fuego, acabaron con dicho imperio.

Cada vez que nos miramos en un espejo y vemos una nueva arruga o una cana, estamos observando los efectos de la segunda ley. Los biólogos nos dicen que el envejecimiento es la acumulación gradual de errores genéticos en nuestras células y genes, de modo que la capacidad de funcionamiento de la célula se deteriora lentamente. Envejecimiento, oxidación, putrefacción, desintegración y colapso son también ejemplos de la segunda ley de la termodinámica.

Al comentar la naturaleza profunda de la segunda ley, el astrónomo Arthur Eddington dijo en cierta ocasión: «La ley del incremento continuo de la entropía ocupa, a mi entender, la posición suprema entre las leyes de la naturaleza. [...] Si usted tiene una teoría que va contra la segunda ley de la termodinámica, no puedo darle ninguna esperanza; no le queda otra opción que hundirse en la más profunda humillación».

Incluso hoy, ingenieros emprendedores (y charlatanes ingeniosos) siguen anunciando la invención de máquinas de movimiento perpetuo. Recientemente, el *Wall Street Journal* me pidió que comentara el trabajo de un inventor que había persuadido a inversores para invertir millones de dólares en su máquina. Periódicos financieros importantes publicaron extensos artículos, escritos por periodistas sin formación científica, que hablaban del potencial de esta invención para cambiar el mundo (y generar fabulosos y lucrativos beneficios). «¿Genios o charlatanes?», decían los titulares.

Los inversores pusieron enormes cantidades de dinero en efectivo en ese aparato que violaba las leyes más básicas de la física y la química que se enseñan en la escuela. (Lo que me chocaba no era que una persona tratara de hacer lo imposible —algo que se hace desde tiempos inmemoriales—. Lo sorprendente era que fuera tan fácil para su inventor engañar a inversores adinerados debido a que estos carecían de una mínima comprensión de la física elemental.) Yo repetí al *Journal* el proverbio «Un loco y su dinero son fácilmente engañados» y el famoso lema de P. T. Barnum: «Cada minuto nace un incauto». No es muy sorprendente que el *Financial Times*, *The Economist* y el *Wall Street Journal* hayan publicado largos artículos sobre varios inventores con sus máquinas de movimiento perpetuo.

LAS TRES LEYES Y LAS SIMETRÍAS

Pero todo esto plantea una cuestión más profunda: ¿por qué son válidas de entrada las leyes de hierro de la termodinámica? Es un misterio que ha intrigado a los científicos desde que las leyes se propusieron por primera vez. Si pudiéramos responder a esta pregunta, quizá podríamos encontrar escapatorias en las leyes, y las implicaciones tendrían el efecto de un terremoto.

Cuando estudiaba en la facultad, me quedé sin habla el día en que finalmente aprendí el verdadero origen de la conservación de la energía. Uno de los principios fundamentales de la física (descubierto por la matemática Emmy Noether en 1918) es que cuando quiera que un sistema posea una simetría, el resultado es una ley de conservación. Si las leyes del universo siguen siendo las mismas con el paso del tiempo, entonces el sorprendente resultado es que el sistema conserva la energía. (Además, si las leyes de la física siguen siendo las mismas si uno se mueve en cualquier dirección, entonces el momento lineal también se conserva en cualquier dirección. Y si las leyes de la física siguen siendo las mismas bajo una rotación, entonces el momento angular se conserva.)

Esto fue sorprendente para mí. Comprendí que cuando analizamos la luz estelar procedente de galaxias lejanas que están a miles de millones de años luz, en el mismo límite del universo visible, encontramos que el espectro de la luz es idéntico a los espectros que podemos hallar en la Tierra. En esta luz reliquia que fue emitida miles de millones antes de que la Tierra o el Sol hubieran nacido, vemos las mismas «huellas dactilares» inequívocas del espectro del hidrógeno, el helio, el carbono, el neón, y demás elementos que encontramos hoy en la Tierra. En otras palabras, las leyes básicas de la física no han cambiado durante miles de millones de años, y son constantes hasta los límites exteriores del universo.

Como mínimo, advertí, el teorema de Noether significa que la conservación de la energía durará probablemente miles de millones de años, si no para siempre. Por lo que sabemos, ninguna de las leyes fundamentales de la física ha cambiado con el tiempo, y esta es la razón de que la energía se conserve.

Las implicaciones del teorema de Noether en la física moderna son profundas. Cuando quiera que los físicos crean una nueva teoría, ya aborde el origen del universo, las interacciones de quarks y otras partículas subatómicas, o la antimateria, empiezan por las simetrías a las que obedece el sistema. De hecho, ahora se sabe que las simetrías son los principios guía fundamentales para crear cualquier nueva teoría. En el pasado se pensaba que las simetrías eran subproductos de una teoría —una propiedad de la teoría atractiva pero en definitiva inútil, bonita, pero no esencial—. Hoy comprendemos que las simetrías son la característica esencial que define cualquier teoría. Al crear nuevas teorías los físicos partimos de la simetría, y luego construimos la teoría a su alrededor.

(Tristemente, Emmy Noether, como Boltzmann antes que ella, tuvo que luchar con uñas y dientes por su reconocimiento. Se le negó una posición permanente en las principales instituciones porque era una mujer. Su mentor, el gran matemático David Hilbert, estaba tan frustrado por no poder asegurar un nombramiento docente para Noether que exclamó: «¿Qué somos, una universidad o una sociedad de baños?».)

Esto plantea una pregunta molesta. Si la energía se conserva porque las leyes de la física no cambian con el tiempo, entonces ¿podría esta simetría romperse en circunstancias raras e inusuales? Existe todavía la posibilidad de que la conservación de la energía pudiera violarse en una escala cósmica si la simetría de nuestras leyes se rompe en lugares exóticos e inesperados.

Una forma en que esto podría suceder es si las leyes de la física varían con el tiempo o cambian con la distancia. (En la novela de Asimov *Los propios dioses* esta simetría se rompía porque había un agujero en el espacio que conectaba nuestro universo con un universo paralelo. Las leyes de la física cambian en la vecindad del agujero en el espacio, y así permiten un fallo en las leyes de la termodinámica. De ahí que la conservación de la energía podría violarse si hay agujeros en el espacio, es decir, agujeros de gusano.)

Otra escapatoria que se está debatiendo hoy calurosamente es si la energía puede brotar de la nada.

¿ENERGÍA A PARTIR DEL VACÍO?

Una pregunta tentadora es: ¿es posible extraer energía de la nada? Los físicos solo han comprendido recientemente que la «nada» del vacío no está vacía en absoluto, sino que rezuma actividad.

Uno de los que propuso esta idea fue el excéntrico genio del siglo XX Nikola Tesla, un digno rival de Thomas Edison. También fue uno de los proponentes de la energía de punto cero, es decir, la idea de que el vacío quizá posea inagotables cantidades de energía.[3] Si es cierto, el vacío sería el definitivo «almuerzo de balde», capaz de proporcionar energía ilimitada literalmente a partir del aire. El vacío, en lugar de ser considerado vacío y desprovisto de cualquier materia, sería el almacén de energía definitivo.

Tesla nació en una pequeña ciudad de la actual Serbia, y llegó sin un céntimo a Estados Unidos en 1884. Pronto se convirtió en ayudante de Thomas Edison, pero debido a su brillo acabó siendo rival. En una famosa competición, que los historiadores calificaron como «la guerra de las corrientes», Tesla se enfrentó a Edison. Este creía que podía electrificar el mundo con sus motores de corriente continua (DC), mientras que Tesla fue el padre de la corriente alterna (AC) y demostró satisfactoriamente que sus métodos eran muy superiores a los de Edison y reducían de manera considerable las pérdidas de energía con la distancia. Hoy todo el planeta está electrificado sobre la base de las patentes de Tesla, no de Edison.

Las invenciones y patentes de Tesla superan las 700 en número y contienen algunos de los hitos más importantes en la moderna historia eléctrica. Los historiadores han argumentado con verosimilitud que Tesla inventó la radio antes que Guglielmo Marconi (ampliamente reconocido como el inventor de la radio) y que estaba trabajando con rayos X antes de su descubrimiento oficial por Wilhelm Roentgen. (Tanto Marconi como Roentgen ganarían más tarde el premio Nobel por descubrimientos hechos probablemente por Tesla años antes.)

Tesla creía también que podía extraer energía ilimitada del vacío, una afirmación que por desgracia no demostró en sus notas. A primera vista, la «energía de punto cero» (o la energía contenida en un vacío) parece violar la primera ley de la termodinámica. Aunque la energía de punto cero desafía las leyes de la mecánica newtoniana, la noción de la energía de punto cero ha resurgido recientemente desde una nueva dirección.

Cuando los científicos han analizado los datos procedentes de satélites que están actualmente en el espacio, como el satélite WMAP, han llegado a la sorprendente conclusión de que un 75 por ciento del universo está hecho de «energía oscura», la energía de un vacío puro. Esto significa que el mayor reservorio de energía en todo el universo es el vacío que separa las galaxias en el universo. (Esta energía oscura es tan colosal que está apartando a unas galaxias de otras, y con el tiempo puede desgarrar al universo en un big freeze.)

La energía oscura está en todos los lugares del universo, incluso en el salón de nuestra casa y en el interior de nuestro cuerpo. La cantidad de energía oscura en el espacio exterior es verdaderamente astronómica, y supera a toda la energía de las estrellas y las galaxias juntas. También podemos calcular la cantidad de energía oscura en la Tierra, y es muy pequeña, demasiado pequeña para ser utilizada para impulsar una máquina de movimiento perpetuo. Tesla estaba en lo cierto sobre la energía oscura, pero equivocado sobre la cantidad de energía oscura en la Tierra.

¿O no?

Una de las lagunas más embarazosas en la física moderna es que nadie puede calcular la cantidad de energía oscura que podemos medir con nuestros satélites. Si utilizamos la teoría más reciente de la física atómica para calcular la cantidad de energía oscura en el universo, llegamos a un número que está equivocado ¡en un factor de 10^{120}! Esto es, «uno» ¡seguido de ciento veinte ceros! Es con mucho el mayor desacuerdo entre teoría y experimento en toda la física.

La cuestión es que nadie sabe cómo calcular la «energía de la nada». Esta es una de las preguntas más importantes en física (porque finalmente determinará el destino del universo), pero por el momento estamos sin claves acerca de cómo calcularla. Ninguna teoría puede explicar la energía oscura, aunque la evidencia experimental a favor de su existencia esté delante de nosotros.

Así pues, el vacío tiene energía, como sospechaba Tesla. Pero la cantidad de energía es probablemente demasiado pequeña para ser utilizada como una fuente de energía útil. Existen enormes cantidades de energía oscura entre las galaxias, pero la cantidad que puede encontrarse en la Tierra es minúscula. Pero lo embarazoso es que nadie sabe cómo calcular esta energía, ni de dónde procede.

Lo que quiero resaltar es que la conservación de la energía surge de razones cosmológicas profundas. Cualquier violación de estas leyes significaría necesariamente un cambio profundo en nuestra comprensión de la evolución del universo. Y el misterio de la energía oscura está obligando a los físicos a encarar de frente esta cuestión.

Puesto que la creación de una verdadera máquina de movimiento perpetuo quizá nos exija reevaluar las leyes fundamentales de la física en una escala cosmológica, yo colocaría las máquinas de movimiento perpetuo como una imposibilidad de Clase III; es decir, o bien son realmente imposibles, o bien necesitaríamos un cambio fundamental en nuestra comprensión de la física fundamental en una escala cosmológica para hacer posible una máquina semejante. La energía oscura sigue siendo uno de los grandes capítulos inacabados de la ciencia moderna.

15

Precognición

Una paradoja es la verdad puesta boca abajo
para llamar la atención.

NICHOLAS FALLETTA

¿Existe algo tal como la precognición, o visión del futuro? Esta antigua idea está presente en todas las religiones, desde los oráculos griegos y romanos o los profetas del Antiguo Testamento. Pero en tales historias, el don de la profecía también puede ser una maldición. En la mitología griega existe la historia de Casandra, la hija del rey de Troya. Debido a su belleza atrajo la atención del dios del sol, Apolo. Para ganarse su amor, Apolo le concedió la capacidad de ver el futuro. Pero Casandra rechazó las pretensiones de Apolo. En un arrebato de ira, Apolo le dio una vuelta a su don, de modo que Casandra podría ver el futuro pero nadie la creería. Cuando Casandra advirtió al pueblo de Troya de su fin inminente, nadie la escuchó. Ella predijo la traición del caballo de Troya, la muerte de Agamenón e incluso su propia muerte, pero en lugar de prestarle atención, los troyanos pensaron que estaba loca y la encerraron.

Nostradamus, que escribía en el siglo XVI, y más recientemente Edgar Cayce han afirmado que podían levantar el velo del tiempo. Aunque se ha afirmado muchas veces que sus predicciones han resultado ciertas (por ejemplo, predecir correctamente la Segunda Guerra Mundial, el asesinato de J. F. K. y la caída del comunismo), la forma oscura y alegórica en que muchos de estos videntes registraban sus versos admite una gran variedad de interpretaciones contradictorias. Las cuartetas de Nostradamus, por ejemplo, son tan generales que se puede leer en ellas casi cualquier cosa (y la gente lo ha hecho). Una cuarteta dice:

> *Desde el centro del mundo suben fuegos que conmueven la Tierra:*
> *Alrededor de la «Nueva Ciudad» la Tierra es un temblor*
> *Dos grandes nobles librarán una guerra infructuosa*
> *La ninfa de las fuentes hace brotar un nuevo río rojo.**

Algunos han afirmado que esta cuarteta demostraba que Nostradamus predijo la destrucción de las Torres Gemelas en Nueva York el 11 de septiembre de 2001. Pero durante siglos se han dado muchas otras interpretaciones a esta misma cuarteta. Las imágenes son tan vagas que son posibles muchas interpretaciones.

La precognición es también un artificio favorito en las obras de teatro que hablan de la caída inminente de reyes e imperios. En *Macbeth* de Shakespeare la precognición es fundamental para el tema de la obra y para las ambiciones de Macbeth, que encuentra a tres brujas que predicen su ascenso para convertirse en rey de Escocia. Desencadenadas sus ambiciones asesinas por la profecía de las brujas, empieza una campaña sangrienta para deshacerse de sus enemigos, que incluye matar a la esposa y los hijos inocentes de su rival Macduff.

Después de cometer una serie de horribles crímenes para hacerse con la corona, Macbeth sabe por las brujas que él no puede ser derrotado en batalla o «vencido hasta que el gran bosque de Birnam ascienda por las colinas de Dunsinane y llegue hasta él», y que «nadie nacido de mujer podrá dañar a Macbeth». Macbeth se siente seguro con esta profecía, porque un bosque no puede moverse y todos los hombres han nacido de mujer. Pero el gran bosque de Birnam se mueve y avanza hacia Macbeth cuando las tropas de Macduff se camuflan tras ramas del bosque; y el propio Macduff nació por cesárea.

---

* Earth-shaking fires from the world's center roar: / Around «New City» is the Earth a-quiver / Two nobles long shall wage a fruitless war / The nymph of springs pour forth a new, red river.

Aunque las profecías del pasado tienen muchas interpretaciones alternativas, y por ello son imposibles de comprobar, hay una serie de profecías fáciles de analizar: las predicciones de la fecha exacta del fin de la Tierra, el Día del Juicio Final. Desde que el último capítulo de la Biblia, el Apocalipsis, presentó con gran detalle los días finales de la Tierra, cuando el caos y la destrucción acompañarán la llegada del Anticristo y la final segunda venida de Cristo, los fundamentalistas han tratado de predecir la fecha exacta del fin de los días.

Una de las más famosas predicciones del Día del Juicio Final fue hecha por astrólogos que predijeron un gran diluvio que acabaría con el mundo el 20 de febrero de 1524, basándose en la conjunción de todos los planetas en los cielos: Mercurio, Venus, Marte, Júpiter y Saturno. Una oleada de pánico barrió Europa. En Inglaterra, 20.000 personas huyeron de sus casas presas de la desesperación. Alrededor de la iglesia de San Bartolomé se construyó una fortaleza con reservas de comida y agua para los dos últimos meses. Por toda Alemania y Francia la gente se afanó en construir grandes arcas para sobrevivir al diluvio. El conde Von Iggleheim construyó incluso una enorme arca de tres pisos preparándose para este suceso trascendental. Pero cuando por fin llegó la fecha, solo hubo una ligera lluvia. El miedo de las masas se transformó rápidamente en ira. Quienes habían vendido todas sus pertenencias y habían cambiado de vida por completo se sintieron traicionados. Turbas furiosas empezaron a causar estragos. El conde fue apedreado hasta morir, y cientos de personas murieron cuando la turba salió en estampida.

Los cristianos no son los únicos que creen en el don de la profecía. En 1648 Sabbatai Zevi, el hijo de un rico judío de Esmirna, se proclamó Mesías y predijo que el mundo se acabaría en 1666. Apuesto, carismático y bien versado en los textos místicos de la Cábala, no tardó en reunir a un grupo de seguidores leales, quienes difundieron la nueva por toda Europa. En la primavera de 1666, judíos de regiones tan distantes como Francia, Holanda, Alemania y Hungría empezaron a hacer sus equipajes y acudir a la llamada de su Mesías. Pero ese mismo año Zevi fue arrestado por el gran visir de

Constantinopla y arrojado a la prisión con cadenas. Enfrentado a una posible sentencia de muerte, se deshizo de sus vestimentas judías, adoptó un turbante turco y se convirtió al islam. Decenas de miles de sus devotos seguidores abandonaron el culto con gran desilusión.

Las profecías de los videntes resuenan incluso hoy, e influyen en la vida de decenas de millones de personas en todo el mundo. En Estados Unidos, William Miller declaró que el día del Juicio Final llegaría el 3 de abril de 1843. Mientras las noticias de esta profecía se difundían por Estados Unidos, una espectacular lluvia de meteoritos, una de las mayores de su clase, iluminó el cielo nocturno en 1833, lo que dio más fuerza a la profecía de Miller.

Decenas de miles de devotos seguidores, llamados milleritas, esperaron la llegada del Armagedón. Cuando llegó 1843 y pasó sin que llegara del Fin de los Días, el movimiento millerita se dividió en varios grupos. Debido al enorme número de seguidores que habían acumulado los milleritas, cada una de estas sectas iba a tener un gran impacto en la religión hasta hoy. Una gran fracción del movimiento millerita se reagrupó en 1863 y cambió su nombre por el de Iglesia Adventista del Séptimo Día, que hoy cuenta con unos 14 millones de miembros bautizados. Entre sus creencias ocupa un lugar central la inminente Segunda Venida de Cristo.

Otro secta de milleritas derivó más tarde hacia la obra de Charles Taze Russell, que retrasó la fecha del Día del Juicio Final a 1874. Cuando esa fecha también pasó, revisó su predicción, basada en el análisis de las grandes pirámides de Egipto, para situarla en 1914. Este grupo se llamaría más tarde Testigos de Jehová, con una afiliación de más de 6 millones de personas.

Pese a todo, otras fracciones del movimiento millerita continuaron haciendo predicciones, lo que precipitaba nuevas divisiones cada vez que fallaba una predicción. Un pequeño grupo escindido de los milleritas se denominó la Rama Davidiana, que se separó de la Iglesia Adventista del Séptimo Día en la década de 1930. Tenían una pequeña comuna en Waco, Texas, que cayó bajo la influencia carismática de un joven predicador llamado David Koresh, que hablaba hipnóticamente del fin del mundo. Este grupo tuvo un violento fi-

nal en un trágico enfrentamiento con el FBI en 1993, cuando un voraz infierno consumió la finca, incinerando a 76 miembros, entre
ellos 27 niños, y también Koresh.

¿PODEMOS VER EL FUTURO?

¿Pueden tests rigurosamente científicos demostrar que algunos individuos pueden ver el futuro? En el capítulo 12 hemos visto que el
viaje en el tiempo podría ser compatible con las leyes de la física,
aunque solo para una civilización avanzada de tipo III. Pero ¿es posible la precognición hoy en la Tierra?

Sofisticados tests realizados en el Centro Rhine parecen sugerir
que algunas personas pueden ver el futuro; es decir, pueden identificar cartas antes de que sean desveladas. Pero experimentos repetidos
han demostrado que el efecto es muy pequeño, y suele desaparecer
cuando otros tratan de reproducir los resultados.

De hecho, es difícil reconciliar la precognición con la física moderna porque viola la causalidad, la ley de causa y efecto. Los efectos
ocurren después de las causas, y no al revés. Todas las leyes de la física que se han descubierto hasta ahora llevan la causalidad incorpora-
da. Una violación de la causalidad señalaría un colapso importante
de los fundamentos de la física. La mecánica newtoniana se basa firmemente en la causalidad. Las leyes de Newton son tan omnicom-
prensivas que si se conoce la posición y la velocidad de todas las moléculas en el universo, se puede calcular el movimiento futuro de
todos los átomos. Así pues, el futuro es calculable. En teoría, la mecánica newtoniana afirma que si tuviéramos un ordenador suficientemente grande, podríamos computar todos los sucesos futuros. Según
Newton, el universo es como un reloj gigantesco, al que Dios dio
cuerda en el comienzo del tiempo y que desde entonces marcha según Sus leyes. No hay lugar para la precognición en la teoría newtoniana.

HACIA ATRÁS EN EL TIEMPO

Cuando se discute la teoría de Maxwell, el escenario se hace mucho más complicado. Cuando resolvemos las ecuaciones de Maxwell para la luz no encontramos una, sino dos soluciones: una onda «retardada», que representa el movimiento estándar de la luz de un punto a otro; y también una onda «adelantada», donde el haz luminoso va hacia atrás en el tiempo. Esta solución adelantada ¡viene del futuro y llega al pasado!

Durante cien años, cuando los ingenieros han encontrado esta solución «adelantada» que va hacia atrás en el tiempo, simplemente la han descartado como una curiosidad matemática. Puesto que las ondas retardadas predecían de forma tan exacta el comportamiento de la radio, las microondas, la televisión, el radar y los rayos X, ellos simplemente arrojaron la solución adelantada por la ventana. Las ondas retardadas eran tan espectacularmente bellas y acertadas que los ingenieros se limitaron a ignorar la gemela fea. ¿Por qué empañar el éxito?

Pero para los físicos, la onda adelantada fue un problema constante durante el siglo pasado. Puesto que las ecuaciones de Maxwell son uno de los pilares de la era moderna, cualquier solución de estas ecuaciones tiene que ser tomada muy en serio, incluso si entraña aceptar ondas que vienen del futuro. Parecía que era imposible ignorar totalmente las ondas adelantadas. ¿Por qué la naturaleza, en su nivel más fundamental, iba a darnos una solución tan extraña? ¿Era esto una broma cruel, o había un significado más profundo?

Los místicos empezaron a interesarse por estas ondas adelantadas, y especularon con que aparecerían como mensajes del futuro. Quizá si pudiéramos dominar de alguna manera estas ondas, podríamos enviar mensajes al pasado, y con ello alertar a las generaciones precedentes de lo que les iba a acaecer. Por ejemplo, podríamos enviar un mensaje a nuestros abuelos en el año 1929 advirtiéndoles para que vendieran todas sus acciones antes del Gran Crash. Tales ondas adelantadas no nos permitirían visitar el pasado personalmente, como en el viaje en el tiempo, pero nos permitirían enviar cartas y mensajes al pasado para alertar a la gente sobre sucesos clave que todavía no habrían ocurrido.

Estas ondas adelantadas eran un misterio hasta que fueron estudiadas por Richard Feynman, que estaba intrigado por la idea de ir hacia atrás en el tiempo. Después de trabajar en el Proyecto Manhattan, que construyó la primera bomba atómica, Feynman dejó Los Álamos y fue a la Universidad de Princeton para trabajar con John Wheeler. Mientras analizaba el trabajo original de Dirac sobre el electrón, Feynman encontró algo muy extraño. Si invertía la dirección del tiempo en la ecuación de Dirac, e invertía también la carga del electrón, la ecuación permanecía igual. En otras palabras, ¡un electrón que fuera hacia atrás en el tiempo era lo mismo que un antielectrón que fuera hacia delante en el tiempo! Normalmente, un físico veterano descartaría esta interpretación, calificándola de simple truco, algo matemático sacado de la manga pero carente de significado. Ir hacia atrás en el tiempo parecía no tener sentido, pero las ecuaciones de Dirac eran claras en este punto. En otras palabras, Feynman había encontrado la razón de que la naturaleza permitiera estas soluciones hacia atrás en el tiempo: ellas representaban el movimiento de la antimateria. Si hubiera sido un físico más viejo, Feynman podría haber arrojado esta solución por la ventana, pero al ser un estudiante licenciado, decidió seguir su curiosidad.

Cuando siguió profundizando en este enigma, el joven Feynman advirtió algo aún más extraño. Lo normal es que si un electrón y un antielectrón colisionan, se aniquilan mutuamente y crean un rayo gamma. Él lo dibujó en una hoja de papel: dos objetos chocan y se convierten en una ráfaga de energía.

Pero entonces, si se invertía la carga del antielectrón, este se convertía en un electrón ordinario que iba hacia atrás en el tiempo. Ahora se podía reescribir el mismo diagrama con la flecha del tiempo invertida. Era como si el electrón fuera hacia delante en el tiempo y repentinamente decidiera invertir la dirección. El electrón hacía un giro en U en el tiempo y retrocedía en el tiempo, liberando en el proceso una ráfaga de energía. En otras palabras, es el *mismo* electrón. ¡El proceso de aniquilación electrón-antielectrón era simplemente un mismo electrón que decidía volver atrás en el tiempo!

Así, Feynman reveló el verdadero secreto de la antimateria: *es tan solo materia ordinaria que va hacia atrás en el tiempo*. Esta sencilla observación explicaba el enigma de que todas las partículas tienen antipartículas compañeras: es porque todas las partículas pueden viajar hacia atrás en el tiempo, y así enmascararse como antimateria. (Esta interpretación es equivalente al «mar de Dirac» antes mencionado, pero es más sencilla, y es la explicación actualmente aceptada.)

Supongamos que tenemos una masa de antimateria que colisiona con materia ordinaria, lo que produce una enorme explosión. Existen ahora billones de electrones y billones de antielectrones que se aniquilan. Pero si invirtiéramos la dirección de la flecha para el antielectrón, convirtiéndolo en un electrón que va hacia atrás en el tiempo, esto significaría que el mismo electrón iba zigzagueando hacia atrás y hacia delante billones de veces.

Había otro curioso resultado: debe haber solo un electrón en la masa de materia. El mismo electrón zigzagueando en el tiempo atrás y adelante. Cada vez que hacía un giro U en el tiempo, se convertía en antimateria. Pero si hacía otro giro en U en el tiempo se convertía en otro electrón.

(Con su director de tesis, John Wheeler, Feynman especuló con que quizá el universo entero consistía en solo un electrón, zigzagueando atrás y adelante en el tiempo. Imaginemos que del caos del big bang original solo salió un electrón. Billones de años después, este único electrón encontraría finalmente el cataclismo del Día del Juicio Final, donde haría un giro en U y retrocedería en el tiempo, liberando un rayo gamma en el proceso. Volvería atrás hasta el big bang original, y entonces haría otro giro en U. El electrón repetiría entonces viajes en zigzag hacia atrás y hacia delante, desde el big bang al Día del Juicio Final. Nuestro universo en el siglo XXI es solo un corte en el tiempo de este viaje del electrón, en el que vemos billones de electrones y antielectrones, es decir, el universo visible. Por extraña que esta teoría pueda parecer, explicaría un hecho curioso de la teoría cuántica: por qué todos los electrones son iguales. En física no se pueden etiquetar los electrones. No hay electrones verdes o electrones Juanito. Los electrones no tienen individualidad. No se puede «marcar» un electrón, como los científicos marcan a veces a los animales salvajes para estudiarlos. Quizá la razón es que el universo entero consiste en el mismo electrón, solo que rebotando atrás y adelante en el tiempo.)

Pero si la antimateria es materia ordinaria que va hacia atrás en el tiempo ¿es posible enviar un mensaje al pasado? ¿Es posible enviar el *Wall Street Journal* de hoy al pasado para que uno pueda hacer una buena operación en la Bolsa?

La respuesta es no.

Si tratamos la antimateria como tan solo otra forma exótica de materia y entonces hacemos un experimento con antimateria, no hay violaciones de causalidad. Causa y efecto siguen siendo iguales. Si ahora invertimos la flecha del tiempo para el antielectrón, y lo enviamos hacia atrás en el tiempo, solo hemos realizado una operación matemática. La física sigue siendo la misma. Nada ha cambiado físicamente. Todos los resultados experimentales siguen siendo los mismos. Por eso es absolutamente válido ver el electrón yendo hacia atrás y hacia delante en el tiempo. Pero cada vez que el electrón va hacia atrás en el tiempo, simplemente satisface el pasado. Por ello parece como si las soluciones adelantadas procedentes del futuro fueran realmente necesarias para tener una teoría cuántica consistente, pero no violan la causalidad. (De hecho, sin estas extrañas ondas adelantadas la causalidad se violaría en la teoría cuántica. Feynman demostró que si sumamos la contribución de las ondas adelantadas y retardadas, encontramos que los términos que podrían violar la causalidad se cancelan exactamente. Así pues, la antimateria es esencial para preservar la causalidad. Sin antimateria, la causalidad podría venirse abajo.)

Feynman desarrolló el germen de esta idea descabellada hasta que finalmente cristalizó en una completa teoría cuántica del electrón. Su creación, la electrodinámica cuántica (QED), ha sido verificada experimentalmente hasta una precisión de una parte en 10.000 millones, lo que la hace una de las teorías más precisas de todos los tiempos. Le valió a él y a sus colegas Julian Schwinger y Sin-Itiro Tomonaga el premio Nobel en 1965.

(En el discurso de aceptación del premio Nobel, Feynman dijo que cuando era joven se había enamorado impulsivamente de estas ondas adelantadas procedentes del futuro, como quien se enamora de una hermosa joven. Hoy esa hermosa joven se ha convertido en una mujer adulta que es la madre de muchos niños. Uno de estos niños es su teoría de la electrodinámica cuántica.)

Taquiones procedentes del futuro

Además de ondas adelantadas procedentes del futuro (que han demostrado su utilidad una y otra vez en la teoría cuántica) hay aún otro concepto extraño de la teoría cuántica que parece igual de descabellado, aunque quizá no tan útil. Se trata de la idea de los «taquiones», que aparecen regularmente en *Star Trek*. Cada vez que los guionistas de *Star Trek* necesitan algún nuevo tipo de energía para realizar una operación mágica, acuden a los taquiones.

Los taquiones viven en un mundo extraño donde todo viaja más rápido que la luz. Cuando los taquiones pierden energía, viajan más rápidos, lo que viola el sentido común. De hecho, si pierden toda su energía viajan a velocidad infinita. Sin embargo, cuando los taquiones ganan energía se frenan hasta que alcanzan la velocidad de la luz.

Lo que hace tan extraños a los taquiones es que tienen masa imaginaria. (Por «imaginaria» entendemos que su masa se ha multiplicado por la raíz cuadrada de menos uno, o «i».) Si simplemente tomamos las famosas ecuaciones de Einstein y sustituimos «m» por «im», sucede algo maravilloso. De repente, todas las partículas viajan más rápidas que la luz.

Este resultado da lugar a extrañas situaciones. Si un taquión atraviesa la materia, pierde energía porque colisiona con átomos. Pero cuando pierde energía se acelera, lo que aumenta sus colisiones con los átomos. Estas colisiones deberían hacer que pierda más energía y con ello se acelere todavía más. Puesto que esto crea un círculo vicioso, el taquión alcanza de manera natural una velocidad infinita por sí solo.

(Los taquiones son diferentes de la antimateria y la materia negativa. La antimateria tiene energía positiva, viaja a una velocidad menor que la de la luz y puede crearse en nuestros aceleradores de partículas. Cae bajo la acción de la gravedad, según la teoría. La anti-materia corresponde a materia ordinaria que va hacia atrás en el tiempo. La materia negativa tiene energía negativa y también viaja a velocidad menor que la de la luz, pero asciende bajo la acción de la gravedad. La materia negativa no se ha encontrado nunca en el laboratorio. En teoría, en grandes cantidades podría usarse para alimentar máquinas del tiempo. Los taquiones viajan más rápidos que la luz y tienen masa imaginaria; no está claro si ascienden o caen bajo la gravedad. Tampoco estos se han encontrado en el laboratorio.)

Por extraños que sean los taquiones, han sido estudiados seriamente por los físicos, incluidos el finado Gerald Feinberg de la Universidad de Columbia y George Sudarshan de la Universidad de Texas, en Austin. El problema es que nadie ha visto nunca un taquión en el laboratorio. La evidencia experimental clave a favor de los taquiones sería una violación de causalidad. Feinberg sugirió incluso que los físicos examinaran un haz láser antes de que fuera conectado. Si los taquiones existen, entonces quizá la luz del haz láser podría detectarse incluso antes de encender el aparato.

En las historias de ciencia ficción se utilizan los taquiones regularmente para enviar mensajes a videntes en el pasado. Pero si se examina la física no está claro que esto sea posible. Feinberg, por ejemplo, creía que la emisión de un taquión que fuera hacia delante en el tiempo era idéntica a la absorción de un taquión de energía negativa que fuera hacia atrás en el tiempo (similar a la situación con respecto a la antimateria) y con ello no había violación de causalidad.

Aparte de la ciencia ficción, hoy la interpretación moderna de los taquiones es que podrían haber existido en el instante del big bang, violando la causalidad, pero ya no existen. De hecho, podrían haber desempeñado un papel esencial en provocar el «bang» del universo en primer lugar. En este sentido, los taquiones son esenciales para algunas teorías del big bang.

Los taquiones tienen una propiedad peculiar. Cuando se introducen en cualquier teoría, desestabilizan el «vacío», es decir, el estado de mínima energía de un sistema. Si un sistema tiene taquiones está en un «falso vacío», de modo que el sistema es inestable y decaerá al verdadero vacío.

Pensemos en una presa que retiene al agua en un pantano. Esto representa el «falso vacío». Aunque la presa parece perfectamente estable, hay un estado de energía que está más bajo que la presa. Si se abre una grieta en la presa y el agua se filtra por ella hasta que se rompe, el sistema alcanza el verdadero vacío cuando el agua fluye hasta el nivel del mar.

Del mismo modo, se cree que el universo antes del big bang partió del falso vacío, en el que había taquiones. Pero la presencia de taquiones significaba que este no era el estado de mínima energía, y por ello el sistema era inestable. En el tejido del espacio-tiempo apareció un minúsculo «desgarrón» que representaba el verdadero vacío. Cuando el desgarrón se hizo más grande, surgió una burbuja. Fuera de la burbuja los taquiones siguen existiendo, pero en su interior han desaparecido todos los taquiones. Cuando la burbuja se expande encontramos el universo tal como lo conocemos, sin taquiones. Eso es el big bang.

Una teoría que toman muy en serio los cosmólogos es que un taquión, llamado el «inflatón», inició el proceso de inflación original. Como he mencionado antes, la teoría del universo inflacionario afirma que el universo empezó como una minúscula burbuja de espacio-tiempo que experimentó una fase inflacionaria turbocargada. Los físicos creen que el universo empezó originalmente en el estado de falso vacío, donde el campo inflatón era un taquión. Pero la presencia de un taquión desestabilizó el vacío y formó burbujas minúsculas. Dentro de una de estas burbujas el campo inflaton tomó el estado de verdadero vacío. Esta burbuja empezó entonces a inflarse rápidamente, hasta que se convirtió en nuestro universo. En el interior de nuestro universo-burbuja la inflación ha desaparecido, de modo que ya no puede detectarse en nuestro universo. Por ello los taquiones representan un estado cuántico extraño en el que los objetos van más rápidos que la luz y quizá incluso violan la causalidad. Pero ellos desaparecieron hace mucho tiempo, y quizá dieron lugar al propio universo.

Todo esto puede sonar como especulación ociosa que no es comprobable. Pero la teoría del falso vacío tendrá su primer test experimental, a partir de 2008, cuando se ponga en marcha el gran colisionador de hadrones en las afueras de Ginebra, Suiza. Uno de los objetivos clave del LHC es encontrar el «bosón de Higgs«, la última partícula en el modelo estándar, la única que está por encontrar. Es la última pieza de este rompecabezas. (La partícula de Higgs es tan importante pero tan escurridiza que el premio Nobel Leon Lederman la llamó «la partícula divina».)

Los físicos creen que el bosón de Higgs empezó originalmente como un taquión. En el falso vacío ninguna de las partículas subatómicas tenía masa. Pero su presencia desestabilizó el vacío, y el universo hizo una transición a un nuevo vacío en el que el bosón de Higgs se convirtió en una partícula ordinaria. Después de la transición de un taquión a una partícula ordinaria, las partículas subatómicas empezaron a tener las masas que medimos hoy en el laboratorio. Así pues, el descubrimiento del bosón de Higgs no solo completará la última pieza que falta en el modelo estándar, sino que también verificará que el estado taquiónico existió una vez pero se ha transformado en una partícula ordinaria.

En resumen, la precognición está descartada por la física newtoniana. La regla de hierro de causa y efecto nunca se viola. En la teoría cuántica son posibles nuevos estados de materia, tales como antimateria, que corresponden a materia que va hacia atrás en el tiempo, pero la causalidad no se viola. De hecho, en una teoría cuántica la antimateria es esencial para restaurar la causalidad. A primera vista los taquiones parecen violar la causalidad, pero los físicos creen que su verdadero propósito era desencadenar el big bang y por ello ya no son observables.

Por consiguiente, la precognición parece estar descartada, al menos en el futuro previsible, lo que la hace una imposibilidad de clase III. Si se probara alguna vez la precognición en experimentos reproducibles, ello causaría una conmoción importante en los mismos fundamentos de la física moderna.

Epílogo

El futuro de lo imposible

No hay nada tan grande ni tan descabellado que alguna de entre un millón de sociedades tecnológicas no se sienta impulsada a hacer, con tal de que sea físicamente posible.

FREEMAN DYSON

El destino no es cuestión de azar; es cuestión de elección. No es algo que hay que esperar; es algo que hay que conseguir.

WILLIAM JENNINGS BRYAN

¿Hay verdades que estarán para siempre más allá de nuestro alcance? ¿Hay dominios del conocimiento que estarán fuera de las capacidades de incluso una civilización avanzada? De todas las tecnologías analizadas hasta ahora, solo las máquinas de movimiento perpetuo y la precognición caen en la categoría de imposibilidades de clase III. ¿Hay otras tecnologías que sean imposibles de un modo similar?

Las matemáticas puras son ricas en teoremas que demuestran que ciertas cosas son realmente imposibles. Un sencillo ejemplo es que es imposible trisecar un ángulo utilizando solo regla y compás; esto fue demostrado ya en 1837.

Incluso en sistemas simples tales como la aritmética hay imposibilidades. Como he mencionado antes, es imposible demostrar todos los enunciados verdaderos de la aritmética dentro de los postulados de la aritmética. La aritmética es incompleta. Siempre habrá enunciados verdaderos en la aritmética que solo pueden ser demostrados si pasamos a un sistema mucho mayor que incluye a la aritmética como un subconjunto.

Aunque hay cosas imposibles en matemáticas, siempre es peligroso declarar que algo es absolutamente imposible en las ciencias físicas. Permítanme recordar una charla que dio el premio Nobel Albert A. Michelson en 1894 con ocasión de la dedicatoria del Ryerson Physical Lab en la Universidad de Chicago, en la que declaraba que era imposible descubrir cualquier nueva física: «Todas las leyes y los hechos más fundamentales de la ciencia física han sido ya descubiertos, y están ahora tan firmemente establecidos que la posibilidad de que sean sustituidos alguna vez como consecuencia de nuevos descubrimientos es extraordinariamente remota. [...] Nuestros futuros descubrimientos deben buscarse en la sexta cifra decimal».

Sus comentarios fueron pronunciados en la víspera de algunas de las más grandes convulsiones en la historia de la ciencia, la revolución cuántica de 1900 y la revolución de la relatividad de 1905. La moraleja es que las cosas que hoy son imposibles violan las leyes de la física conocidas, pero las leyes de la física, tal como las conocemos, pueden cambiar.

En 1825 el gran filósofo francés Auguste Comte, en su *Course de Philosophie*, declaraba que para la ciencia era imposible determinar de qué estaban hechas las estrellas. Esto parecía una apuesta segura en la época, puesto que no se sabía nada sobre la naturaleza de las estrellas. Estaban tan lejanas que era imposible visitarlas. Pero solo pocos años después de que se hiciera esta afirmación, los físicos (por medio de la espectroscopia) declararon que el Sol estaba formado por hidrógeno. De hecho, ahora sabemos que analizando las líneas espectrales en la luz de las estrellas emitida hace miles de millones de años es posible determinar la naturaleza química de la mayor parte del universo.

Comte retaba al mundo de la ciencia con una lista de otras «imposibilidades»:

• Afirmaba que la «estructura última de los cuerpos debe transcender siempre a nuestro conocimiento». En otras palabras, era imposible conocer la verdadera naturaleza de la materia.

• Pensaba que nunca podrían utilizarse las matemáticas para explicar la biología y la química. Era imposible, afirmaba, reducir estas ciencias a matemáticas.

• Creía que era imposible que el estudio de los cuerpos celestes tuviera algún impacto en los asuntos humanos.

En el siglo XIX era razonable proponer estas «imposibilidades» puesto que se conocía muy poco de la ciencia fundamental. No se sabía casi nada de los secretos de la materia y la vida. Pero hoy tenemos la teoría atómica, que ha abierto todo un nuevo dominio de investigación científica sobre la estructura de la materia. Conocemos el ADN y la teoría cuántica, que han desvelado los secretos de la vida y la química. También sabemos de los impactos de meteoritos procedentes del espacio, que no solo han influido en el curso de la vida en la Tierra sino que también han ayudado a conformar su existencia misma.

El astrónomo John Barrow señala: «Los historiadores aún debaten si las ideas de Comte fueron parcialmente responsables del posterior declive de la ciencia francesa».[1]

El matemático David Hilbert, rechazando las afirmaciones de Comte, escribió: «A mi modo de ver, la verdadera razón por la que Comte no pudo encontrar un problema insoluble yace en el hecho de que no hay tal cosa como un problema insoluble».[2]

Pero hoy algunos científicos están planteando un nuevo conjunto de imposibilidades: nunca sabremos lo que sucedió antes del big bang (o por qué hizo «bang» en primer lugar), y nunca conseguiremos una «teoría del todo».

El físico John Wheeler comentaba la primera cuestión «imposible» cuando escribió: «Hace doscientos años uno podía preguntar a cualquiera, "¿podremos entender algún día cómo nació la vida?" y él te hubiera dicho "¡Absurdo! ¡Imposible!". Yo tengo la misma sensación con la pregunta, "¿Entenderemos alguna vez cómo nació el universo?"».[3]

El astrónomo John Barrow añade: «La velocidad a la que viaja la luz está limitada, y así lo está, por consiguiente, nuestro conocimiento de la estructura del universo. No podemos saber si es finito o infinito, si tuvo un comienzo o tendrá un fin, si la estructura de la física es la misma en todas partes o si el universo es en definitiva un lugar ordenado o desordenado. [...] Todas las grandes cuestiones sobre la naturaleza del universo, desde su principio a su fin, resultan ser imposibles de responder».[4]

Barrow tiene razón al decir que nunca conoceremos, con absoluta certeza, la verdadera naturaleza del universo en todo su esplendor. Pero es posible recortar poco a poco estas eternas preguntas y acercarnos mucho a la respuesta. Más que representar las fronteras absolutas de nuestro conocimiento, es mejor ver estas «imposibilidades» como los desafíos que aguardan a la próxima generación de científicos. Estos límites son como hojaldres, hechos para romperse.

DETECTANDO LA ERA PRE–BIG BANG

En el caso del big bang, se está construyendo una nueva generación de detectores que podrían zanjar algunas de estas eternas preguntas. Hoy nuestros detectores de radiación en el espacio exterior solo pueden medir la radiación de microondas emitida 300.000 años después del big bang, cuando se formaron los primeros átomos. Es imposible utilizar esta radiación de microondas para sondear un tiempo anterior a 300.000 años después del big bang porque la radiación de la bola de fuego original era demasiado caliente y aleatoria para dar información útil.

Pero si analizamos otros tipos de radiación podemos llegar aún más cerca del big bang. Detectar neutrinos, por ejemplo, puede acercarnos más al instante del big bang (los neutrinos son tan escurridizos que pueden atravesar todo un sistema solar hecho de plomo sólido). La radiación de neutrinos puede llevarnos a tan solo algunos segundos después del big bang.

Pero quizá el último secreto del big bang sea revelado al examinar «ondas de gravedad», ondas que se mueven a lo largo del tejido del espacio-tiempo. Como dice el físico Rocky Kolb de la Universidad de Chicago: «Midiendo las propiedades del fondo de neutrinos podemos mirar atrás hasta un segundo después del bang. Pero las ondas gravitatorias procedentes de la inflación son reliquias del universo 10^{-35} segundos después del bang».[5]

Las ondas de gravedad fueron predichas por primera vez por Einstein en 1916; con el tiempo pueden convertirse en la sonda más importante para la astronomía. Históricamente, cada vez que se ha dominado una nueva forma de radiación se ha abierto una nueva era en astronomía. La primera forma de radiación era la luz visible, utilizada por Galileo para investigar el sistema solar. La segunda forma de radiación fue las ondas de radio, que nos permitieron sondear los centros de las galaxias para encontrar agujeros negros. Los detectores de ondas de gravedad pueden desvelar los secretos mismos de la creación.

En cierto sentido, las ondas de gravedad tienen que existir. Para verlo, consideremos la vieja pregunta: ¿qué sucedería si el Sol desapareciera de repente? Según Newton, sentiríamos los efectos inmediatamente. La Tierra se desviaría instantáneamente de su órbita y se hundiría en la oscuridad. Esto se debe a que la ley de la gravedad de Newton no tiene en cuenta la velocidad, y por ello las fuerzas actúan instantáneamente a través del universo. Pero según Einstein, nada puede viajar más rápido que la luz, de modo que se necesitarían ocho minutos para que la información de la desaparición del Sol llegara a la Tierra. En otras palabras, una «onda de choque» esférica de gravedad saldría del Sol y al final incidiría en la Tierra. Fuera de esta esfera de ondas de gravedad parecería como si el Sol aún estuviera brillando normalmente, porque la información sobre la desaparición del Sol no habría llegado a la Tierra. Sin embargo, dentro de esta esfera de ondas de gravedad el Sol ya habría desaparecido, pues la onda de choque en expansión de ondas de gravedad viaja a la velocidad de la luz.

Otra manera de ver por qué deben existir las ondas de gravedad es visualizar una gran sábana. Según Einstein, el espacio-tiempo es un tejido que puede distorsionarse o estirarse, como una sábana curvada. Si cogemos una sábana y la agitamos rápidamente, vemos que las ondas se propagan por la superficie de la sábana y viajan a una velocidad definida. De la misma forma, las ondas de gravedad pueden verse como ondas que viajan a lo largo del tejido del espacio-tiempo. Las ondas de gravedad están entre los temas más rápidamente cambiantes en la física actual. En 2003 empezaron a funcionar los primeros detectores de ondas de gravedad a gran escala, llamados LIGO (Observatorio de Ondas Gravitatorias por Interferometría Láser), que miden 4 kilómetros de longitud, uno situado en Hanford, Washington, y otro en Livingston Parish, Luisiana. Se espera que LIGO, con un coste de 365 millones de dólares, podrá detectar radiación procedente de estrellas de neutrones y agujeros negros en colisión.

El próximo gran salto tendrá lugar en 2015, cuando se lance una nueva generación de satélites que analizarán la radiación gravitatoria en el espacio exterior procedente del instante de la creación. Los tres satélites que constituyen LISA (Antena Espacial por Interferometría Láser), un proyecto conjunto de la NASA y la Agencia Espacial Europea, serán puestos en órbita alrededor del Sol. Estos satélites serán capaces de detectar ondas gravitatorias emitidas menos de una billonésima de segundo después del big bang. Si sobre uno de los satélites incide una onda de gravedad procedente del big bang que aún circula por el universo, dicha onda perturbará los haces láser, y esta perturbación puede medirse de una manera precisa y darnos «fotografías de bebé» del mismo instante de la creación.

LISA consiste en tres satélites que circulan alrededor del Sol dispuestos en triángulo, conectados por haces láser de 5 millones de kilómetros de longitud, lo que lo convierte en el mayor instrumento nunca creado en la ciencia. Este sistema de tres satélites orbitará en torno al Sol a unos 50 millones de kilómetros de la Tierra.

Cada satélite emitirá un haz láser de solo medio vatio de potencia. Comparando los haces láser procedentes de los otros dos satélites, cada satélite podrá construir una figura de interferencia luminosa. Si la onda de gravedad perturba los haces láser, cambiará la figura de interferencia, y el satélite podrá detectar esta perturbación. (La onda de gravedad no hace que los satélites vibren. En realidad crea una distorsión en el espacio entre los tres satélites.)

Aunque los haces láser muy son muy débiles, su precisión será sorprendente. Podrán detectar vibraciones de hasta una parte en mil trillones, lo que corresponde a un cambio de 1/100 del tamaño de un átomo. Cada haz láser podrá detectar una onda de gravedad desde una distancia de 9.000 millones de años luz, que cubre la mayor parte del universo visible.

LISA tiene sensibilidad para diferenciar potencialmente entre varios escenarios «pre-big bang». Uno de los temas más candentes hoy en física teórica es calcular las características del universo pre-big bang. Actualmente, la inflación puede describir muy bien cómo evolucionó el universo una vez que se produjo el big bang. Pero la inflación no puede explicar por qué se produjo el big bang en primer lugar. El objetivo es utilizar estos modelos especulativos de la era pre-big bang para calcular la radiación gravitatoria emitida por el big bang. Cada una de las diversas teorías pre-big bang hace predicciones diferentes. La radiación big bang predicha por la teoría del big splat, por ejemplo, difiere de la radiación predicha por algunas de las teorías de inflación, de modo que LISA podría descartar varias de estas teorías. Obviamente, estos modelos pre-big bang no pueden ser comprobados de manera directa, puesto que implican comprender el universo antes de la creación del tiempo mismo, pero podemos comprobarlo indirectamente ya que cada una de estas teorías predice un espectro diferente para la radiación que emerge inmediatamente después del big bang.

El físico Kip Thorne escribe: «En algún momento entre 2008 y 2030 se descubrirán ondas gravitatorias procedentes de la singularidad del big bang. Seguirá una era que durará al menos hasta 2050. [...] Estos trabajos revelarán detalles íntimos de la singularidad del big bang, y con ello verificarán que alguna versión de la teoría de cuerdas es la teoría cuántica de la gravedad correcta».[6]

Si LISA es incapaz de distinguir entre las diferentes teorías pre-big bang, su sucesor el BBO (Observador del Big Bang) podría hacerlo. Su lanzamiento está programado provisionalmente para 2025. El BBO podrá examinar todo el universo en busca de todos los sistemas binarios que incluyan estrellas de neutrones y agujeros negros con masas menores que mil veces la masa del Sol. Pero su objetivo principal es analizar ondas de gravedad emitidas durante la fase inflacionaria del big bang. En este sentido, el BBO está diseñado específicamente para sondear las predicciones de la teoría del big bang inflacionario.

El BBO tiene un diseño algo parecido al de LISA. Consiste en tres satélites que se mueven juntos en una órbita alrededor del Sol, separados entre sí unos 50.000 kilómetros (estos satélites estarán más próximos uno de otro que los de LISA). Cada satélite podrá disparar un láser de 300 vatios de potencia. BBO podrá sondear ondas de gravedad con frecuencias entre las de LIGO y LISA, lo que llena una laguna importante. (LISA puede detectar ondas de gravedad de frecuencias entre 10 y 3.000 hercios, mientras que LIGO puede detectar ondas de gravedad de frecuencias entre 10 microhercios y 10 milihercios. BBO podrá detectar frecuencias que incluyen ambos intervalos.)

«Para 2040 habremos utilizado dichas leyes [de gravedad cuántica] para dar respuestas con alto grado de confianza a muchas preguntas profundas e intrigantes» —escribe Thorne—, incluidas ¿qué hubo antes de la singularidad del big bang, o había siquiera un "antes"? ¿Hay otros universos? Y si los hay, ¿cómo están relacionados o conectados con nuestro propio universo? […] ¿Permiten las leyes de la física que civilizaciones muy avanzadas creen y mantengan agujeros de gusano para viajes interestelares, y creen máquinas del tiempo para viajar hacia atrás en el tiempo?»[7]

Lo importante es que en las próximas décadas debería haber datos suficientes procedentes de los detectores de ondas de gravedad en el espacio para distinguir entre las diferentes teorías pre-big bang.

EL FINAL DEL UNIVERSO

El poeta T. S. Eliot preguntaba: «¿Morirá el universo con un estallido o con un susurro?». Robert Frost planteaba: «¿Pereceremos todos en fuego o en hielo?». La evidencia más reciente apunta a un universo que muere en un big freeze, en que las temperaturas llegarán casi al cero absoluto y toda la vida inteligente se extinguirá. Pero ¿podemos estar seguros?

Algunos han planteado otra pregunta «imposible». ¿Cómo sabremos alguna vez el destino final del universo, preguntan, si este suceso está a billones y billones de años en el futuro? Los científicos creen que la energía oscura o energía del vacío parece estar separando las galaxias a un ritmo cada vez mayor, lo que indica que el universo parece estar desbocado. Tal expansión enfriaría la temperatura del universo y llevaría finalmente al big freeze. Pero ¿es esta expansión temporal? ¿Podría invertirse en el futuro?

Por ejemplo, en el escenario big splat, en el que dos membranas colisionan y crean el universo, parece como si las membranas pudieran colisionar periódicamente. Si es así, entonces la expansión que podría llevar a un big freeze es solo un estado temporal que se invertirá.

Lo que está impulsando la actual aceleración del universo es la energía oscura, que a su vez está causada probablemente por la «constante cosmológica». Por consiguiente, la clave está en entender esta misteriosa constante, o la energía del vacío. ¿Varía la constante con el tiempo, o es realmente constante? Actualmente nadie lo sabe con certeza. Sabemos por el satélite WMAP que esta constante cosmológica parece estar impulsando la aceleración actual del universo, pero desconocemos si es permanente o no.

Este es en realidad un viejo problema, que se remonta a 1916, cuando Einstein introdujo por primera vez la constante cosmológica. Inmediatamente después de proponer la relatividad general el año anterior, desarrolló las implicaciones cosmológicas de su propia teoría. Para su sorpresa, encontró que el universo era dinámico, que se expandía o se contraía. Pero esta idea parecía contradecir los datos.

Einstein se estaba enfrentando a la paradoja de Bentley, que había desconcertado incluso a Newton. En 1692 el reverendo Richard Bentley escribió a Newton una carta inocente con una pregunta devastadora. Si la gravedad de Newton era siempre atractiva, preguntaba Bentley, entonces ¿por qué no colapsaba el universo? Si el universo consiste en un conjunto finito de estrellas que se atraen mutuamente, entonces las estrellas deberían juntarse y el universo debería colapsar en una bola de fuego. Newton quedó profundamente turbado por esta carta, puesto que señalaba un defecto clave de su teoría de la gravedad: *cualquier teoría de la gravedad que sea atractiva es intrínsecamente inestable.* Cualquier colección finita de estrellas colapsará inevitablemente bajo la acción de la gravedad.

Newton respondió que la única manera de crear un universo estable era tener un conjunto uniforme e infinita de estrellas, en donde cada estrella fuera atraída desde todas las direcciones de modo que todas las fuerzas se cancelaran. Era una solución ingeniosa, pero Newton era lo bastante inteligente para darse cuenta de que tal estabilidad sería engañosa. Como un castillo de naipes, la más minúscula vibración haría que todo colapsara. Era «metastable»; es decir, era temporalmente estable hasta que la más ligera perturbación lo aplastaría. Newton concluyó que Dios era necesario para dar pequeños empujones a las estrellas de vez en cuando, de modo que el universo no colapsara.

En otras palabras, Newton veía el universo como un gigantesco reloj, al que Dios había dado cuerda en el principio del tiempo y que obedecía las leyes de Newton. Desde entonces había marchado automáticamente, sin intervención divina. Sin embargo, según Newton, Dios era necesario para ajustar las estrellas de vez en cuando para que el universo no colapsara en una bola de fuego.

Cuando Einstein tropezó con la paradoja de Bentley en 1916, sus ecuaciones le decían correctamente que el universo era dinámico —estaba expandiéndose o contrayéndose— y que un universo estático era inestable y colapsaría debido a la gravedad. Pero los astrónomos insistían en esa época en que el universo era estático e invariable. Por eso Einstein, cediendo a las observaciones de los astrónomos, añadió la constante cosmológica, una fuerza antigravitatoria que separaba las estrellas para equilibrar la atracción gravitatoria que hacía que el universo colapsara. (Esta fuerza antigravitatoria corresponde a la energía contenida en el vacío. En esta imagen, incluso la enorme vaciedad del espacio contiene grandes cantidades de energía invisible.) Esa constante tendría que estar escogida de forma muy precisa para cancelar la fuerza atractiva de la gravedad.

Tiempo después, cuando Edwin Hubble demostró en 1929 que el universo se estaba expandiendo realmente, Einstein diría que la constante cosmológica fue su «mayor patinazo». Pero ahora, setenta años más tarde, parece como si el patinazo de Einstein, la constante cosmológica, pudiera ser la mayor fuente de energía del universo, pues constituye el 75 por ciento del contenido de materia-energía del universo. (Por el contrario, los elementos más pesados que forman nuestros cuerpos constituyen solo el 0,03 por ciento del universo.) El patinazo de Einstein determinará probablemente el destino final del universo.

Pero ¿de dónde procede esta constante cosmológica? Actualmente, nadie lo sabe. En el principio del tiempo, la fuerza antigravitatoria era quizá lo bastante grande para hacer que el universo se inflara, y creó el big bang. Luego desapareció repentinamente, por razones desconocidas. (El universo siguió expandiéndose durante ese período, pero a un ritmo más lento.) Y luego, unos 8.000 millones de años después del big bang, la fuerza antigravitatoria salió de nuevo a la superficie, para separar las galaxias y hacer que el universo se acelerara de nuevo.

Entonces, ¿es imposible determinar el destino final del universo? Quizá no. La mayoría de los físicos creen que los efectos cuánticos determinan en última instancia el tamaño de la constante cosmológica. Un cálculo sencillo, utilizando una versión primitiva de la teoría cuántica, muestra que la constante cosmológica está sobrestimada en un factor 10^{120}. Este es el mayor desajuste en la historia de la ciencia.

Pero también hay consenso entre los físicos en que esta anomalía significa sencillamente que necesitamos una teoría de la gravedad cuántica. Puesto que la constante cosmológica aparece a través de correcciones cuánticas, es necesario tener una teoría del todo, una teoría que nos permitirá no solo completar el modelo estándar, sino también calcular el valor de la constante cosmológica, que determinará el destino final del universo.

Por eso, una teoría del todo es necesaria para determinar el destino final del universo. La ironía es que algunos físicos creen que es imposible alcanzar una teoría del todo.

¿Una teoría del todo?

Como ya he mencionado, la teoría de cuerdas es el principal candidato para una teoría del todo, pero hay opiniones contrapuestas acerca de si la teoría de cuerdas hace honor a esta afirmación. Por una parte, personas como el profesor Max Tegmark del MIT escriben: «Creo que en 2056 se podrán comprar camisetas en las que estén impresas ecuaciones que describan las leyes físicas unificadas de nuestro universo».[8] Por otra parte, está surgiendo un grupo de críticos decididos que afirman que la moda de las cuerdas aún tiene que justificarse. Por muy numerosos que sean los artículos o documentales de televisión impactantes que se hacen sobre la teoría de cuerdas, esta aún tiene que producir un solo hecho que pueda ponerse a prueba, dicen algunos. Es una teoría de nada, antes que una teoría del todo, afirman los críticos. El debate se calentó considerablemente en 2002 cuando Stephen Hawking cambió de bando, citando el teorema de incompletitud, y dijo que una teoría del todo podría ser incluso matemáticamente imposible.

No es sorprendente que el debate haya enfrentado a físicos con físicos, pues el objetivo es imponente, aunque escurridizo. La búsqueda por unificar todas las leyes de la naturaleza ha tentado a físicos y filósofos por igual durante milenios. El propio Sócrates dijo en cierta ocasión: «Me parecía algo superlativo saber la explicación de todas las cosas: por qué nacen, por qué mueren, por qué son».

La primera propuesta seria para una teoría del todo data de aproximadamente el 500 a.C., fecha en que se atribuye a los pitagóricos griegos el haber descifrado las leyes matemáticas de la música. Entonces especularon que toda la naturaleza podía explicarse por las armonías de las cuerdas de una lira. (En cierto sentido, la teoría de cuerdas recupera el sueño de los pitagóricos.)

En tiempos modernos, casi todos los gigantes de la física del siglo xx probaron suerte con una teoría del campo unificado. Pero como advierte Freeman Dyson: «El suelo de la física está lleno de cadáveres de teorías unificadas».

En 1928 *The New York Times* publicó el sensacional titular «Einstein en el umbral de un gran descubrimiento; la intrusión se resiente». La noticia desencadenó un frenesí en los medios de comunicación acerca de una teoría del todo que alcanzó un tono febril. Los titulares decían: «Einstein sorprendido por el revuelo sobre la teoría. Mantiene a cien periodistas en vilo durante una semana». Montones de periodistas se congregaron alrededor de su casa en Berlín, en una vigilia continua, esperando captar un atisbo del genio y conseguir un titular. Einstein se vio obligado a entrar a escondidas.

El astrónomo Arthur Eddington escribió a Einstein: «Quizá le divierta oír que uno de nuestros grandes almacenes en Londres (Selfridges) ha desplegado su artículo en sus escaparates (las seis páginas pegadas una al lado de otra) para que los transeúntes puedan leerlo. Grandes multitudes se juntan para leerlo». (En 1923 Eddington propuso su propia teoría del campo unificado, en la cual trabajó incansablemente durante el resto de su vida, hasta su muerte en 1944.)

En 1946 Erwin Schrödinger, uno de los fundadores de la mecánica cuántica, convocó una conferencia de prensa para proponer su teoría del campo unificado. Incluso el primer ministro de Irlanda, Eamon de Valera, asistió a la misma. Cuando un periodista le preguntó qué haría si su teoría fuera errónea, Schrödinger respondió: «Creo que estoy en lo cierto. Quedaré como un terrible estúpido si estoy equivocado». (Schrödinger quedó humillado cuando Einstein señaló diplomáticamente los errores en su teoría.)

El más severo de todos los críticos de la unificación fue el físico Wolfgang Pauli. Reprobaba a Einstein diciendo que «Lo que Dios ha separado, que no lo una el hombre». Se burlaba despiadadamente de toda teoría a medio hacer con el sarcasmo «Ni siquiera es falsa». Por eso resulta irónico que el propio Pauli, el cínico supremo, cayera en ello. En los años cincuenta propuso su propia teoría del campo unificado con Werner Heisenberg.

En 1958 Pauli presentó la teoría unificada de Heisenberg-Pauli en la Universidad de Columbia. Niels Bohr estaba entre el público y no quedó impresionado. Bohr se levantó y dijo: «Aquí estamos convencidos de que su teoría es descabellada. Pero en lo que no estamos de acuerdo es en si es suficientemente descabellada». La crítica era demoledora. Puesto que todas las teorías obvias habían sido consideradas y rechazadas, la verdadera teoría del campo unificado debía apartarse abiertamente del pasado. La teoría de Heisenberg-Pauli era demasiado convencional, demasiado ordinaria, demasiado cuerda para ser la teoría verdadera. (Ese año Pauli se molestó cuando Heisenberg comentó en una emisión radiofónica que solo quedaban unos pocos detalles técnicos en su teoría. Pauli envió a sus amigos una carta con un rectángulo en blanco, con el pie: «Esto es para mostrar al mundo que puedo pintar como Tiziano. Solo faltan detalles técnicos.»)

CRÍTICAS A LA TEORÍA DE CUERDAS

Hoy, el principal (y único) candidato para una teoría del todo es la teoría de cuerdas. Pero, una vez más, ha surgido un rechazo. Los adversarios señalan que para conseguir un puesto permanente en una universidad importante hay que trabajar en teoría de cuerdas. Si no, uno se queda sin empleo. Es la moda del momento, y eso no es bueno para la física.[9]

Yo sonrío cuando oigo esta crítica, porque la física, como todas las empresas humanas, está sujeta a modas y manías. La suerte de las grandes teorías, especialmente las que trabajan en la frontera del conocimiento humano, puede subir y bajar como las faldas. De hecho, hace años cambiaron las tornas; la teoría de cuerdas era históricamente una paria, una teoría renegada, la víctima de la moda.

La teoría de cuerdas nació en 1968, cuando dos jóvenes posdoctorados, Gabriel Veneziano y Mahiko Suzuki, tropezaron con una fórmula que parecía describir la colisión de partículas subatómicas. Enseguida se descubrió que esta maravillosa fórmula podía derivarse de la colisión de cuerdas vibrantes. Pero en 1974 la teoría estaba muerta. Una nueva teoría, la cromodinámica cuántica (QCD), o la teoría de los quarks y las interacciones fuertes, era una apisonadora que aplastaba a las demás teorías. Los físicos abandonaron en masa la teoría de cuerdas para ponerse a trabajar en QCD. Todos los fondos, empleos y reconocimientos iban a los físicos que trabajaban en el modelo de quarks.

Recuerdo bien esos años oscuros. Solo los locos o los tozudos siguieron trabajando en teoría de cuerdas. Y cuando se supo que estas cuerdas solo podían vibrar en diez dimensiones, la teoría se convirtió en objeto de chanzas. El pionero de las cuerdas John Schwarz, del Caltech, coincidía a veces con Richard Feynman en el ascensor. Siempre bromista, Feynman preguntaba: «Bueno, John, ¿en cuántas dimensiones estás hoy?». Solíamos bromear diciendo que el único lugar para encontrar a un teórico de cuerdas era en la cola del paro. (El premio Nobel Murray Gell-Mann, fundador del modelo de quarks, me confesó una vez que se apiadó de los teóricos de cuerdas y creó en el Caltech «una reserva natural para teóricos de cuerdas en peligro de extinción» para que la gente como John no perdiera sus empleos.)

En vista de que hoy muchos jóvenes físicos se lanzan a trabajar en teoría de cuerdas, Steven Weinberg ha escrito: «La teoría de cuerdas proporciona nuestra única fuente actual de candidatos para una teoría final, ¿cómo podría alguien esperar que muchos de los más brillantes teóricos jóvenes no trabajaran en ella?».

¿ES IMPOSIBLE PONER A PRUEBA LA TEORÍA DE CUERDAS?

Una crítica importante hoy a la teoría de cuerdas es que no se puede poner a prueba. Se necesitaría un colisionador de átomos del tamaño de la galaxia para poner a prueba esta teoría, dicen los críticos.

Pero esta crítica olvida el hecho de que la mayor parte de la ciencia se hace indirectamente, no directamente. Nadie ha visitado aún el Sol para hacer una prueba directa, pero sabemos que está hecho de hidrógeno porque podemos analizar sus líneas espectrales.

O tomemos los agujeros negros. La teoría de los agujeros negros se remonta a 1783, cuando John Michell publicó un artículo en las *Philosophical Transaction of the Royal Society*. Él afirmaba que una estrella podía ser tan masiva que «toda la luz emitida desde un cuerpo semejante estaría obligada a volver a él por su propia gravedad». La teoría de la «estrella oscura» de Michell languideció durante siglos porque era imposible una prueba directa. Incluso Einstein escribió un artículo en 1939 que demostraba que una estrella semejante no podía formarse por medios naturales. La crítica era que estas estrellas oscuras eran intrínsecamente incomprobables porque eran, por definición, invisibles. Pero hoy el telescopio espacial Hubble nos ha dado bellas pruebas de agujeros negros. Ahora creemos que millones de ellos pueden esconderse en los corazones de las galaxias; montones de agujeros negros errabundos podrían existir en nuestra propia galaxia. Pero el punto importante es que toda prueba a favor de los agujeros negros es indirecta; es decir, hemos reunido información sobre los agujeros negros analizando el disco de acreción que gira como un torbellino a su alrededor.

Además, muchas teorías «incomprobables» se hacen con el tiempo comprobables. Se necesitaron dos mil años para demostrar la existencia de los átomos después de que fueran propuestos inicialmente por Demócrito. Físicos del siglo XIX como Ludwig Boltzmann fueron acosados hasta la muerte por creer esa teoría, pero hoy tenemos bellas fotografías de átomos. El propio Pauli introdujo el concepto de neutrino en 1930, una partícula tan escurridiza que puede atravesar un bloque de plomo del tamaño de todo un sistema estelar sin ser absorbida. Pauli dijo: «He cometido un pecado capital; he introducido una partícula que nunca podrá observarse». Era «imposible» detectar el neutrino, y durante varias décadas se consideró poco más que ciencia ficción. Pero hoy podemos producir haces de neutrinos.

Hay, de hecho, varios experimentos con los que los físicos esperan obtener los primeros tests indirectos de la teoría de cuerdas:

• El gran colisionador de hadrones (LHC) podría ser suficientemente potente para producir «spartículas», o superpartículas, que son las vibraciones más altas predichas por la teoría de cuerdas (así como por otras teorías supersimétricas).

• Como ya he mencionado, en 2015 el LISA será lanzado al espacio. LISA y su sucesor, el BBO, pueden ser suficientemente sensibles para poner a prueba varias teorías «pre-big bang», incluidas versiones de la teoría de cuerdas.

• Varios laboratorios están investigando la presencia de dimensiones más altas buscando desviaciones de la famosa ley de Newton de la inversa del cuadrado en la escala milimétrica. (Si hay una cuarta dimensión espacial, entonces la gravedad debería decrecer con la inversa del cubo, no con la inversa del cuadrado). La versión más reciente de la teoría de cuerdas (la teoría M) predice que hay once dimensiones.

• Muchos laboratorios están tratando de detectar materia oscura, puesto que la Tierra se está moviendo en un viento cósmico de materia oscura. La teoría de cuerdas hace predicciones concretas y comprobables sobre las propiedades físicas de la materia oscura porque la materia oscura es probablemente una vibración superior de la cuerda (por ejemplo, el fotino).

• Se espera que una serie de experimentos adicionales (por ejemplo, sobre polarización de neutrinos en el polo sur) detectarán la presencia de miniagujeros negros y otros objetos extraños a partir del análisis de anomalías en los rayos cósmicos, cuyas energías pueden superar fácilmente las del LHC. Los experimentos con rayos cósmicos y en el LHC abrirán una nueva y excitante frontera más allá del modelo estándar.

• Y hay algunos físicos que mantienen la posibilidad de que el big bang fue tan explosivo que quizá una minúscula supercuerda fuera ampliada a proporciones astronómicas. Como escribe el físico Alexander Vilenkin de la Universidad de Tufts: «Una posibilidad muy excitante es que las supercuerdas [...] puedan tener dimensiones astronómicas. [...] Entonces podríamos observarlas en el cielo y poner a prueba directamente la teoría de supercuerdas».[10] (La probabilidad de encontrar una enorme supercuerda, reliquia de una cuerda que fuera ampliada en el big bang, es muy pequeña.)

¿ESTÁ LA FÍSICA INCOMPLETA?

En 1980 Stephen Hawking avivó el interés en una teoría del todo con una conferencia titulada «¿Está a la vista el final de la física teórica?», en la que afirmaba: «Es posible que algunos de los aquí presentes lleguen a ver una teoría completa». Afirmaba que había una probabilidad del 50 por ciento de encontrar una teoría final en los próximos veinte años. Pero cuando llegó el año 2000 y no había consenso sobre la teoría del todo, Hawking cambió de opinión y dijo que había una probabilidad del 50 por ciento de encontrarla en otros veinte años.

Luego, en 2002, Hawking cambió de opinión una vez más y declaró que quizá el teorema de incompletitud de Gödel sugería un defecto fatal en su línea de pensamiento. Escribió: «Algunas personas quedarán muy decepcionadas si no hay una teoría final que pueda formularse como un número finito de principios. Yo pertenecía a ese grupo, pero he cambiado de opinión. [...] El teorema de Gödel aseguró que siempre habría trabajo para un matemático. Pienso que la teoría M hace lo mismo para los físicos».

Su argumento es viejo: puesto que las matemáticas son incompletas y el lenguaje de la física es las matemáticas, siempre habrá enunciados físicos verdaderos que estarán más allá de nuestro alcance, y por ello no es posible una teoría del todo. Puesto que el teorema de incompletitud acabó con el sueño griego de demostrar todos los enunciados verdaderos en matemáticas, también pondrá a una teoría del todo más allá de nuestro alcance para siempre.

Freeman Dyson lo dijo de forma elocuente cuando escribió: «Gödel demostró que el mundo de las matemáticas puras es inagotable; ningún conjunto finito de axiomas y reglas de inferencia puede abarcar la totalidad de las matemáticas. [...] Yo espero que una situación análoga exista en el mundo físico. Si mi visión del futuro es correcta, ello significa que el mundo de la física y de la astronomía es también inagotable; por mucho que avancemos hacia el futuro, siempre sucederán cosas nuevas, habrá nueva información, nuevos mundos que explorar, un dominio en constante expansión de vida, consciencia y memoria».

El astrofísico John Barrow resume el argumento de esta manera: «La ciencia se basa en las matemáticas; las matemáticas no pueden descubrir todas las verdades; por lo tanto, la ciencia no puede descubrir todas las verdades».[11]

Tal argumento puede ser cierto o no, pero hay defectos potenciales. La mayor parte de los matemáticos profesionales ignoran el teorema de incompletitud en su trabajo. La razón es que el teorema de incompletitud empieza por analizar enunciados que se refieren a sí mismos; es decir, son autorreferenciales. Por ejemplo, enunciados como el siguiente son paradójicos:

Esta sentencia es falsa.

Yo soy un mentiroso.

Este enunciado no puede demostrarse.

En el primer caso, si la sentencia es verdadera, significa que es falsa. Si la sentencia es falsa, entonces el enunciado es verdadero. Análogamente, si estoy diciendo la verdad, entonces estoy diciendo una mentira; si estoy diciendo una mentira, entonces estoy diciendo la verdad. En el segundo caso, si la sentencia es verdadera, entonces no puede demostrarse que es verdadera.

(El segundo enunciado es la famosa paradoja del mentiroso. El filósofo cretense Epiménides solía ilustrar esta paradoja diciendo: «Todos los cretenses son mentirosos». Sin embargo, san Pablo no vio esto y escribió, en su epístola a Tito: «Uno de los propios profetas de Creta lo ha dicho, "Todos los cretenses son mentirosos, brutos malvados, glotones perezosos". Seguramente ha dicho la verdad».)

El teorema de incompletitud se basa en enunciados como: «Esta sentencia no puede demostrarse utilizando los axiomas de la aritmética» y crea una malla sofisticada de paradojas autorreferenciales.

Hawking, sin embargo, utiliza el teorema de incompletitud para demostrar que no puede existir una teoría del todo. Afirma que la clave para el teorema de incompletitud de Gödel es que las matemáticas son autorreferenciales, y la física adolece también de esta enfermedad. Puesto que el observador no puede separarse del proceso de observación, eso significa que la física siempre se referirá a sí misma, puesto que no podemos salir del universo. En último análisis, el observador está hecho de átomos y moléculas, y por ello debe ser parte integral del experimento que está realizando.

Pero hay una manera de evitar la crítica de Hawking. Para evitar la paradoja inherente en el teorema de Gödel, hoy los matemáticos profesionales simplemente afirman que su trabajo excluye todo enunciado autorreferencial. En gran medida, el explosivo desarrollo de las matemáticas desde el tiempo de Gödel se ha logrado ignorando el teorema de incompletitud, es decir, postulando que el trabajo reciente no hace enunciados autorreferenciales.

Del mismo modo, quizá sea posible construir una teoría del todo que permita explicar cada experimento conocido independientemente de la dicotomía observador/observado. Si una teoría del todo semejante puede explicar todo, desde el origen del big bang al universo visible que vemos a nuestro alrededor, entonces la forma de describir la interacción entre el observador y lo observado se convierte en una cuestión puramente académica. De hecho, un criterio para una teoría del todo debería ser que sus conclusiones sean totalmente independientes de cómo hagamos la separación entre el observador y lo observado.

Además, la naturaleza puede ser inagotable e ilimitada, incluso si está basada en unos pocos principios. Consideremos un juego de ajedrez. Pidamos a un alienígena de otro planeta que descubra las reglas del ajedrez con solo observar el juego. Al cabo de un rato el alienígena puede descubrir cómo se mueven los peones, los alfiles y los reyes. Las reglas del juego son finitas y simples, pero el número de juegos posibles es realmente astronómico. De la misma forma, las reglas de la naturaleza pueden ser finitas y simples, pero las aplicaciones de dichas reglas pueden ser inagotables. Nuestro objetivo es encontrar las reglas de la física.

En cierto sentido, ya tenemos una teoría completa de muchos fenómenos. Nadie ha visto nunca un defecto en las ecuaciones de Maxwell para la luz. Al modelo estándar se le llama a veces una «teoría de casi todo». Supongamos por un momento que podamos desconectar la gravedad. Entonces el modelo estándar se convierte en una teoría perfectamente válida de todos los fenómenos si exceptuamos la gravedad. La teoría puede ser fea, pero funciona. Incluso en presencia del teorema de incompletitud, tenemos una teoría del todo (excepto la gravedad) perfectamente razonable.

Para mí es notable que en una simple hoja de papel se puedan escribir las leyes que gobiernan todos los fenómenos físicos conocidos, que cubren cuarenta y tres órdenes de magnitud, desde los más lejanos confines del cosmos a más de 10.000 millones de años luz hasta el micromundo de quarks y neutrinos. En esa hoja de papel habría solo dos ecuaciones, la teoría de la gravedad de Einstein y el modelo estándar. Para mí esto muestra la definitiva simplicidad y armonía de la naturaleza en el nivel fundamental. El universo podría haber sido perverso, aleatorio o caprichoso. Y pese a todo se nos aparece completo, coherente y bello.

El premio Nobel Steven Weinberg compara nuestra búsqueda de una teoría del todo con la búsqueda del Polo Norte. Durante siglos los antiguos marineros trabajaban con mapas en los que faltaba el Polo Norte. Las agujas de todas las brújulas apuntaban a esa pieza que faltaba en el mapa, pero nadie la había visitado realmente. De la misma forma, todos nuestros datos y teorías apuntan a una teoría del todo. Es la pieza ausente de nuestras ecuaciones.

Siempre habrá cosas que estén más allá de nuestro alcance, que sean imposibles de explorar (tales como la posición exacta de un electrón, o el mundo que existe más allá del alcance de la velocidad de la luz). Pero las leyes fundamentales, creo yo, son cognoscibles y finitas. Y los próximos años en física podrían ser los más excitantes de todos, cuando exploremos el universo con una nueva generación de aceleradores de partículas, detectores de ondas de gravedad con base en el espacio, y otras tecnologías. No estamos en el final, sino en el principio de una nueva física. Pero encontremos lo que encontremos, siempre habrá nuevos horizontes esperándonos.

Notas

Prefacio

1. La razón de que esto sea cierto se debe a la teoría cuántica. Cuando sumamos todas las posibles correcciones cuánticas a una teoría (un proceso tedioso llamado «renormalización») encontramos que fenómenos que previamente estaban prohibidos, en el nivel clásico, reentran en el cálculo. Esto significa que a menos que algo esté explícitamente prohibido (por una ley de conservación, por ejemplo) reentra en la teoría cuando se suman correcciones cuánticas.

2. Invisibilidad

1. Platón escribió: «Ningún hombre pondría las manos en lo que no es suyo si pudiera tomar lo que le gustara en el mercado, o entrar en las casas y yacer con cualquiera a su placer, o matar o liberar de prisión a quien quisiera, y en todos los respectos sería como un dios entre los hombres. [...] Si uno pudiera imaginar a alguien que obtuviera este poder de hacerse invisible, y nunca hiciera nada equivocado o tocara lo que era de otro, sería considerado por los demás como el mayor idiota...».

2. Nathan Myhrvold, *New Scientist Magazine*, 18 de noviembre de 2006, p. 69.

3. Josie Glausiusz, *Discover Magazine*, noviembre de 2006.

4. «Metamateriales que funcionan para luz visible», Eurekalert, www.eurekalert.org/pub_releases/2007-01, 2007. También en *New Scientist Magazine*, 18 de diciembre de 2006.

3. *Fáseres y estrellas de la muerte*

1. Los nazis también enviaron a un equipo a la India para investigar algunas antiguas afirmaciones mitológicas de los hindúes (similares a la línea argumental de *En busca del arca perdida*). Los nazis estaban interesados en los escritos del Mahabharata, que describían armas extrañas y poderosas, incluida una cápsula voladora.

2. Películas como esta han difundido también varias ideas equívocas sobre los láseres. Los haces láser son en realidad invisibles, a menos que sean dispersados por partículas en el aire. Así, cuando Tom Cruise tenía que atravesar un laberinto de haces láser en *Misión imposible*, la red de haces láser debería haber sido invisible, no roja. También en muchas batallas con pistolas de rayos en las películas podemos ver realmente los pulsos láser a través de una habitación, lo que es imposible, puesto que la luz láser viaja a la velocidad de la luz, 300.000 kilómetros por segundo.

3. Asimov y Schulman, p. 124.

4. *Teletransporte*

1. El mejor ejemplo registrado de teletransporte está fechado el 24 de octubre de 1593, cuando Gil Pérez, un guardia de palacio en el ejército de las Filipinas que guardaba al gobernador en Manila, apareció repentinamente en la Plaza Mayor de Ciudad de México. Sorprendido y confuso, fue detenido por las autoridades mexicanas, que pensaban que estaba de acuerdo con Satán. Cuando fue llevado ante el Muy Santo Tribunal de la Inquisición, todo lo que pudo decir en su defensa era que había desaparecido de Manila, y aparecido en México, «en menos que canta un gallo». (La exposición histórica de este incidente resulta inverosímil; el historiador Mike Dash ha señalado que los primeros registros de la desaparición de Pérez datan de un siglo después de ese hecho, y por ello no merecen mucha confianza.)

2. El trabajo inicial de Doyle se distinguía por el pensamiento metódico y lógico típico en la profesión médica, como se muestra en las soberbias deducciones de Sherlock Holmes. Entonces, ¿por qué Doyle decidió separarse abiertamente de la lógica fría y racional de mister Holmes para acercarse a las aventuras del profesor Challenger, quien hurgaba en los mundos prohibidos del misticismo, lo oculto y los márgenes de la ciencia? El autor quedó profundamente afectado por las muertes súbitas e inesperadas de va-

rios parientes próximos durante la Primera Guerra Mundial, entre ellos su amado hijo Kingsley, su hermano, dos cuñados y dos sobrinos. Estas pérdidas dejarían una cicatriz emocional profunda y duradera.

Deprimido por sus trágicas muertes, Doyle se embarcó en una duradera fascinación por el mundo de lo oculto, creyendo quizá que podría comunicarse con los muertos a través del espiritismo. Abruptamente, cambió del mundo de la ciencia racional y forense al misticismo, y llegó a dar famosas conferencias por todo el mundo sobre fenómenos psíquicos inexplicados.

3. Más exactamente, el principio de incertidumbre de Heisenberg dice que la incertidumbre en la posición de una partícula, multiplicada por la incertidumbre en su momento, debe ser mayor o igual que la constante de Planck dividida por 2π, o el producto de la incertidumbre en la energía de una partícula por la incertidumbre en su tiempo debe ser también mayor o igual que la constante de Planck dividida por 2π. Si hacemos la constante de Planck igual a cero, entonces esto se reduce a la teoría newtoniana ordinaria, en la que todas las incertidumbres son cero.

El hecho de que no se pueda conocer la posición, el momento, la energía o el tiempo de un electrón impulsó a Tryggvi Emilsson a decir que «los historiadores han concluido que Heisenberg debía de estar contemplando al amor de su vida cuando descubrió el principio de incertidumbre: Cuando él tenía el tiempo, no tenía la energía, y cuando el momento era correcto, no pudo descubrir la posición».) John Barrow, *Between Inner Space and Outer Space*, p. 187.

4. Kaku, *Einstein's Cosmos*, p. 127.

5. Asimov y Schulman, p. 211.

6. Supongamos por el momento que objetos macroscópicos, incluidas personas, pueden ser teletransportados. Esto plantea cuestiones sutiles filosóficas y teológicas sobre la existencia de un «alma» si el cuerpo de una persona es teletransportado. Si usted fuera teletransportado a un nuevo lugar, ¿se movería también su alma con usted?

Algunas de estas cuestiones éticas se exploraban en la novela de James Patrick Kelly *Pensar como un dinosaurio*. En esta historia una mujer es teletransportada a otro planeta, pero hay un problema con la transmisión. En lugar de ser destruido el cuerpo original, este permanece inmutable, con todas sus emociones intactas. De repente, hay dos copias de ella. Por supuesto, cuando se le dice a la copia que entre en la máquina de teletransporte para ser desintegrada, ella se niega. Esto crea una crisis, porque los fríos alienígenas, que proporcionaron inicialmente la tecnología, ven esto como una cuestión puramente práctica para «equilibrar la ecuación», mientras que los humanos emotivos son más afines a la causa de ella.

En la mayoría de los relatos el teletransporte se ve como una bendición. Pero en «La expedición», de Stephen King, el autor explora las implicaciones de lo que sucede si hay efectos marginales peligrosos en el teletransporte. En el futuro, el teletransporte es un lugar común y se llama ingenuamente «La expedición». Inmediatamente antes de ser teletransportado a Marte, un padre explica a sus hijos la curiosa historia que hay detrás de la excursión, que fue descubierta inicialmente por un científico que la utilizaba para teletransportar ratones, pero los únicos ratones que sobrevivían al teletransporte eran los que habían sido anestesiados. Los ratones que se despertaban mientras estaban siendo teletransportados morían de manera horrible. Por eso, los humanos son dormidos rutinariamente antes de ser teletransportados. El único hombre que fue teletransportado mientras estaba despierto fue un criminal convicto al que se le prometió un perdón total si se sometía a este experimento. Pero después de ser teletransportado sufrió un ataque al corazón, y sus últimas palabras fueron: «La eternidad está aquí».

Por desgracia, el hijo, al oír esta historia fascinante, decide contener la respiración para no quedar anestesiado. Los resultados son trágicos. Tras ser teletransportado se vuelve loco de repente. Su pelo se vuelve blanco, sus ojos, amarillos, y él trata de arrancárselos. Entonces se revela el secreto. La materia física se teletransporta instantáneamente, pero para la mente el viaje dura una eternidad, el tiempo parece inacabable y la persona se vuelve completamente loca.

7. Curt Suplee, «Top 100 Science Stories of 2006», *Discover Magazine*, diciembre de 2006, p. 35.

8. Zeeya Merali, *New Scientist Magazine*, 13 de junio de 2007.

9. David Deutsch, *New Scientist Magazine*, 18 de noviembre de 2006, p. 69.

5. *Telepatía*

1. En las fiestas uno puede ejecutar también sorprendentes hazañas de telepatía. Pida a todos los presentes en una fiesta que escriban un nombre en un trozo de papel y coloquen los trozos en un sombrero. Luego usted saca uno a uno los trozos de papel cerrados y, antes de abrir cada uno, lea en voz alta el nombre escrito en él. La audiencia quedará sorprendida. La

telepatía se ha mostrado ante sus ojos. De hecho, algunos magos han adquirido fama y fortuna principalmente debido a este truco.

(El secreto para esta sorprendente hazaña de lectura de la mente es el siguiente: saque el primer trozo de papel y léalo para usted mismo, pero diga que tiene dificultades para leerlo porque el «éter psíquico» está nublado. Saque un segundo trozo de papel, pero no lo abra todavía. Ahora diga el nombre que ha leído en el primer trozo de papel. La persona que escribió ese primer nombre quedará sorprendida, pensando que usted ha leído el segundo trozo de papel aún cerrado. Abra ahora el segundo trozo de papel y léalo en silencio para usted mismo. Saque el tercer trozo cerrado de papel y diga en voz alta el nombre que leyó en el segundo trozo de papel. Repita este proceso. Cada vez que usted dice en voz alta el nombre escrito en un trozo de papel está leyendo el contenido del trozo de papel anterior.)

2. El estado mental de una persona puede determinarse aproximadamente trazando la trayectoria precisa que sigue un ojo cuando examina una fotografía. Lanzando un fino haz luminoso al globo ocular, puede proyectarse una imagen reflejada del haz en la pared. Siguiendo la trayectoria de este haz luminoso sobre la pared se puede reconstruir con exactitud el recorrido del ojo cuando examina una imagen. (Por ejemplo, cuando examina el rostro de una persona en una fotografía, el ojo del observador se mueve rápidamente de un lado a otro entre los ojos de la persona de la fotografía, luego se dirige a la boca, y de nuevo a los ojos, antes de explorar la imagen entera.)

Cuando una persona examina una imagen, se puede calcular el tamaño de sus pupilas y con ello si tiene pensamientos agradables o desagradables cuando examina partes concretas de la imagen. De este modo, se puede leer el estado emocional de una persona. (Un asesino, por ejemplo, experimentaría intensas emociones al mirar una imagen de la escena de un crimen y al explorar la posición precisa del cuerpo. Solo el asesino y la policía conocerían la posición.)

3. Entre los miembros de la Sociedad para las Investigaciones Psíquicas figuraban lord Rayleigh (premio Nobel), sir William Crookes (inventor del tubo de Crookes utilizado en electrónica), Charles Richet (premio Nobel), el psicólogo norteamericano William James y el primer ministro Arthur Balfour. Entre sus patrocinadores se incluían luminarias tales como Mark Twain, Arthur Conan Doyle, lord Alfred Tennyson, Lewis Carroll y Carl Jung.

4. Rhine planeaba originalmente hacerse pastor protestante, pero luego se pasó a la botánica mientras asistía a la Universidad de Chicago. Des-

pués de asistir a una charla en 1922 dada por sir Arthur Conan Doyle, que estaba impartiendo conferencias por todo el país sobre comunicación con los muertos, Rhine quedó fascinado con los fenómenos psíquicos. Más tarde leyó el libro *The Survival of Man*, de sir Oliver Lodge, sobre presuntas comunicaciones con los desaparecidos durante sesiones de espiritismo, lo que reforzó el interés de Rhine. Sin embargo, él estaba insatisfecho con el estado del espiritismo de su época; su reputación estaba a menudo manchada con sucias historias de fraudes y trucos. De hecho, las propias investigaciones de Rhine desenmascararon a cierta espiritista, Margery Crandon, como fraude; sin embargo, tal investigación le valió el desprecio de muchos espiritistas, incluido Conan Doyle.

5. Randi, p. 51.
6. Randi, p. 143.
7. *San Francisco Chronicle*, 26 de noviembre de 2001.
8. Finalmente están también las cuestiones legales y morales que se plantearían si formas limitadas de telepatía llegaran a ser un lugar común en el futuro. En muchos estados es ilegal grabar una conversación telefónica de una persona sin su permiso, de modo que en el futuro también podría ser ilegal registrar las pautas mentales de una persona sin su permiso. También los defensores de las libertades civiles podrían poner objeciones a leer las pautas mentales de una persona sin su permiso en cualquier contexto. Dada la naturaleza resbaladiza de los pensamientos de una persona, quizá nunca sea legal presentar pautas mentales en un tribunal. En *Minority Report*, protagonizada por Tom Cruise, se planteaba la cuestión ética de si se puede detener a alguien por un crimen que todavía no ha cometido. En el futuro podría plantearse la cuestión de si la intención de una persona de cometer un crimen, puesta de manifiesto por pautas mentales, constituye una evidencia incriminatoria contra dicha persona. Si una persona amenaza verbalmente, ¿contaría eso tanto como si amenazara mentalmente?

Estará también la cuestión de los gobiernos y agencias de seguridad que no respetan las leyes y someten a las personas a exploraciones cerebrales sin su voluntad. ¿Constituiría esto un comportamiento legal apropiado? ¿Sería legal leer la mente de un terrorista para descubrir sus planes? ¿Sería legal implantar falsos recuerdos para engañar a los individuos? En *Desafío total*, protagonizada por Arnold Schwarzenegger, se plantea continuamente la cuestión de si los recuerdos de una persona eran reales, o implantados, lo que afecta a la naturaleza misma de quiénes somos.

Probablemente estas cuestiones seguirán siendo solo hipotéticas durante las próximas décadas, pero a medida que avance la tecnología, planteará inevitablemente cuestiones morales, legales y sociales. Por fortuna, tenemos mucho tiempo para discutirlas.

9. Douglas Fox, *New Scientist Magazine*, 4 de mayo de 2006.
10. Philip Ross, *Scientific American*, septiembre de 2003.
11. *Science Daily*, www.sciencedaily.com, 9 de abril de 2005.
12. Cavelos, p. 184.

6. Psicoquinesia

1. El Sorprendente Randi, disgustado porque los magos profesionales, hábiles para engañar a personas crédulas, pretendieran poseer poderes psíquicos, y defraudar así a un público inocente, empezó a denunciar fraudes. En particular, le gustaba repetir todas las hazañas realizadas por los psíquicos. El Sorprendente Randi sigue la tradición del Gran Houdini, un mago que también inició una segunda carrera denunciando a los falsificadores y charlatanes que utilizaban sus habilidades mágicas para defraudar a otros para su propio provecho. En particular, Randi presume de que puede engañar incluso a científicos con sus trucos: «Puedo entrar en un laboratorio y engañar a cualquier grupo de científicos», dice. Cavelos, p. 220.
2. Cavelos, p. 240.
3. Cavelos, p. 240.
4. Philip Ross, *Scientific American*, septiembre de 2003.
5. Miguel Nicolelis y John Chapin, *Scientific American*, octubre de 2002.
6. Kyla Dunn, *Discover Magazine*, diciembre de 2006, p. 39.
7. Aristides A. G. Requicha, «Nanorobots», http://www.lmr.usc.edu/_lmr/publications/nanorobotics.

7. Robots

1. El profesor Penrose argumenta que debe de haber efectos cuánticos en el cerebro que hacen posible el pensamiento humano. Muchos científicos de la computación dirían que cada neurona del cerebro puede ser duplicada mediante una compleja serie de transistores; si es así, el cerebro puede reducirse a un dispositivo clásico. El cerebro es sumamente complicado, pero en esencia consiste en un grupo de neuronas cuyo comportamiento puede ser duplicado por transistores. Penrose discrepa. Él afirma que hay estructuras en una célula, llamadas microtúbulos, que muestran comporta-

miento cuántico, de modo que el cerebro nunca puede reducirse a una simple colección de componentes electrónicos.

2. Kaku, *Visions*, p. 95.

3. Cavelos, p. 90.

4. Rodney Brooks, *New Scientist Magazine*, 18 de noviembre de 2006, p. 60.

5. Kaku, *Visions*, p. 61.

6. Kaku, *Visions*, p. 65.

7. Bill Gates, *Skeptic Magazine*, vol. 12, n.º 12, 2006, p. 35.

8. Bill Gates, *Scientific American*, enero de 2007, p. 63.

9. *Scientific American*, enero de 2007, p. 58.

10. Susan Kruglinski, «The Top 100 Science Stories of 2006», *Discover Magazine*, p. 16.

11. Kaku, *Visions*, p. 76.

12. Kaku, *Visions*, p. 92.

13. Cavelos, p. 98.

14. Cavelos, p. 101.

15. Barrow, *Theories of Everything*, p. 149.

16. Sydney Brenner, *New Scientist Magazine*, 18 de noviembre de 2006, p. 35.

17. Kaku, *Visions*, 135.

18. Kaku, *Visions*, p. 188.

19. Así, nuestras creaciones mecánicas pueden ser en última instancia la clave para nuestra propia supervivencia a largo plazo. Como dice Marvin Minsky: «Los humanos no somos el final de la evolución, así que si podemos hacer una máquina que sea tan inteligente como una persona, probablemente también podemos hacer una que sea mucho más inteligente. No tiene sentido hacer solo otra persona. Lo que se quiere es hacer una que pueda hacer cosas que nosotros no podemos». Kruglinski, «The Top 100 Science Stories of 2006», p. 18.

20. La inmortalidad, por supuesto, es algo que la gente ha deseado desde que los humanos, únicos en el reino animal, empezamos a contemplar nuestra propia mortalidad. Hablando de la inmortalidad, Woody Allen dijo en cierta ocasión: «Yo no quiero conseguir la inmortalidad por mi obra. Quiero conseguirla por no morir. No quiero vivir en la memoria de mis compatriotas. Preferiría vivir en mi apartamento». Moravec, en particular, cree que en un futuro lejano nos fusionaremos con nuestras creaciones para crear un orden superior de inteligencia. Esto requeriría duplicar los 100.000 millones de neuronas que hay en nuestro cerebro, cada una de las

cuales está conectada a su vez con quizá varios miles de otras neuronas. Cuando nos tendemos en la mesa de un quirófano, tenemos al lado un esqueleto robótico. Se realiza una cirugía de modo que cuando eliminamos una sola neurona, se crea una neurona de silicio duplicada en el esqueleto robótico. Con el paso del tiempo cada neurona de nuestro cuerpo se reemplaza por una neurona de silicio en el robot, de modo que somos conscientes durante la operación. Al final, nuestro cerebro entero se ha transferido al esqueleto robótico mientras hemos sido testigos de todo el suceso. Un día estamos moribundos en nuestro cuerpo decrépito. Al día siguiente nos encontramos dentro de cuerpos inmortales, con los mismos recuerdos y la misma personalidad, sin perder la conciencia.

8. *Extraterrestres y ovnis*

1. Jason Stahl, *Discover Magazine*, «Top 100 Science Stories of 2006», diciembre de 2006, p. 80.
2. Cavelos, p. 13.
3. Cavelos, p. 12.
4. Ward y Brownlee, p. xiv.
5. Cavelos, p. 26.
6. En general, aunque las lenguas y culturas locales seguirán prosperando en diferentes regiones de la Tierra, surgirá una lengua y una cultura planetaria que se extenderá por los continentes. Esta cultura global y las culturas locales existirán simultáneamente. Esta situación existe ya con respecto a las élites de todas las sociedades.
Existen también fuerzas que se oponen a esta marcha hacia un sistema planetario. Están los terroristas que inconsciente e instintivamente comprenden que el progreso hacia una civilización planetaria es un progreso que hará de la tolerancia y pluralismo secular una pieza central de su cultura emergente, y esta perspectiva es una amenaza para la gente que se siente más cómoda viviendo en el último milenio.

9. *Naves estelares*

1. Kaku, *Hyperspace*, p. 302.
2. Gilster, p. 242.

10. *Antimateria y antiuniversos*

   1. NASA, http://science.nasa.gov, 12 de abril de 1999.
   2. Cole, p. 225.

11. *Más rápido que la luz*

   1. Cavelos, p. 137.
   2. Kaku, *Parallel Worlds*, p. 307.
   3. Cavelos, p. 151.
   4. Cavelos, p. 154.
   5. Cavelos, p. 154.
   6. Kaku, *Parallel Worlds*, p. 121.
   7. Cavelos, p. 145.
   8. Hawking, p. 146.

12. *El viaje en el tiempo*

   1. Nahin, p. 322.
   2. Pickover, p. 10.
   3. Nahin, p. ix.
   4. Pickover, p. 130.
   5. Kaku, *Parallel Worlds*, p. 142.
   6. Nahin, p. 248.

13. *Universos paralelos*

   1. Kaku, *Hyperspace*, p. 22.
   2. Pais, p. 330.
   3. Kaku, *Hyperspace*, p. 118.
   4. Max Tegmark, *New Scientist Magazine*, 18 de noviembre de 2006, p. 37.
   5. Cole, p. 222.
   6. Greene, p. 111.
   7. Pero otra característica atractiva de la interpretación de los «muchos mundos» es que no se requiere ninguna hipótesis adicional distinta de la ecuación de ondas original. En esta imagen nunca tenemos que colapsar

funciones de onda o hacer observaciones. La función de onda simplemente se divide por sí misma, automáticamente, sin ninguna intervención ni hipótesis externa. En este sentido, la teoría de los muchos mundos es conceptualmente más simple que todas las demás teorías, que requieren observadores externos, medidas, colapsos de ondas y todo lo demás.

Es cierto que nos cargamos con un número infinito de universos, pero la función de onda sigue la pista de ellos, sin hipótesis adicionales del exterior.

Una forma de entender por qué nuestro universo físico parece tan estable y seguro es invocar la decoherencia, es decir, que nos hemos desacoplado de todos estos universos paralelos. La decoherencia solo explica por qué nuestro universo, entre un conjunto infinito de universos, parece tan estable. La decoherencia se basa en la idea de que los universos pueden dividirse en muchos universos, pero que nuestro universo, gracias a interacciones con el entorno, se separa por completo de esos otros universos.

8. Kaku, *Parallel Worlds*, p. 169.

14. *Máquinas de movimiento perpetuo*

1. Asimov, p. 12.

2. Algunas personas han puesto objeciones, declarando que el cerebro humano, que representa quizá el objeto más complejo creado por la madre naturaleza en el sistema solar, viola la segunda ley. El cerebro humano, que consta de más de 100.000 millones de neuronas, no tiene rival en complejidad en nada que haya a menos de 40 billones de kilómetros de la Tierra, la distancia a la estrella más próxima. Pero ¿cómo puede ser compatible esta enorme reducción en entropía con la segunda ley?, preguntan. La propia evolución parece violar la segunda ley. La respuesta a esto es que el decrecimiento en entropía creado por la aparición de organismos superiores, incluidos los humanos, se da a expensas de un aumento de la entropía total en otros lugares. El decrecimiento en entropía creado por la evolución está más que compensado por el aumento de la entropía en el entorno, es decir, de la entropía de la luz solar que incide en la Tierra. La creación del cerebro humano mediante la evolución reduce la entropía, pero esto está más que compensado por el caos que creamos (por ejemplo, la contaminación, las pérdidas térmicas, el calentamiento global, etc.).

3. Tesla, sin embargo, fue también una figura trágica; probablemente fue estafado en los derechos de muchas de sus patentes e invenciones que

prepararon el camino para la llegada de la radio, la televisión y la revolución de las telecomunicaciones. (Los físicos, sin embargo, hemos garantizado que el nombre de Tesla no se olvidará. Hemos llamado a la unidad del campo magnético con su nombre. Un tesla es igual a 10.000 gauss, o aproximadamente 20.000 veces el campo magnético de la Tierra.)

Hoy él está casi olvidado, salvo que sus afirmaciones más excéntricas se han convertido en materia de chismes y leyendas urbanas. Tesla creía que podía comunicar con vida en Marte, resolver la teoría del campo unificado que Einstein dejó inacabada, cortar la Tierra por la mitad como una manzana y desarrollar un rayo mortífero que podría destruir 10.000 aviones a una distancia de 350 kilómetros. (El FBI tomó tan en serio su afirmación de un rayo mortal que se hizo con muchas de sus notas y equipos de laboratorio tras su muerte, algunos de las cuales siguen estando hoy en un almacén secreto.)

Tesla alcanzó el punto álgido de su fama en 1931, cuando apareció en la primera página de la revista *Time*. Normalmente deslumbraba al público liberando enormes descargas eléctricas, que contenían millones de voltios de energía eléctrica, y con ello captaba a la audiencia. La ruina de Tesla, sin embargo, fue producto de un total descuido de sus finanzas y asuntos legales. Enfrentado a la batería de abogados que representaban a los gigantes eléctricos que entonces surgían, Tesla perdió el control de sus patentes más importantes. También empezó a mostrar signos de lo que hoy se denomina trastorno obsesivo-compulsivo, y se obsesionó con el número tres. Más tarde tuvo un comportamiento paranoide: vivía en la miseria en el hotel New Yorker, por miedo a ser envenenado por sus enemigos, y siempre huyendo de sus acreedores. Murió en 1943 en la pobreza absoluta a los ochenta y seis años.

Epílogo. El futuro de lo imposible

1. Barrow, *Impossibility*, p. 47.

2. Barrow, *Impossibility*, p. 209.

3. Pickover, p. 192.

4. Barrow, *Impossibility*, p. 250.

5. Rocky Kolb, *New Scientist Magazine*, 18 de noviembre de 2006, p. 44.

6. Hawking, p. 136.

7. Barrow, *Impossibility*, p. 143.

8. Max Tegmark, *New Scientist Magazine*, 18 de noviembre de 2006, p. 37.

9. La razón para esto es que cuando tomamos la teoría de la gravedad de Einstein y añadimos correcciones cuánticas, estas correcciones, en lugar de ser pequeñas, son infinitas. Con los años los físicos han ideado varios trucos para eliminar estos términos infinitos, pero todos fallan en una teoría cuántica de la gravedad. Pero en teoría de cuerdas estas correcciones desaparecen exactamente por varias razones. En primer lugar, la teoría de cuerdas tiene una simetría, llamada supersimetría, que cancela muchos de estos términos divergentes. La teoría de cuerdas también tiene un corte, la longitud de la cuerda, que ayuda a controlar estos infinitos.

El origen de estos infinitos se remonta en realidad a la teoría clásica. La ley de la inversa del cuadrado de Newton dice que la fuerza entre dos partículas se hace infinita cuando la distancia de separación tiende a cero. Este infinito, que aparece incluso en la teoría de Newton, se traslada a la teoría cuántica. Pero la teoría de cuerdas tiene un corte, la longitud de la cuerda, o la longitud de Planck, que nos permite controlar estas divergencias.

10. Alexander Vilenkin, *New Scientist Magazine*, 18 de noviembre de 2006, p. 51.

11. Barrow, *Impossibility*, p. 219.

Bibliografía

Adams, Fred, y Greg Laughlin, *The Five Ages of the Universe: Inside the Physics of Eternity*, Free Press, Nueva York, 1999.

Asimov, Isaac, *The Gods Themselves*, Bantam Books, Nueva York, 1990 (hay trad. cast.: *Los propios dioses*, Plaza & Janés, Barcelona, 1993).

—, y Jason A. Shulman, eds., *Isaac Asimov's Book of Science and Nature Quotations*, Weidenfeld and Nicholson, Nueva York, 1988.

Barrow, John, *Between Inner Space and Outer Space*, Oxford University Press, Oxford, 1999.

—, *Impossibility: The Limits of Science and the Science of Limits*, Oxford University Press, Oxford, 1998.

—, *Theories of Everything*, Oxford University Press, Oxford, 1991 (hay trad. cast.: *Teorías del todo*, Crítica, Barcelona, 2006).

Calaprice, Alice, ed., *The Expanded Quotable Einstein*, Princeton University Press, Princeton, New Jersey, 2000.

Cavelos, Jeanne, *The Science of Star Wars: An Astrophysicist's Independent Examination of Space Travel, Aliens, Planet, and Robots as Portrayed in the Star Wars Films and Books*, St. Martin's Press, Nueva York, 2000.

Clark, Ronald, *Einstein: The Life and Times*, World Publishing, Nueva York, 1971.

Cole, K. C., *Sympathetic Vibrations: Reflections on Physics as a Way of Life*, Bantam Books, Nueva York, 1985.

Crease, R., y C. C. Mann, *Second Creation*, Macmillan, Nueva York, 1986.

Croswell, Ken, *The Universe at Midnight*, Free Press, Nueva York, 2001.

Davies, Paul, *How to Build a Time Machine*, Penguin Books, Nueva York, 2001 (hay trad. cast.: *Cómo construir una máquina del tiempo*, 451 Editores, Madrid, 2008).

Dyson, Freeman, *Disturbing the Universe*, Harper and Row, Nueva York, 1979 (hay trad. cast.: *Trastornando el universo*, Fondo de Cultura Económica, México, 1984).

Ferris, Timothy, *The Whole Shebang: A State-of-the-Universe(s) Report*, Simon and Schuster, Nueva York, 1997 (hay trad. cast.: *Informe sobre el universo*, Crítica, Barcelona, 1998).

Folsing, Albrecht, *Albert Einstein*, Penguin Books, Nueva York, 1997.

Gilster, Paul, *Centauri Dreams: Imagining and Planning Interstellar Exploration*, Springer Science, Nueva York, 2004.

Gott, J. Richard, *Time Travel in Einstein's Universe*, Houghton Mifflin Co., Boston, 2001 (hay trad. cast.: *Los viajes en el tiempo y el universo de Einstein*, Tusquets Editores, Barcelona, 2003).

Greene, Brian, *The Elegant Universe: Superstrings, Hidden Dimensions, and the Quest for the Ultimate Theory*, W. W. Norton, Nueva York, 1999 (hay trad. cast.: *El universo elegante*, Crítica, Barcelona, 2006).

Hawking, Stephen W., Kip S. Thorne, Igor Novikov, Timothy Ferris y Alan Lightman, *The Future of Spacetime*, W. W. Norton, Nueva York, 2002 (hay trad. cast.: *El futuro del espacio-tiempo*, Crítica, Barcelona, 2003).

Horgan, John, *The End of Science*, Addison-Wesley, Reading, Massachusetts, 1996 (hay trad. cast.: *El fin de la ciencia*, Paidós Ibérica, Barcelona, 1998).

Kaku, Michio, *Einstein's Cosmos*, Atlas Books, Nueva York, 2004 (hay trad. cast.: *El universo de Einstein*, Antoni Bosch, Barcelona, 2005).

—, *Hyperspace,* Anchor Books, Nueva York, 1994 (hay trad. cast.: *Hiperespacio*, Crítica, Barcelona, 2001).

—, *Paralell Worlds: A Journey Through Creation, Higher Dimensions, and the Future of the Cosmos*, Doubleday, Nueva York, 2005 (hay trad. cast.: *Universos paralelos*, Atalanta, Girona, 2008).

—, *Visions: How Science Will Revolutionize the 21st Centuty*, Anchor Books, Nueva York, 1997 (hay trad. cast.: *Visiones: cómo la ciencia revolucionará la materia, la vida y la mente en el siglo XXI*, Debate, Barcelona, 1998).

Lemonick, Michael, *The Echo of the Big Bang*, Princeton University Press, Princeton, New Jersey, 2005.

Mallove, Eugene, y Gregory Matloff, *The Starflight Handbook: A Pioneer's Guide to Interstellar Travel*, Wiley and Sons, Nueva York, 1989.

Nahin, Paul J., *Time Machines*, Springer Verlag, Nueva York, 1999.

Pais, A., *Subtle is the Lord*, Oxford University Press, Nueva York, 1982 (hay trad. cast.: *El Señor es sutil: la ciencia y la vida de Albert Einstein*, Ariel, Barcelona, 1984).

Pickover, Clifford A., *Time: A Traveler's Guide*, Oxford University Press, Nueva York, 1998.

Randi, James, *An Encyclopedia of Claims, Frauds, and Hoaxes of the Occult and Supernatural*, St. Martin's Press, Nueva York, 1995.

Rees, Martin, *Before the Beginning: Our Universe and Others*, Perseus Books, Reading, Massachusetts, 1987 (hay trad. cast.: *Antes del principio*, Tusquets Editores, Barcelona, 1999).

Sagan, Carl, *The Cosmic Connection: An Extraterrestrial Perspective*, Anchor Press, Nueva York, 1973 (hay trad. cast.: *La conexion cósmica*, Plaza & Janés, Barcelona, 1990).

Thorne, Kip S., *Black Holes and Time Warps: Einstein's Outrageous Legacy*, W. W. Norton, Nueva York, 1994 (hay trad. cast.: *Agujeros negros y tiempo curvo*, Crítica, Barcelona, 1995).

Ward, Peter D., y Donald Brownlee, *Rare Earth: Why Complex Life Is Uncommon in the Universe*, Springer Science, Nueva York, 2000.

Weinberg, Steven, *Dreams of a Final Theory: The Search for Fundamental Laws of Nature*, Pantheon Books, Nueva York, 1992 (hay trad. cast.: *El sueño de una teoría final*, Crítica, Barcelona, 2004).

Wells, H. G., *The Time Machine: An Invention*. McFarland and Co., Londres, 1996 (hay varias trad. en cast.: la más reciente es *La máquina del tiempo*, Alianza Editorial, Madrid, 2007).

Índice alfabético

Academia de Ciencias de París, Real, 305

Academia Nacional de Ciencias de Estados Unidos, 108

aceleradores de partículas, 241, 345, 350
    antimateria y, 218-221
    energía de Planck y los, 254-257
    universos paralelos y, 279-281

Adams, Douglas: *Guía del autoestopista galáctico*, 88

ADN, 51, 95, 131, 156, 158, 162-163, 169, 170, 185, 297, 332

Agencia Central de Inteligencia (CIA), 97, 104-105, 108, 185

Agencia de Investigación de Proyectos Avanzados de Defensa (DARPA), 46, 147

Agencia Espacial Europea, 174

agua, 39, 226
    invisibilidad y, 45, 47-48
    vida extraterrestre y, 161-162, 167-168, 177

agujeros de gusano, 19
    agujeros negros y, 249-253, 265, 338
    mantener abiertos los, 253
    practicables, 266-267, 294
    velocidad de la luz y, 244, 246-247, 249-252, 256, 267
    viaje en el tiempo y, 265-271

agujeros negros, 15, 20, 191, 275, 279, 294
    agujeros de gusano y, 249-253, 265
    estallido de rayos gamma, 80
    Hawking sobre, 263

y el futuro de lo imposible, 334, 336, 344-346

y la velocidad de la luz, 249-254

Agustín, san, 259

Álamos, Laboratorio Nacional de Los, 247

Alcubierre, Miguel, 244
    propulsión, 244-248, 252

Alfa Centauri, 191, 224

Alien, película, 211

Allen, Paul, 117

Allen, red de telescopios, 165

Allen, Woody, 237, 358 n.

Ames, Aldrich, 108

Anderson, Carl, 227

Andrómeda, galaxia, 196

animación suspendida, 211-212

animales, 101-104, 159, 174

antigravedad, 339-340

antimateria, 13, 76, 106, 217-233, 246, 312
    cohetes propulsados por, 20, 201, 216, 220-225, 232-233
    como materia que va hacia atrás en el tiempo, 323-326, 329
    Dirac y, 225-227, 228-229
    economía de la, 219, 222
    en forma natural, 222-225, 232-233
    producción de, 218-222, 224-225, 232

antiprotón, 218-221

antrópico, principio, 285, 298

Apple Corporation, 139

Aristóteles: *Sobre el cielo*, 274

armas de rayos
    a través de la historia, 62-63
    láseres como, 61-63, 66, 68-70, 72-73, 75, 78, 80
Arquímedes, 62-63
Arquintas de Tarento, 136
Artsutanov, Yuri, 203
ascensores espaciales, 202-206
Asimov, Isaac, 100, 135, 180, 217
    Los propios dioses, 301, 313
Asociación Japonesa de Robots, 148
Aspect, Alain, 90
Asperger, síndrome de, 228
asteroides, 168, 190, 207
atómica, teoría, 45, 55-56, 86, 309, 332, 345
Atwater, Harry, 52
Avdeyev, Serguéi, 262

Balfour, Arthur, 355 n.
Barnard, estrella de, 200
Barnum, P. T., 311
Baron-Cohen, Simon, 228
Barrow, John, 332, 333, 347
Basov, Nikolái, 65
BBO (Observador del Big Bang), 336-337, 345
Beam Power Challenge, premio de la NASA, 205
Bennett, Charles, 91
Bentley, paradoja de, 338-339
Bentley, Richard, 338
berilio, 92
Bessler, Johann, 305
Bevatrón, acelerador de partículas, 218-219
Bhaskara, filósofo, 304
Biblia, 81-82, 182
Bickerton, A. W., 189
big bang, 62, 78, 94, 254, 263, 266, 279, 324
    antimateria y, 223, 231
    inicio del, 295
    monopolos y, 186-187
    período antes, 20, 333-337, 345
    taquiones y, 326-327
    universos paralelos y, 289-290
    y el futuro de lo imposible, 332-337, 340, 345, 349

y la velocidad de la luz, 238, 242-243
Binning, Gerd, 56
bioretroalimentación, 126-128
Birbaumer, Niels, 126
Blue Book, Proyecto, 183
Bohr, Niels, 18, 64-65, 81, 86, 290, 342
Boltzmann, Ludwig, 308, 310, 313, 345
    y la entropía, 308-309
bombas atómicas, 15, 17, 32, 61, 72, 77-78, 251, 296
    antimateria y, 217
    viajes al espacio y, 197-200
Born, Max, 86
Bose, Satyendranath, 94
Bose-Einstein, condensado de (BEC), 94-95
Bradley, Aston, 93-94
BrainGate, aparato, 127-128
Brenner, Sydney, 154
Brooks, Rodney, 143, 149
Brown, Dan
    Ángeles y demonios, 217
    El código Da Vinci, 217
Brownlee, Donald, 170
Bruno, Giordano, 160
Bryan, William Jennings, 330
Burroughs, Edgar Rice, 12
Bussard, Robert W., 195

Cabra, test, 77
campos de fueza, 11, 27-40
    cuatro fuerzas y, 30-32, 39
    de Faraday, 28-30, 43-44, 85
    levitación magnética y, 35-40
    para escudos, 27, 30-35, 39
    ventanas de plasma y, 33-35, 40
camuflaje óptico, 58
cañones de raíles, 207-209
Čapek, Karel: R. U.R., 137
carbono, 158
    buckybolas de, 57
    nanotubos de, 34, 40, 204
    vida extraterrestre y, 162
carga y paridad invertida (universo CP-invertido), 231-232
carga, paridad y tiempo invertido (universo CPT-invertido), 232
Cariño, he encogido a los niños, película, 178

carrera armamentística, 175
Carrey, Jim: *Olvídate de mí*, 111
Carroll, Lewis, 355 n.
   A través del espejo, 249
Carson, Johnny, 121-122
Casimir, Hendrik, 246
Catala, Claude, 173
Caton, Richard, 105-106
causa y efecto, ley de, 321, 325-329
Cayce, Edgar, 317
cerámica, 38, 39, 47
cerebro, 176, 274
   exploración del, 105-115, 117, 125-128, 133
   interfaz mente-máquina, 127-128
   psicoquinesia y el, 125-129, 134
   robots y, 136, 142-144, 149, 153-154
   telepatía y, 101, 104-118
CERN, acelerador de partículas del, en Ginebra, 217, 219, 241
Challenger, lanzadera espacial, 198
Chandra, telescopio, 15
Chang-Diaz, Franklin, 193
ciencia ficción, 11-16, 17-19, 84
   antimateria y, 217, 220-222, 225, 229
   armas de rayos, 61, 63, 65, 68-70
   campos de fuerza y, 27, 30-40
   Estrella de la Muerte y, 61-62, 67, 70, 72-73, 75, 78
   invisibilidad y, 41-60, 275, 283
   ovnis y, 186-187
   psicoquinesia y, 119-121, 125, 130
   robots y, 135-137, 141, 151, 156, 268
   taquiones y, 326-327
   telepatía y, 99-100, 111-116, 117
   teletransporte y, 82-84, 88, 92-93, 98
   universos paralelos y, 272-273, 276, 297, 301-302
   viaje al espacio, 203, 207, 212
   viaje en el tiempo y, 258, 260-261, 264, 268
   vida extraterrestre y, 154-160, 175-182
   y la velocidad de la luz, 237-238, 248
civilizaciones, 330
   tipos de, 180-181
   universos paralelos y, 293-294, 296

velocidad de la luz y, 255-257
viaje en el tiempo, 266-267
vida extraterrestre y, 180-182
Clarke, Arthur C., 27, 157, 159, 207
   Fuentes del paraíso, 203
COBE, satélite, 295
Cocconi, Giuseppe, 164
coherencia, pérdida de, 289, 292
cohete electrónico nuclear, 197-198, 201
cohetes, 11-12, 14, 16-19, 261
   antimateria y, 20, 201, 216, 220-225, 232-233
   campos de fuerza y, 27, 33
   con el propulsor Alcubierre, 244-245, 248, 252
   con motores de estatorreactor de fusión, 188, 195-197, 202
   con motores de plasma, 192, 194, 201
   con motores iónicos, 192-194, 200-201
   electrónicos nucleares, 197-199, 201
   propulsión química de, 192, 198, 201, 208, 220
   pulsados nucleares, 188, 199-200, 201
Columbia, lanzadera espacial, 198
Comisión de Energía Atómica (AEC), 197
Comte, Auguste: *Course de Philosophie*, 331-332
comunicación, sistemas de, 176, 181
conciencia cósmica, 287-288
confinamiento inercial, 71-73
confinamiento magnético, 75
Consejo Nacional de Investigación de Estados Unidos, 124
constante cosmológica, 338-340
Contact, película, 165
continentes, deriva de los, 13-14
Copenhague, Escuela de, 287
Copérnico, Nicolás, 160
Corot, satélite, 172-173
corriente alterna (AC), motores de, 314
corriente continua (DC), motores de, 314
Cosmos 1, velero espacial, 194
Cox, John, 307
Crandon, Margery, 356 n.

cristales fotónicos, 53
cromodinámica cuántica (QCD), 343
Cronin, James, 231
Crookes, sir William, 355 n.
Cuando los mundos chocan, película, 207
cuántica, teoría, 14, 106, 175-176, 179,
      215, 225, 232, 340-344
   Einstein y, 64, 85, 87, 89-91, 286-287
   Newton y, 63-65, 84-85, 285-286
   ordenadores y, 96-98, 156, 244
   probabilidad en, 87-88, 285-287
   problema del gato de Schrödinger,
      286-288
   relatividad y, 263, 279
   revolución de, 63-65, 84-85
   robots y, 137, 141, 156-157
   taquiones y, 326, 327-328
   teletransporte y, 84-98
   universos paralelos y, 273, 278-283,
      285-292
   viaje en el tiempo y, 264-265, 268-
      270
   y el futuo de lo imposible, 331-332,
      336, 340, 343
   y las ondas adelantadas desde el futu-
      ro, 325, 329
cuerdas, teoría de, 14, 30
   puesta a prueba de la, 344-346
   universos paralelos y, 278-284, 346
   y el futuro de lo imposible, 336, 341,
      343-346
   y la teoría del todo, 341, 343
cuerdas cósmicas, 266
Cummings, E. E., 272
Curie, Marie, 16
curvas cerradas de tipo tiempo, 265
Cyclops, Proyecto, 164
Cycorp, 146-147

Daedalus, Proyecto, 200
Dalí, Salvador
   Cristo hipercúbico, 275
   La persistencia de la memoria, 275
Damasio, Antonio, 153
Darwin, buscador de planetas, 174
Davidiana, Rama, 320
Davy, Humphrey, 28-29
De Broglie, Louis, 85

Debye, Peter, 85
decisiones, toma de, 152-154
Deep Space 1, sonda, 193
Demócrito, 345
Departamento de Energía de Estados
      Unidos, 51
detectores de mentiras, 107-110
Deutsch, David, 98
DeWitt, Bryce, 289
DeWitt-Wheeler, ecuación de, 291
Día del Juicio Final, predicciones del,
      319-320
diamagnáticos, 39
Dickens, Charles: *Cuento de Navidad*, 260
dimensión, cuarta, 59-60, 274-276, 283,
      345
dimensión, quinta, 277, 280
dimensión, undécima, 282, 346
dimensiones, diez, 280, 282, 344
dimensiones, tres (3D), 59, 116, 176
dinosaurios, 14, 168, 191, 262
   universos paralelos y, 288, 293
Dionne, Jennifer, 52
Dirac, Paul, 225-228, 290
Dogson, Charles, *véase* Carroll, Lewis
Dolling, Gunnar, 51
Donoghue, John, 127
Doppler, efecto, 48
2001: una odisea del espacio, 141, 181
Dostoievski, Fiódor, 153
Doyle, sir Arthur Conan, 83, 355 n.,
      356 n.
Drake, Frank, 163, 164, 167-169, 170
Duchamp, Marcel: *Desnudo descendiendo
      por una escalera*, 275
Dwyer, Larry, 267
Dyson, Freeman, 199, 206-207, 284,
      330, 341, 347

E. T., película, 159
École Polytechnique en París, 256
Economist, The, 311
ecuación de la relatividad, 226
Eddington, Arthur, 250, 311, 342
Edison, Thomas, 314
Edwards, Michael, 122
Einstein, Albert, 11-13, 17, 20, 30, 71,
      196, 238-245, 309, 326

agujeros negros y, 15, 250-252
antimateria y, 229
BEC y, 94
experimento EPR y, 89-91, 242
sobre el tiempo, 240-244, 248, 261, 265
teoría cuántica y, 64, 85, 87, 89-91, 286-287
teoría de la relatividad, 44-45, 225, 239-244, 249, 261, 270, 275, 279, 339
universos paralelos y, 276-279, 281, 285, 292
viaje en el tiempo y, 265, 270
y el futuro de lo imposible, 334, 339, 342, 344, 349
y la teoría del todo, 12, 20, 279, 281, 342
y la velocidad de la luz, 233, 238-240, 334
Einstein, anillos de, 246
Einstein-Rosen, puente de, 250, 251
ejército de Estados Unidos, 124
ELA, enfermedad, o de Lou Gehrig, 262-263
electricidad, 53, 56, 64, 162, 166, 208, 219, 304, 314
cerebro y, 106, 114
campos de fuerzas y, 28-33, 36, 43
fusión y, 72-74
láseres y, 65-68
robots y, 135, 156-157
viaje al espacio y, 197-198, 201, 214-215
electrodinámica cuántica (QED), 325
electroencefalógrafo (EEG)
psicoquinesia y, 125-126, 128, 134
telepatía y, 106, 108, 114, 116
electromagnetismo, 80, 106, 116, 199, 207
campos de fuerza y, 30-31
Maxwell y, 31, 43-44
psicoquinesia y, 125, 129
electrones, 85-89
Eliot, T. S., 337
Emilsson, Tryggvi, 353 n.
energía, 64, 301-309, 311-316, 326-328
a partir del vacío, 313-314, 338, 339
conservación de la, 16, 309, 312, 316

de las bombas de hidrógeno, 68, 75-77
de Planck, 254-257, 294
historia vista a través de la, 303-304
máquinas de movimiento perpetuo, 301-302, 304-307, 310
para una Estrella de la Muerte, 70-71, 73, 75
taquiones y, 326
y el futuro de lo imposible, 338, 339, 346
véase también electricidad; energía negativa
energía negativa, 245-248, 257, 269
agujeros de gusano y, 252, 267
energía oscura, 315, 338
Enigma, máquina de códigos nazi, 139
entropía, 307, 308-309, 310-311
Epiménides, 348
EPR, experimento, 89-91, 242
Épsilon Indi A, estrella, 200
Escher, M. C., 99
espacio-tiempo, 249-257, 334
aceleradores de partículas, 255
agujeros de gusano y, 253, 266-267
espuma del, 255, 290
universos paralelos y, 277, 279, 280, 291, 295
viaje en el tiempo y, 265, 266-267, 270
y la velocidad de la luz, 240, 243-244
Estación Espacial Internacional, 73, 192, 202, 210
estatorreactor de fusión, 188, 195-197, 202
Estrella de la Muerte, cañón láser
física de una, 77-78
haces de radiación gamma, 62, 80
láseres y, 61-62, 67, 70, 72-73, 75, 78
estrellas de neutrones, 206, 294, 334, 336
Everett, Hugh, 288, 289
extrasensoriales, percepciones (ESP), 102, 104, 120, 123-124
Ezequiel, profeta, 182

fabricante personal, 132-133
Fahri, Edward, 296-297

Falletta, Nicholas, 317
Faraday, Michael, 28-30, 43-44, 85, 208
FBI, 321
Federación Internacional de Robótica, 148
Feinberg, Gerald, 327
Fermi, Enrico, 278
Fermilab, acelerador de partículas de, 219, 221
Feynman, Richard, 229-231, 285, 323-324, 325, 344
Financial Times, 311
física
    completitud de, 346, 350
    de las civilizaciones avanzadas, 180-182
    de una Estrella de la Muerte, 77-78
    terreno de juego para la, 262-267
Física de Propulsión Avanzada, programa, 215
fisión, 74, 197, 201
Fitch, Val, 231
Flash Gordon, cómic, 224
Flash Gordon, serie, 43
Fotheringay, George, 119
fotocromática, 35, 40
fotoeléctrico, efecto, 64, 85
fotolitografía, 50, 54
fotones, 64-66, 85, 92, 228
    láseres y, 66, 95
Fox, Michael: *Regreso al futuro*, 35, 37
Frost, Robert, 190, 337
Fuerza Aérea de Estados Unidos, 183
fuerza centrífuga, 202, 210
fuerza nuclear débil, 32, 124
fuerza nuclear fuerte, 32, 124
Fulton, Robert, 305
fusión, 71-75
    ITER y, 73-74
    por confinamiento magnético, 73-75
    viaje al espacio y, 187, 195-197, 202, 215
futuro, 14, 52-55, 190-191, 232-233
    agujeros de gusano y, 252, 337
    campos de fuerza y, 33, 36, 39
    de lo imposible, 330-350
    de los metamateriales, 53-55
    Estrella de la Muerte y, 78, 80

    fin de la Tierra y, 189-191
    invisibilidad y, 52, 55-56, 57-60
    ondas retardadas y, 322-326, 329
    psicoquinesia y, 125-129, 133-134
    robots y, 145, 151, 153, 156-158
    teletransporte y, 95, 98
    viaje al espacio y, 205, 215
    viaje en el tiempo y, 259-262, 268, 338

Galileo Galilei, 289, 334
Gamgee, John, 306
gamma, rayos, 44, 324
    antimateria y, 13, 223, 226-227
    estallidos de, 62, 79-80
Garfield, James, presidente estadounidense, 306
gas, 70, 162, 184, 220, 250, 284, 301
    láseres y, 65-68
    viaje al espacio y, 192, 197, 208
    véase también plasma
Gates, Bill, 147-148
Gauss, Carl, 274-275
Geller, Uri, 121-122
Gell-Mann, Murray, 344
General Atomics, 199
Gennes, Pierre-Gilles de, 74
Gerrish, Harold, 221
Gershenfeld, Neil, 132-133
Giges, anillo de, 42
Gilchrist, Brian, 215
Goddard, Robert, 16-17
Gödel, Kurt, 138, 141, 265, 292, 347, 348
Goldbach, conjetura de, 138
Goldin, Dan, 213
Goslin, David, 105
Gott, Richard, 265, 266
GPS, sistema, 241
Gran Crash, 322
Grand, Steve, 143
gravedad, campos gravitatorios, 70, 74, 124, 179, 186, 229, 245, 249-252, 270, 328
    agujeros negros y, 249-251, 262-263
    campos de fuerza y, 31, 36
    teoría de cuerdas y, 336
    universos paralelos y, 276, 279-284, 291

viaje al espacio y, 202, 206, 210, 214
vida extraterrestre y, 167-169
griegos, 42, 62, 136, 138, 280, 317
universos paralelos y, 274-275
y la teoría del todo, 341, 347
guerra de las galaxias, La, 37, 58, 61-62, 69-70, 73, 80, 180
Estrella de la Muerte y, 61-62, 70, 72-73, 77
psicoquinesia y, 121, 125
y la velocidad de la luz, 237-238, 245
guerra fría, 104, 175
Guerra Mundial, Segunda, 17, 63
Guha, R. V., 147
Guth, Alan, 288, 290, 295-297

habitación china, test de la, 140
hadrones, colisionador de (LHC), 254
Haldane, J. B. S., 301
Harrison, Edward, 297
Harry Potter, 41-42, 45, 49, 54-55
Hawking, Stephen, 18, 127, 225, 227, 258, 278
teorema de la incompletitud y, 347-348
universos paralelos y, 291
y la teoría del todo, 341, 346-348
viaje en el tiempo y, 18, 258, 262-264, 270
Hayabusa, sonda espacial japonesa, 193
Haynes, John, 111
Hbar Technologies, 224
Heinlein, Robert, 202
El número de la bestia, 276
Viernes, 203
Heisenberg, compensadores de, 18, 84
Heisenberg, Werner, 64, 84, 342
principio de incertidumbre de, 86-87, 141, 156, 353 n.
Heisenberg-Pauli, teoría unificada de, 342-343
Henderson, Linda Dalrymple, 275
Herón de Alejandría, 136
Herschcovitch, Ady, 33
hidrógeno, bombas de, 75-78, 217
energía emitida por, 68, 75-77
fusión y, 72
viaje en el tiempo y, 200

Higgs, bosones de, 278, 329
Hilbert, David, 313, 332
hiperespacio, 19, 273-285
teoría de cuerdas y, 278-281, 284
Hiroshima, bomba de, 77, 78
Hitler, Adolf, 17
Hofstadter, Douglas, 144
hologramas, 58-60
hombre de la lluvia, El, película, 228
hombre que podía hacer milagros, El, película, 120
Hombres de negro, película, 179
honda, efecto, 206
horizonte de sucesos, 250-254, 270
Houdini, Gran, 357 n.
Howe, Steven, 221
Hubble, Edwin, 12, 339
Hubble, telescopio espacial, 174, 246
Husein, Sadam, 105
Hyman, Ray, 124
Hyman, Steven, 110

IBM, 91
ordenador Deep Blue de, 144
Iggleheim, conde Von, 319
Iglesia Adventista del Séptimo Día, 320
Iijima, Sumio, 203
ILC, colisionador lineal internacional, 254-255
imagen por resonancia magnética (MRI), 106, 108-112, 134
detectores de mentiras y, 107, 109-110
escáneres de mano de, 112-113
telepatía y, 107-115, 117
imposible, imposibilidad
categorías de, 19-20
estudiar lo, 16-18
fascinación de Kaku por lo, 13, 20
futuro de lo, 330-350
lista de, 331-332
relatividad de, 13-16
impulso específico, 201
incertidumbre, principio de, 56, 84, 86, 141, 156, 247, 289
incompletitud, teorema de la, 138, 141, 347-348
Independence Day, película, 159, 182

inmortalidad, 158, 180
Instalación Nacional de Ignición (NIF), 72, 74
Instituto Allen para las Ciencias del Cerebro, 116-117
Instituto Americano para la Investigación (AIR), 105
Instituto Carnegie, 168
Instituto de Estudios Avanzados de Princeton, 281, 284
Instituto de Investigación de Stanford, 142
Instituto de Tecnología de California (Caltech), 52-53, 92, 252, 344
Instituto Max Planck, 93
Instituto Nacional de Normas y Tecnología en Washington, 92
Instituto Niels Bohr, 93
Instituto SETI, 164, 165
inteligencia artificial, 134, 136-151
    aproximación de abajo arriba, 148-151
    aproximación de arriba abajo, 142-148, 150
    historia de la, 136-141
    véase también robots; robótica; nanotecnología
inversa del cuadrado, ley de la, 280, 345
invisibilidad, 11, 19, 41-60
    a través de la historia, 42
    Maxwell y, 45
    teoría atómica y, 45
    vía plasmónica, 52-53
    y hologramas, 58-60
    y metamateriales, 46-55
    y nanotecnología, 49, 53-58
    y universos paralelos, 283-284

Jackson, Gerald, 224
Jahn, Robert G., 123
Jakosky, Bruce, 171
James, William, 355 n.
Jones, David, 110
Jung, Carl, 355 n.
Júpiter, planeta, 141, 168, 171, 172
    masa de, 252-253
Just, Marcel A., 111

Kaku, Michio: Hiperespacio, 276
Kaluza, Theodor, 276-277, 280
Kardashev, Nikolái, 180-181
Kaspárov, Garry, 144
Kawakami, Naoki, 58
Kay, Bernard, 270
Kelly, John Ernst Worren, 306
Kelvin, lord, 15, 16, 61
Kepler, Johannes: Somnium, 159, 194
Kepler, satélite, 172, 173
Kerr, Roy, 251-252
King, Stephen: Carrie, 121
Kolb, Rocky, 334
Koresh, David, 320-321
Kurzweil, Ray, 157

Laboratorio de Inteligencia Artificial del MIT, 141, 143, 149
Laboratorio McDonnell para la Investigación Psíquica, 122
Laboratorio Nacional de Brookhaven, 33
Laboratorio Nacional Lawrence Livermore (LLNL), 72
Lamoreaux, Steven, 247
Lang, Fritz: Metrópolis, 137
Langleben, Daniel, 108-109
lanzamientos de moneda, experimentos con, 123
láseres, 61-78, 93, 96, 112, 237, 254, 294, 327, 335
    aceleradores de partículas y, 256-257
    campos de fuerza y, 27, 31-32, 34-35, 40
    de rayos X con detonador nuclear, 75-78
    Estrella de la Muerte y, 61-62, 67, 70, 72, 75, 78
    funcionamiento de, 66
    fusión y, 70-74
    invisibilidad y, 53, 58-59
    psicoquinesia y, 132-133
    telepatía y, 102
    tipos de, 67-68
    viaje al espacio y, 187-188, 194-195, 201, 205, 209
    vida extraterrestre y, 159, 166
láseres de colorante, 68

láseres de estado sólido, 68
láseres de exímero, 67
láseres de rayos X con detonador nuclear, 75-79
láseres químicos, 65, 67
Lasker, Jacques, 168
Lawson, criterio de, 71
Leahy, William, almirante, 61
Lederman, Leon, 329
Lee, T. D., 230
Leibniz, Gottfried Wilhelm, 62
Lenat, Douglas, 146
Leonardo da Vinci, 136, 305
levitación
    magnética, 35-40
    psicoquinesia y, 119, 125, 129
Levy, Walter, 103-104
Lewis, C. S.: El león, la bruja y el armario, 272
leyes de escala, 177-179
Lezec, Henri, 52
LHC, colisionador de hadrones, 254-255, 281, 345, 346
LIGO, detectores de ondas de gravedad, 335, 337
Linde, Andrei, 294-295, 297
Linden, Stefan, 51
LISA (Antena Espacial por Interferometría Láser), 335-337, 345
Lucas, George, 62
Luna, lunas, 189, 239, 248
    viaje al espacio y, 187, 192, 194-195, 208-209, 214
    vida extraterrestre y, 159, 167-170
luz, 312
    curvatura de la, 47-48, 51-54, 246
    efecto fotoeléctrico y, 64, 85
    en el movimiento hacia atrás en el tiempo, 322
    futuro y, 233, 332, 335, 349-350
    haces de, 61-63, 69-70
    invisibilidad y, 41, 45, 48-55, 58
    láseres y, 34-35, 53, 59, 61-62, 65-68, 101-102, 132, 159, 165, 327
    Maxwell sobre, 44-45, 63, 85, 124, 137, 239-240, 276-277, 322, 349
    taquiones y, 326-328
    teletransporte y, 92-94

universos paralelos y, 276-277
    velocidad de la, 11, 44, 48, 90, 195-196, 200, 206, 209, 212-214, 233, 238-240, 242-243, 249-254, 255-257, 334
    viajar más rápido que la, 233, 237-238, 242-257, 261, 267, 326-327, 350
    vida extraterrestre y, 168, 170, 174
luz, sables de, 61-62, 69

Mach, Ernst, 65, 309
Madden, Samuel: Memorias del siglo xx, 259
magnetismo, campos magnéticos, 96, 169, 304
    antimateria y, 218-220
    campos de fuerza, 28-32, 35-40
    escáneres cerebrales y, 107, 112-113
    fusión y, 73-75
    ovnis y, 186-187
    viaje al espacio y, 209-210, 213
mago de Oz, El, 136, 141, 151
Manhattan, Proyecto, 17, 73, 76, 146, 323
máquinas de movimiento perpetuo, 301-316, 330
    a través de la historia, 304-307
    como estafas, 305-308, 311
    entropía y, 310
Marconi, Guglielmo, 314
Marić, Mileva, 238
Marte, planeta, 141, 149, 161, 169, 193, 209-210, 224
materia negativa, 246, 252, 326
materia oscura, 246, 283
Maxwell, James Clerk, 43-46, 309
    invisibilidad y, 45
    sobre EM, 31, 44
    sobre la luz, 44-45, 63, 85, 124, 137, 239-240, 276-277, 322, 349
    universos paralelos y, 277
Mayor, Michel, 171
McAlear, James, 135
McGinn, Colin, 136
Meissner, efecto, 39, 129
mente, véase cerebro
Mercurio, planeta, 172

metamateriales, 46-55
meteoritos, 14, 184, 191, 206, 209-210, 224, 246, 332
México, imperio azteca de, 310
Michell, John, 344
Michelson, Albert A., 331
microondas, radiación de, 44, 65, 205, 333
    invisibilidad y, 46-49
    vida extraterrestre y, 164
microscopio de efecto túnel, 56, 133, 287
microscopio de exploración (SPM), 133
Microsoft, 46
Miller, Stanley, 162
Miller, William, 320
Miller-Urey, experimento de, 162
Minority Report, 37
Minsky, Marvin, 150, 154, 158, 358 n.
misiles balísticos intercontinentales (ICBM), 77
Mitchell, Edward Page, 82
Mitchell, Tom, 111
modelo estándar, 279, 281, 329
    y el futuro de lo imposible, 40, 346, 349
Mogul, Proyecto, 184
monopolos, 186-187, 296
Monty Phyton, 262
Moore, ley de, 50, 155-156, 158
Moravec, Hans, 151-152, 157, 358 n.
Morrison, Philip, 164
Morse, código, 90
mosca, La, 83
motores iónicos, 192-194, 200-201
muchos mundos, teoría de los, 269
    universos paralelos y, 288-290
multiverso, 268, 273, 281-285, 293, 297
Mundo futuro, película, 111
Myers, F. W., 102
Myhrold, Nathan, 46

Nabokov, Vladimir, 120
Nagasaki, bomba atómica de, 251
Nagle, Matthew, 127-128
Nal-Jazari, 136
nanotecnología, 69, 287
    carbono y, 34, 40, 204

invisibilidad y, 49, 53-58
    robots y, 130-134
    viaje al espacio y, 187, 197-198, 212-215
NASA, 149, 164, 173, 193-194, 197, 204-205, 213-215, 246, 335
    antimateria y, 221, 224
    Instituto de Conceptos Avanzados de la, 215, 223-224
    materia negativa y, 246
    Taller de Investigación de Propulsión Espacial Avanzada, 215
    viaje al espacio y, 192, 197, 200, 204, 208, 215
Nature, revista, 93
nazis, 63, 139, 288
NERVA, cohete, 197, 198
Neumann, John von, sonda de, 214
neurales, redes, 111
    cerebro como, 114, 117, 149
    robots y, 149, 157
neutrinos, radiación de, 278, 333, 345, 349
New York Times, The, 341-342
Newton, Isaac, 15, 44, 62-65, 106, 137, 168, 174, 186, 261, 334
    antimateria y, 229, 232
    Dirac y, 225, 227
    Einstein y, 44, 238-239
    precognición y, 321
    sobre la luz, 240
    teletransporte y, 84, 87
    teoría cuántica y, 63-65, 84-85, 285-286
    universos paralelos y, 280-281, 346
    y el futuro de lo imposible, 338-339, 345
    y la conservación de la energía, 308-309
Nippon Electric, 203
Noether, Emmy, 312-313
Nordley, Gerald, 213
Nostradamus, 317-318
Nova, láser, 72
Novikov, Igor, 268
NSTAR, propulsor iónico de la NASA, 193

Obsequens, Julius, 182-183
Oficina de Patentes y Marcas de Estados Unidos (USPTO), 306-307
ondas de gravedad, 333-334, 349-350
Onnes, Heike Kamerlingh, 36
Oppenheimer, J. Robert, 76, 251, 278
ordenadores, 30, 111, 185, 286
    cuánticos, 96-98, 156, 244
    psicoquinesia y, 125-129, 132-133
    robots y, 135, 138-140, 142-150, 153, 155-157
    vida extraterrestre y, 166, 168
Ord-Hume, Arthur, 305
Organización del Tratado del Atlántico Norte (OTAN), 185
Orión, nave espacial, 192, 200
Orión, Proyecto, 199, 200
Osler, sir William, 17
ovnis, 182-188
Ozma, Proyecto, 164

Pablo, san, 348
PAMELA, satélite, 223
paramagnéticos, 39
Parapsychology Magazine, 123
Pauli, Wolfgang, 342, 345
PEAR, programa, 123-124
Penfield, Wilder, 115
Penning, trampa de, 220-221
Penrose, Roger, 136, 141, 357 n.
Pentágono de Estados Unidos, 79, 213-214
Persinger, Michael, 115
Pfungst, Oskar, 101
Pfurtscheller, Gert, 114
Philosophical Transaction of the Royal Society, 344
Phoenix, Proyecto, 165
Picard, Rosalind, 153
Picasso, Pablo, 275
Pickover, Clifford, 176
Picozza, Piergiorgio, 223
Planck, constante de, 353 n.
Planck, energía de, 254-257, 293
Planck, longitud de, 267
Planck, Max, 64, 119
planeta de los simios, El, película, 211
planetas, 167-170

planetas extrasolares
    viaje al espacio y, 188, 200
    vida extraterrestre y, 160, 163, 167, 170-174, 188
plasma, 69-70
    aceleradores de partículas y, 256
    campos de fuerza y, 33-35, 39-40
    fusión y, 73-74
    viaje al espacio y, 193, 201, 210
plasmónica, tecnología, 52-53
Platón: La República, 42, 351 n.
Pléyades, cúmulo estelar de las, 196
Plutón, planeta, 199, 224
Podolsky, Boris, 89
polvo, motas de, 214
Polzik, Eugene, 93
precognición, 18-19, 317-329
    posibilidad de, 321
    sobre el Día del Juicio Final, 319-320
    y las ondas adelantadas hacia el futuro, 322-326, 329
Projorov, Alexandr, 65
proyección de pensamiento, 115-116
Proyecto Genoma Humano, 116
psicoquinesia, 11, 19, 119-134
    cerebro y, 125-129, 134
    ciencia y, 122-125
    mundo real y, 121-122
    robots y, 126, 130-134
Ptolomeo de Alejandría, 274
Pugno, Nicola, 204
pulso electromagnético (EMP), 199
Purcell, William, 223
Puthoff, Harold, 104

quarks, teoría de los, 343
Queloz, Didier, 171

radio, ondas de, 106, 314, 334
    antimateria y, 230, 232
    láseres y, 65, 67-68
    psicoquinesia y, 125, 132
    telepatía y, 106, 115
    viaje al espacio y, 193, 214
    vida extraterrestre y, 164-166
Radzikowski, Marek, 270
Randi, James, 357 n.
Rayleigh, lord, 355 n.

rayos cósmicos, 209, 218, 223, 346
rayos X, 51, 76-80, 314
Reactor Experimental Termonuclear Internacional (ITER), 73
Reagan, Ronald, 76
reconocimiento de pautas, 142-145
Redheffer, Charles, 305
Rees, sir Martin, 237, 244, 264, 285
Regreso al futuro, 269
relatividad, teoría de la, 44, 137, 226, 239-246, 261-263, 275-276, 279
  escapatorias de la, 242-244
  especial, 227, 239-244, 262
  general, 14, 242-246, 263, 270, 275-276, 279, 292, 338
  universos paralelos y, 276, 279, 283,. 291
  y la teoría cuántica, 263, 279
religión, 160, 175, 182
  precognición y, 317-321
  teletransporte y, 81-82
  universos paralelos y, 273, 285, 288, 294
Renacimiento, 305
replicadores, 130, 132
Requicha, Aristide, 133
Rhine, Joseph Banks, 102, 355 n.
Richet, Charles, 355 n.
Riemann, Georg Bernhard, 275
robots, robótica, 130-158
  conciencia de, 154-155
  emocionales, 151-154, 156
  fusión de humanos con, 158
  nanotecnología y, 130-134
  peligro de, 135-136, 155-158
  psicoquinesia y, 126, 130-134
  viaje al espacio y, 141, 149, 187, 205, 209, 214-215
  véase también inteligencia artificial
Roddenberry, Gene, 83, 120
Roentgen, Wilhelm, 314
Rohrer, Heinrich, 56
Romalis, Michael, 112
Roosevelt, Franklin D., 17
Rosen, Nathan, 89
Rosenfeld, Peter, 108
Rover, Proyecto, 197
Rubik, Beverly, 217

Russell, Bertrand, 190
Russell, Charles Taze, 120
Rutherford, lord, 15
Rutherford-Appleton, Laboratorio, 256
Ryerson Physical Lab, 331

Sagan, Carl, 12, 20, 163, 170, 190, 195
Sajárov, Andréi, 222, 223
Saturno, anillos de, 280
Savukov, Igor, 112
Schmeidler, Gertrude, 123
Schrödinger, Erwin, 64, 85-86, 342
  ecuación de onda de, 65, 84, 89, 225-226, 291
  gato de, 286
Schwarz, John, 344
Schwarzschild, Karl, 249
Schwinger, Julian, 325
Scientifc American, 305
Searle, John, 136, 140
semiconductores, 68, 133, 227
  robots y, 155-158
  viaje al espacio y, 214
SETI, Proyecto, 164-166, 167, 188
Shakespeare, William, 119
  Macbeth, 318
  La tempestad, 120
  Trabajos de amor perdidos, 101
SHAKEY, robot, 142
Shannon, Claude, 141
Shaw, Steve, 122
Shiva, sistema láser, 72
Shor, Peter, 97
Shostak, Seth, 165
Silicon Valley, 96, 155
simetrías, 222, 312-313
Simpson, Los, serie de televisión, 302
Sliders, serie de televisión, 276
Smart 1, motor iónico, 201
Smith, David, 49
Smith, Gerald, 220-221
Smolin, Lee, 297
Snyder, Hartland, 251
Sociedad Americana de Física, 55
Sociedad Interplanetaria Británica, 200
Sociedad para las Investigaciones Psíquicas, 102, 355 n.
Sócrates, 341

Sol, 253
sombrero, truco del, 100
Soukoulis, Costas, 51
Spielberg, Steven: *A.I.: Inteligencia Artificial*, 136, 156
Spruill, Steven G.: *Janus Equation*, 258
Stanford, Centro del Acelerador Lineal de, 254, 256
Star Trek, 18, 83-84, 112, 151m 180, 220, 244, 272, 326
  armas de rayos y, 61, 65
  campos de fuerza y, 27, 33
  invisibilidad y, 41, 49
  psicoquinesia y, 121, 125, 130
  teletransporte y, 18, 84, 98
  viaje al espacio y, 206, 212
  viaje en el tiempo y, 260-261
  Stockum, W. J. van, 266
Strumpf, C., 101
Sudarshan, George, 327
superconductores, 64, 73
  campos de fuerza y, 36-40
  psicoquinesia y, 129, 134
supercuerda, 281
superlente, 51
Superman, cómics de, 272-273
Superman I, película, 260
superpartículas, o «spartículas», 281, 345
Suzuki, Mahiro, 343
Synergistics Technologies, 221
Szilard, Leo, 17

taquiones, 326-329
Targ, Russell, 104
Tarter, Jill, 165, 200
Taylor, Ted, 199-200
Tegmark, Max, 282, 341
telepatía, 99-118
  cerebro y, 101, 104-118
  como truco de magia, 100
  cuestiones éticas y, 110
  detectores de mentiras y, 107-110
  investigación psíquica y, 102-103
  proyección de pensamientos, 115-116
  y la Puerta de las Estrellas, 104-105
Telescopio Espacial Hubble, 15, 345
teletransporte, 11, 14, 18-19, 81-98

ciencia ficción y, 82-84, 88, 92-93, 98
  experimento EPR y, 89-91
  sin entrelazamiento, 93-95
  teoría cuántica y, 84-98
Teller, Edward, 76
Tennyson, lord Alfred, 355 n.
Terminator, película, 136
Terminator 3, película, 268
termodinámica, leyes de la, 307-313, 315
  entropía y, 307, 310
  máquinas de movimiento perpetuo y, 302, 307-308
  simetrías y, 312
  y la conservación de la energía, 16, 309, 312, 316
Terrestrial Planet Finder, 172, 173-174
Tesla, Nikola, 314, 315, 361 n.-362 n.
Tessier-Lavigne, Marc, 117
Testigos de Jehová, 320
Tether Challenge, premio de la NASA, 205
Thalbourne, Michael, 122
Thorne, Kip, 252-253, 264, 281, 336
tiempo, 232, 248-250, 259-262, 290-291, 327, 337
  Einstein sobre el, 240-244, 248, 261, 265
  movimiento de las ondas hacia atrás en el, 322-327, 329
  universos paralelos y, 275-276, 280
  véase-también espacio-tiempo
Tierra
  rotación de la, 169
  vida en la, 169
Tierra contra los platillos volantes, La, película, 186
Timberwind, cohete nuclear, 198
todo, teoría del, 20, 154, 270
  y Einstein, 12, 20, 279, 281, 342
  y el futuro de lo imposible, 332, 341-343, 346-350
  y el teorema de la incompletitud, 347-348
Tolkien, J. R. R.: *El señor de los anillos*, 42-43
tomografía por emisión de positrones (PET), 106

Tomonaga, Sin-Itiro, 325
Townes, Charles, 65
Townsend, Paul, 281
traductor universal, 110-112
Tratado de Libre Comercio de América del Norte (TLC), 181
Tratado de Limitación de Pruebas Nucleares, 198, 200
Trunbull, Margaret, 200
Tsiolkovski, Konstantin E., 189, 203
Turing, Alan, 138-140
    test de, 139, 140, 156
Turing, máquina de, 113, 214
Tutmosis III, faraón, 182
Twain, Mark, 41, 217, 355 n.
    Un yanqui en la corte del rey Arturo, 260

Ulam, Stanislaw, 199
Unión Europea, 181
Universidad de Cornell, 57
universo, universos, 292-298
    antimateria y, 225, 228-232
    bebé, 255-256, 290, 294-298
    colisiones de, 276, 284, 292-293, 338
    contacto entre, 293
    espín del, 265-266, 292
    evolución del, 297-298
    final de, 293-294, 337-340
    viaje alrededor del, 265
    y el futuro de lo imposible, 332-333, 336-340, 349
    véase también universos paralelos
universo con inversión de carga (C-invertido), 229-232
universo inflacionario, teoría del, 328
    y el futuro de lo imposible, 336, 340
    universos paralelos y, 292, 294-297
universos paralelos
    big bang y, 289-290
    civilizaciones y, 293-294, 296
    Einstein y, 276-279, 281, 285, 292
    gravedad y, 276, 279-284, 291
    griegos y, 274-275
    Hawking y, 21
    invisibilidad y, 283-284
    luz y, 276-277
    Maxwell y, 277
    Newton y, 280-281, 346

teoría de cuerdas y, 278-281, 346
teoría del universo inflacionario y, 292, 294-297
tipos de, 272-294
vida extraterrestre y, 288, 292
Urey, Harold, 162

vacío, teoría del falso, 328
Valera, Eamon de, 342
VASIMR, motor de plasma, 193
Vaucanson, Jacques de, 137
Vela, satélite, 79
veleros solares, 194, 202, 209, 213
Veneziano, Gabriel, 343
Venus, planeta, 224
Verne, Julio, 12, 14, 19
    De la Tierra a la Luna, 208
    París en el siglo xx, 14-15
Veselago, Victor, 48
Vía Láctea, 79, 160, 163, 170, 223
viaje al espacio, 11, 14, 141, 148-149, 189-216
    agujeros de gusano y, 19, 253, 338
    animación suspendida, 211-212
    ascensores espaciales y, 202-206
    cañones de raíles y, 207-209
    efecto honda y, 206
    futuro y, 205, 215
    nanotecnología y, 187, 197, 212-215
    ovnis y, 185-187
    peligros de, 209-210
    veleros solares y, 194, 202, 209, 213
    velocidad de la luz y, 195-196, 200, 206, 209, 212-214, 238-240, 242-243, 248, 252
    vida extraterrestre y, 157-158, 159, 180-182, 185-187
    véase también cohetes
viaje en el tiempo, 11, 14, 18-20, 258-271, 321, 322, 327
    cambiar el pasado, 259-261
    como terreno de juego para los físicos, 262-267
    futuro y, 254-262, 268, 338
    Hawking y, 18, 258, 262-264, 270
    paradojas del, 267-270
vida extraterrestre, 19, 111, 157, 159-188, 349

accidentes fortuitos y, 169
antimateria y, 230-232
aspecto físico de, 174-177, 179
búsqueda científica de, 161-164, 170-174, 188
búsqueda de planetas similares a la Tierra, 170-174
en la historia, 159-160
escuchando la, 164-166, 188
física de las civilizaciones avanzadas, 180-182
leyes de escala y, 177-179
ovnis y, 182, 185-188
universos paralelos y, 288, 292
viaje a la Luna y, 159
zona «Rizos de Oro» y, 167, 170-172
vidrio, 45
láseres y, 65, 68
VIKI (Inteligencia Cinética Interactiva Virtual), 135
Vilenkin, Alexander, 346
violación CP, 231
violación de la paridad, 230
visión, mecanismo de, 175-177
visión remota, 104
Visser, Matt, 244, 252
Vogt, A. E. von: *Slan*, 99
Voyager, nave espacial, 206

W, bosones, 278
Wakefield, acelerador de mesa, 256-257
Wald, Robert, 270
Wall Street Journal, 311, 325
Wallis, John, 274
Ward, Peter, 170
Weber, Heinrich, 238

Wegener, Martin, 51
Weinberg, Steven, 288-289, 344, 350
Welles, Orson, 160
Wells, Herbert George, 17, 63, 120, 160, 258
invisibilidad y, 41-43, 59, 276, 283
universos paralelos y, 276, 283
viaje en el tiempo y, 258, 260-261
El hombre invisible, 43, 59, 276, 283
El mundo liberado, 17
La guerra de los mundos, 63, 160
La historia de Plattner, 276
La máquina del tiempo, 260, 261
La visita maravillosa, 276
Wetherill, George, 168
Wheeler, John A., 99, 124, 289, 323, 332
White, T. H.: *Camelot*, 17-18
Wigner, Eugene, 288
Wilczek, Frank, 288
Wilde, Oscar, 275
Willis, E. P., 305-306
Witten, Edward, 281
WMAP, satélite, 284, 294, 295, 314-315, 338
Wolszczan, Alexander, 171

Yang, C. N., 230
Yang-Mills, gluones de, 278
Yo, robot, película, 135
Yoritsume, general, 183

Z, partículas, 278
Zener, Karl, 102-103
Zevi, Sabbatai, 319-320

La Física de lo imposible, de Michio Kaku
se terminó de imprimir en septiembre de 2012
en los talleres de Litográfica Ingramex, S.A. de C.V.
Centeno 162-1, Col. Granjas Esmeralda,
C.P. 09810 México, D.F.